과학기술과
공간의 융합

과학문화연구센터
Science Culture Research Center

과학문화연구 - 2

과학기술과 공간의 융합

임경순 · 김춘식 편저

과학문화연구센터
Science Culture Research Center

KSi 한국학술정보㈜

■ 서 문

과학기술, 새로운 공간의 창출, 그리고 창의적 융합

과학기술은 그것이 이루어지고 있는 사회 속에서 발전하면서 수많은 새로운 공간을 창출한다. 공간의 창출과 융합은 오늘날 과학기술과 연관된 다양한 연구에서 자주 다루는 테마가 되고 있다. 과학기술과 연관된 공간을 다루는 대상으로는 인식과 개념의 확장을 다루는 이론적 공간, 실험 장치 및 실험실에 의해 구현되는 구체적 연구 공간을 비롯해서 건축과 인테리어 공간, 학습 지역 내지 혁신 공간 등 구체적인 지리적 공간을 모두 포괄할 수 있다.

건축 공간과 과학기술 공간 사이의 연관 관계를 연구하는 테마로는 과학관 및 전시 공간 연구, 모더니즘 건축·예술 및 과학기술 연관 연구 등을 들 수 있다. 최근 과학기술에 바탕을 둔 지역개발에 관심이 급증하면서 도시 공간에서 나타나는 새로운 학습 공간에 대한 연구도 다양하게 수행되고 있다. 특히 특정 지역의 학습 공간 내에서 암묵적 지식이 어떻게 상호작용을 하면서 창의적인 생각을 만들어내는가 하는 것은 새로운 도시 공간을 형성시켜 혁신을 이루려는 사람들에게 많은 관심을 불러일으키고 있다. 과학문화의 차원에서도 첨단 과학도시 내에서 과학문화 활동이 어떻게 자리를 잡아가는가에 대한 연구와 융합적 청소년 탐구 프로그램이 세계 여러 도시에서 어떻게 문화적으로 자리를 잡아가는가 하는 연구도 정책적인 차원에서 그 필요성이 증대되고 있다.

포스텍 과학문화연구센터에서는 지난 5년 동안 과학기술과 공간의 창출이라는 주제를 가지고 인문학, 사회과학, 이공학 등 여러 분야의 학자들이 모여 체계적인 연구를 진행하였다. 과학기술과 연관된 공간의 확장에 대한 연구는 창출된 다양한 공간들이 서로 결합, 통합되면서 자연스럽게 창의적 융합에 대한 논의로도 확대되었다. 우선 과학기술과 새로운 공간의 창출이라는 핵심 아이디어는 미국의 과학사가 피터 갤리슨의 연구를 통해 얻어졌다. 이 책에서 소개된 갤리슨의 과학사 서술 방식은 페르낭 브로델을 위시한 아날학파의 구조주의적 역사 서술, 카를로 진즈부르그의 미시사, 윌리엄 폴리의 인류언어학에서 이루어진 다양한 성과를 바탕으로 이루어지고 있다. 특히 윌리엄 폴리의 피진어 발전 과정에 대한 논의는 교역지대론으로 발전하여 과학기술 분야에서 새로운 제3의 영역이 만들어지는 과정에 대해 좋은 시사점을 제시하고 있다.

다양한 주체들 사이에서 이루어지는 공식·비공식적 교류를 통해 새로운 창의적인 생각이 창출된다는 학습 공간이론 역시 과학기술에 의해 창출된 새로운 공간의 대표적인 예가 된다. 미국의 실리콘 밸리와 루트 128, 영국 케임브리지의 사이언스파크, 그리고 그리스에서 나타나는 전혀 다른 형태의 지역 개발 등에 대한 연구는 학습 공간이 문화적, 지역적 차이에 의해 얼마나 다양하게 나타나는가를 잘 보여주고 있다. 과학도시에서 수행되는 과학문화 프로그램에 대한 연구 역시 과학기술이 사회 속에서 문화적으로 확산되는 과정을 보여주는 좋은 예가 된다. 포스텍 과학문화연구센터에서는 학술적 목적의 기초연구 이외에도 과학문화 확산 사업에 도움이 될 몇몇 과학문화 정책 연구 사업도 함께 추진하였다. 이 책의 앞부분에 수록된 한국과 독일의 과학문화 공간 활용에 대한 비교 연구는 바로 이런 목적으로 수행된 연구이다.

이번 포스텍 연구팀의 연구로 과학기술과 연관된 공간에 대한 연구가 그야말로 엄청나게 다양한 분야에서 광범위하게 수행될 수 있다는 것이 판명되었다. 우선 연구에 참여한 연구자들의 전공들은 참으로 다양했다. 철학·역사학·국문학·독문학 등 과학기술과는 거의 관련이 없을 것 같은 많은 연구자들이 자신들의 분야 속에서 과학기술과 연관된 주제를 다루었다. 이 책에서 많은 연구자들은 디지털 미디어와 사이버 공간, 디지털 매체와 새로운 문학 서술 방식, 우리나라 근대 문학 속에서 나타난 과학기술에 대한 태도, 과학도시 내의 과학문화 프로그램 전개 방식 등 과학기술과 공간이라는 주제를 가지고 다룰 수 있는 다양한 논의를 전개하였다. 이런 다양한 학제 간 연구를 통해 연구자들은 과학기술과 연관된 공간의 모습이 얼마나 다양한가를 유감없이 보여 주었다.

　과학기술과 새로운 공간의 창출 연구는 다양한 공간들 사이에서 이루어지는 창의적인 융합 과정에 대한 연구로 확산될 수 있다. 이 책의 마지막 부분은 주로 예술·건축·과학기술에 관련된 것으로 융합과 창의성에 관한 연구에 해당된다. 피카소와 마르셀 뒤샹의 모더니즘 예술은 과학기술의 발전과 밀접한 연관을 맺고 발전했다. 아울러 모더니즘 건축 운동에서는 과학기술과 예술, 건축의 통합적 연결을 시도했다는 것도 널리 알려진 사실이다. 데사우의 바우하우스 예술가들은 심지어 과학기술 분야에서도 아주 특별한 분야인 논리실증주의 과학철학자들과도 실제로 연결을 갖고 제휴 관계를 유지했다. 마지막으로 유럽 문화와 중국 문화가 특정한 도시건설 계획 속에서 어떻게 연결되고 새로운 건축 공간을 창출했는가도 교역지대론적 관점에서 새롭게 조망해 볼 흥미로운 주제라고 생각된다.

본 연구가 성공적으로 수행될 수 있도록 도와준 교육과학기술부, 한국과학창의재단 관계자 여러분들에게 감사한다. 또한 다양한 대학에 소속된 연구원들이 불편함이 없이 연구활동에 전념할 수 있도록 행정적 지원을 아끼지 않은 과학문화연구센터의 행정원, 대학의 연구지원 담당자들에게도 고마움을 표현하고 싶다. 마지막으로 포스텍 과학문화연구센터 소속 연구원들이 바쁜 학문 생활 속에서도 학문의 벽을 과감하게 허물고 과학기술과 공간의 융합이라는 일관된 주제를 가지고 다양한 분야에서 학문적으로 수준 높은 의견을 성실하게 제시해준 것에 대해 센터장으로서 감사의 말을 전하고 싶다.

2010년 8월 포스텍 연구실에서
포스텍 과학문화연구센터장 임경순

▌차 례

1. 과학기술과 새로운 공간의 창출

현대과학과 역사 공간의 만남:
피터 갤리슨과 현대과학 역사 서술

임경순
포항공과대학교

최근 과학기술 관련 연구에서는 과학기술의 발전을 공간 개념과 연관시켜 이해하려는 움직임이 광범위하게 나타나고 있다. 페르낭 브로델, 브루노 라투르, 피터 갤리슨, 폴 래비나우 등 다양한 분야의 학자들은 모두 직간접적으로 과학기술과 연관된 새로운 공간 개념을 제시하고 있다.[1]

과학기술과 공간의 관계를 조망하는 방식은 이론적 공간, 실험 방식, 실험 장치 및 실험실 등 추상적 개념의 공간을 비롯하여 과학관의 전시 공간, 학습 지역 또는 혁신 공간 등 구체적인 지리적 공간을 모두 포괄할 수 있다.

과학기술과 연관된 새로운 공간의 창출에 관한 연구로는 우선 자료 재현과 진실 공방과 관련된 과학기술 지식의 검증, 확산 과정 연구를 들 수 있다. 실험테크닉과 기예의 정착과 관련된 실험실 문화에 관한 연구도 이와 연관해서 연구될 수 있다.

다음으로는 건축 공간과 과학기술 공간 사이의 연관관계에 대한 연구를 들 수 있다. 여기에는 과학관 및 전시 공간 연구, 모더니즘 건축 및 과학 철학 연관관계 연구를 들 수 있다. 암묵적 지식의 상호작용에 대한 연구는 새로운

---

1) 페르낭 브로델, (강주헌 옮김), 『지중해의 기억』(한길사, 2006). Bruno Latour and Steve Woolgar, *Laboratory Life: The Construction of Scientific Facts* (Princeton: Princeton University Press, 1986).Peter Galison, *Image & Logic: A material Culture of Microphysics* (Chicago: University of Chicago Press, 1997). Paul Rabinow, *Making PCR: A Story of Biotechnology* (Chicago: The University of Chicago Press, 1996).

도시 공간과 혁신의 창출과 연관해서 다루어질 수 있다. 과학문화적 차원에서는 과학도시의 혁신 네트워크 연구, 도시적 차원에서 과학문화의 새로운 역할 연구 등 과학문화 도시에 관한 연구로 확대될 수 있다.

본 연구에서는 우선 미국의 대표적인 과학사가인 피터 갤리슨의 과학관을 중심으로 해서 20세기 과학기술의 전개과정을 새로운 공간의 창출이라는 관계에 대해서 다루어보기로 한다.

I. 피터 갤리슨의 과학사 연구

갤리슨은 하버드 대학의 대학 석좌교수(University Professor)로서 과학사와 물리학 이외에 과학철학에도 많은 관심을 가지고 있는 학자이다. 학창 시절 그는 쿤, 제럴드 홀튼과 같은 과학사가, 힐러리 퍼트냄을 비롯한 과학철학자, E. P. 톰슨과 같은 역사학자와 프랑스 아날 학파의 영향을 받으며 성장했다. 그는 고등학교를 너무 일찍 졸업했기 때문에 바로 미국의 하버드 대학에 입학하지 않고, 프랑스로 건너가 1972년 그곳에서 에콜 폴리테크니크에 입학하여 플라스마 물리학을 1년간 공부했다.[2] 당시 프랑스는 68혁명을 기점으로 해서 엄청난 정치적 격변을 겪고 있었고, 68세대라는 새로운 지식인 집단도 등장하고 있었다. 이런 분위기에서 갤리슨은 물리학뿐만이 아니라 과학을 둘러싼 사회적, 문화적 요인에도 많은 관심을 가지게 되었다. 특히 그는 쿤과 같은 탈경험주의자들이 지나치게 이론적인 측면에만 초점을 맞추고 있다는 점에 착안하여 구체적인 실험 과정을 분석하는 것을 자신의 박사 논문 주제로 선택했다. 1981년 그는 26세의 나이로 입자물리학 실험을 비롯해서 20세기 실험물리학에서 어떻게 실험이 종결되는가는 분석하는 논문으로 하버드 대학에서 박사학위를 받았다. 학위를 마친 뒤 그는 스탠퍼드 대학에서 교수 생활을 하면서 해킹과 같은 실험을 중시하는 철학자들을 만나 서로에게 많은

2) 2000년 11월 하버드 대학 교정에서 행한 필자와 갤리슨 교수와의 인터뷰; 조선일보 편집국 편, 『지성과 예술의 프런티어』 (조선일보, 2001), 165-176쪽.

영향을 주고받았다.[3]

II. 갤리슨의 '비판적 포스트모더니즘'과
20세기 과학관의 일반적 변화

20세기 후반에 우리 지성 사회에 커다란 충격을 주었던 사조로는 다양한 흐름이 있을 수 있겠지만, 포스트모더니즘 사조는 하나의 분명한 획을 긋고 있다. 즉 70년대 이후 세계적으로 퍼지기 시작한 포스트모더니즘은 냉전 종식 이후 우리 한국 사회에서 본격적으로 영향을 미쳤던 것이다. 포스트모더니즘은 특히 합리성, 객관성, 환원주의, 위계적 통일 이념 등에 안주해 있던 전통적 지식 분야에 인식론적 다원주의와 다양성, 국소적 자율성, 문화의 혼합 및 창의성 등을 강조하면서 우리에게 신선한 충격을 주었다. 하지만, 이런 경향은 인식론적 상대주의, 반과학적 신비주의, 무책임한 회의주의로 비화할 위험성도 다분히 내포하고 있었다. 포스트모더니즘이 지니는 이런 문제점 때문에 포스트모더니즘이 여러 측면에서 현대 사회에서 최근에 나타나고 있는 다양한 변화를 잘 설명하고 있다는 것을 인정하면서도 전통적인 지식인들은 이 사조에 대해 비판적이었던 것은 주지의 사실이었다. 포스트모더니즘에 대한 비판적 수용이 필요한 현재 시점에서 우리는 인식론적 상대주의나 반실재론적 편향을 비판하면서도 포스트모더니즘이 지니는 납득할 만한 요소를 바탕으로 새로운 과학이론을 구사하고 있는 인물이 바로 피터 갤리슨이었다.

20세기를 거치는 동안 과학은 그 내용과 사회적인 영향력 측면에서 엄청난 변화를 겪었다. 우선 20세기 초반에는 물리과학 분야에서 이론과 개념상으로 혁명적 변화가 나타났다. 아인슈타인의 상대성이론과 하이젠베르크, 보어, 슈뢰딩거, 파울리, 보른 등이 창안한 양자역학은 고전물리학에서 현대물리학

---

3) 해킹의 실험철학에 대해서는 이언 해킹 『표상하기와 개입하기: 지연과학철학의 입문적 주제들』 (한울아카데미, 2005)을 참고하라.

으로 변화하는 혁명을 이끈 핵심 분야였다. 20세기 중반 이후에는 물리과학보다는 분자생물학과 유전공학으로 대변되는 생명과학이 두각을 나타내기 시작했다. 또한, 물리과학 내에서도 초기에는 원자물리학이 중심을 이루다가 후반에 와서는 물성 및 생명 등 복잡한 체계를 다루는 과학 분야가 부상했다.[4]

20세기 후반에 이르면서 과학의 통일성에 대한 믿음이 약화되면서 통일과학의 존재 가능성에 대한 비판적 견해가 부상하게 되었다. 20세기 초 많은 사람들은 다양한 분야의 과학을 통일할 수 있다는 믿음을 강하게 공유하고 있었다. 즉 수학, 물리학, 화학, 생물학, 심리학 등 다양한 학문 분야는 동일한 기반 아래 통일적으로 이해할 수 있다고 믿었던 것이다. 이런 환원주의적 과학에 의하면 수리물리학, 원자물리학, 소립자 물리학 등은 다른 분야에 비해 우월한 지위를 얻게 된다. 하지만, 과학의 통일 가능성에 대한 믿음은 20세기 후반에 이르러 점차로 퇴색되었다.[5] 즉 20세기 전반기를 통해서 급속히 성장했던 원자 물리학과 소립자 물리학이 주도하는 환원주의적인 과학관이 점차로 그 주도적인 지위를 상실해가는 반면에, 복합적인 현상을 다루는 과학이 서서히 두각을 나타내었던 것이다.[6]

---

4) 물리과학의 퇴조와 생명과학기술의 부상에 대한 한 예로는 Daniel Kevles, "Big Science and big politics in the United States: Reflections on the death of the SSC and the life of the Human Genome Project," *Historical Studies in the Physical and Biological Sciences 27:2* (1997), pp. 269-297을 참고하라.

5) 통일이론에 대한 물리학자들의 논쟁에 대해서는 Jordi Cat, "The physicists' debates on unification in physics at the end of the 20th century," *Historical Studies in the Physical and Biological Sciences 28:2* (1998), pp. 253-299를 보라.

6) 반환원주의 과학관의 부상을 말해주는 가장 대표적인 견해로는 고체물리학자 필립 앤더슨 (Philip W. Anderson)의 예를 들 수 있다. 앤더슨은 1972년 『사이언스*Science*』지에 실린 '많은 것은 다르다'(More is different)라는 글에서 고체물리학은 입자물리학이 발견한 근본적인 법칙에 입각해서 현상을 설명하는 것에 불과하다고 말한 입자물리학자 바이스코프(Victor Weisskopf)의 주장을 신랄하게 비판하면서 그 근거가 되는 철학적 입장을 반박했다. 앤더슨은 입자물리학의 통일 이론이 완성되면 자연과학의 모든 부분이 통일적으로 이해될 수 있다는 환원주의적 입장을 정면으로 공격하고 나섰다. 앤더슨의 주장에 의하면 모든 것을 단순한 근본 법칙으로 환원할 수 있다는 것이 그들 법칙들로부터 시작해서 우주를 재구성할 수 있다는 것을 의미하지는 않는다. 더구나 그는 과거와는 완전히 다른 과학적 입장에서 입자물리학 이외에도 고체물리학과 같은 과학들도 각 수준별로 자기 자신들의 '근본적인' 법칙과 나름대로의 존재론을 지니고 있다고 주장했다.(Philip Anderson, "More is different", *Science 177* (1972), pp. 393-396.) Silvan S. Schweber, "Physics, Community and the Crisis in Physical Theory", *Physics Today 46* (November 1993), pp. 34-40도 참고하라.

20세기를 거치는 동안 과학은 내용뿐만이 아니라 그것을 바라보는 태도에 있어서도 많은 변화를 겪었다. 20세기 초 많은 학자들은 과학은 다른 형이상학적 논의와는 달리 실증적이고 객관적인 지식이라는 이미지를 지니고 있었다. 하지만, 20세기 중반 이후 과학이 지니는 객관성과 합리성에 대한 회의적 견해가 서서히 등장하기 시작했고, 경우에 따라서는 과학의 내용이나 방향에도 사회적이고 문화적인 측면이 개입할 수 있다는 인식이 학자들 사이에서 확산되기 시작했다.[7] 더구나 과학의 사회적 영향력이 증대되면서 과학 활동에 정부, 산업체, 일반 대중 등 다양한 사회적 이해관계를 지닌 집단들이 개입하게 되었고, 이에 따라 과학은 단지 합리적이고 실증적이며 논리적인 정합성에 의해서만 발전하는 것이 아니라 과학 이외의 다양한 요소들이 과학 발전에 개입한다는 것이 보다 널리 받아들여졌다.[8]

과학 연구의 집단화도 과학을 바라보는 태도에 영향을 미쳤다. 20세기 후반에 들어오면서 과학 내의 연구가 과학자 개인에 의한 개별적인 연구보다는 수많은 과학자가 함께 협동으로 연구하는 집단적인 연구 형태로 변화되었다.[9] 입자물리학 분야의 톱 쿼크의 발견 과정에서 보는 것처럼, 몇몇 천재적인 과학자들이 전체적인 일을 수행했다기보다는 어느 정도 자격을 갖춘 과학자들이 서로 협력해서 과학적 발견을 했던 것이다. 이런 집단 연구의 보편화에 따라 연구 결과가 공동으로 출판되는 경우가 많아졌으며, 이에 따라 저작권과 지적 재산권의 개념도 크게 변화하였다.[10] 결국, 20세기를 거치는 동안

---

7) 20세기 후반에 과학사 분야에서 나타난 변화에 대해서는 Paul Forman, "Independence, Not Transcendence, for the Historian of Science", *Isis 82* (1991), pp. 71–86을 참고하라.

8) 20세기 중반 이후의 군산학 복합체의 형성과정에 대해서는 Stuart W. Leslie, *The Cold War and American Science: The Military-Industrial-Academic Complex at MIT and Stanford* (New York: Columbia University Press, 1993); Rebecca S. Lowen, *Creating the Cold War University: The Transformation of Stanford* (Berkeley: University of California Press, 1997)를 참고하라.

9) 거대과학과 20세기 과학의 특징에 대한 논의로는 Peter Galison and Bruce Hevly (eds.), *Big Science: the Growth of Large-Scale Research* (Stanford: Stanford University Press, 1992), J.L. Heilbron and Robert W. Seidel, *Lawrence and his Laboratory: A History of the Lawrence Berkeley Laboratory* (Berkeley: Univ. of California Press, 1989)를 참고하라.

10) 집단 연구로 인한 저작권 개념의 변화에 대해서는 Peter Galison, "The Collective Authorship,"

과학의 사회적 성격이 부각되면서, 과학기술에 대한 대중의 영향력이 증대되었고, 과학의 객관성과 보편성에 대한 인식이 점차 퇴색되었다. 이런 분위기가 바탕이 되어 급기야 다원주의적이고 상대주의적인 포스트모더니즘 과학관도 등장하게 되었던 것이다.[11]

한편, 20세기 후반에 들어와서 전통적인 지식 분야들이 상호 결합하여 새로운 통합적인 과학 분야가 만들어지는 것이 더욱 빈번해졌다.[12] 즉, 각 학문분야별 경계가 서로 모호해지는 학제 간 연구가 크게 부상하고 있으며, 환원론적인 과학관이 쇠퇴하면서 부문별 자율성을 강조하는 과학이 두각을 나타내고 있다. 과학관에 있어서의 이런 변화는 20세기 후반에 풍미했던 포스트모더니즘과 맞물리면서 과학기술 분야에서도 문화적 융합에 바탕을 두고 개성과 창의성을 중시하는 분위기가 퍼지게 되었다.

갤리슨의 논의에서는 포스트모더니즘적인 요소가 많이 들어 있지만, 그가 극단적인 형태의 포스트모더니즘을 받아들인 것은 아니었다. 그는 자신의 논의를 '비판적 포스트모더니즘(critical postmodernism)'이라고 불렀는데, 특히 역사에서는 시작부터 끝까지 계속 이어갈 수 있는 하나의 줄기만이 존재하지는 않는다고 주장하였다. 즉 이론의 역사, 실험의 역사 등 과학의 여러 분야의 역사는 각각 일정 시점에서 단절되기도 하고, 큰 변화를 겪기도 하면서 이러한 줄기들을 서로 엮어 놓았을 때 과학의 흐름을 총체적으로 알 수 있다는 것이다.[13]

in Mario Biagioli & Peter Galison, (eds.), *Scientific Authorship: Credit and Intellectual Property in Science* (New York: Routledge, 2003), pp. 13-355.
11) 20세기 후반에 나타난 과학철학 분야에서의 포스트모더니즘적인 흐름에 대해서는 Joseph Rouse, "The Politics of Postmodern Philosophy of Science," *Philosophy of Science* 58 (1991), pp. 607-627을 보라.
12) 통합과학의 형성과정에 대한 한 예로는 B. Bensaude-Vincent, "The construction of a discipline: Material Science in the United States" *Historical Studies in the Physical and Biological Sciences 31:2* (2001), pp. 223-248을 보라.
13) Peter Galison, "History, Philosophy, and the Central Metaphor," *Science in Context* 2 (1988), 197-212, pp. 207-211. 조선일보 편집국 편 『지성과 예술의 프런티어』, 169쪽.

Ⅲ. 논리실증주의와 바우하우스

갤리슨의 비판적 포스트모더니즘은 20세기 초 모더니즘 운동의 핵심이었던 바우하우스 건축운동과 논리실증주의에 대한 분석으로부터 논의가 시작된다. 건축과 예술에 관심이 많았던 갤리슨은 현대의 논리실증주의 과학철학이 바우하우스 건축과 긴밀한 연결 관계에 있다는 것을 알아내었다.[14] 즉 바우하우스의 건축가들은 빈 학단의 철학에 대해 많은 논의를 했으며, 논리실증주의도 바우하우스의 모더니즘 건축의 이념을 반영하고 있다는 것이다. 실제로 1920년대 카르납(Rudolf Carnap)을 비롯한 빈 학단의 논리실증주의자들은 모든 의미 있는 과학활동을 관찰을 바탕으로 하여 재구성하려는 소위 '과학의 통일성'을 추구하고 있었다. 그들은 모든 의미 있는 경험적 진술들은 무오류적인 감각자료 진술로 환원가능하다는 믿음을 가지고 있었다. 갤리슨은 이렇게 거대한 환원주의적 통일을 추구했던 빈 학단의 철학적 모더니즘 운동이 그로피우스(Walter Gropius)에 의해서 주창된 바이마르 시대의 바우하우스 운동과 같은 예술과 건축 분야의 모더니즘 운동, 에스페란토 국제어 운동이나 마르크스 국제주의 운동과 같은 정치적 움직임과 그 맥락을 같이하고 있었으며, 역사적으로도 실제적인 제휴관계에 있었다고 주장하고 있다.[15]

카르납은 『세계의 논리적 구축Der Logische Aufbau der Welt』이라는 책에서 하나의 엄청난 계획을 세웠다. 우선 한 개인의 경험 요소로부터 물리학을 구성하고, 그다음에는 개인심리학을, 그리고 궁극적으로는 모든 사회과학과 자연과학의 의미 있는 개념들을 구성한다는 것이다. 이런 그의 계획은 각각의 개념은 직접적인 감각경험의 공준 집합, 즉 '프로토콜 언어'로 환원·변형될 수 있다는 가정을 바탕으로 하고 있었다. 카르납은 이 책의 서문에서 철학자들은 이 책을 이해하지 못하겠지만, 오히려 건축가들은 이해할 수 있을 것이라고 말했다.[16]

---

14) 갤리슨의 건축에 관한 관심은 그가 동료와 편집한 Peter Galison and Emily Thompson, (eds.), *The Architecture of Science* (Cambridge, Mass.: The MIT Press, 1999)를 보라.
15) Peter Galison, "Aufbau/Bauhaus: Logical Positivism and Architectural Modernism," *Critical Inquiry 16* (1990), pp. 709–752.

카르납과 함께 논리실증주의 운동을 전개하던 노이라트는 일상언어와 물리언어를 구별해서 개인적인 지각에 근거하지 않는 보편적인 '물리학자'의 프로토콜 언어의 필요성을 강조했다. 카르납의 프로토콜 문장에 의한 의미 있는 개념의 구성계획은 '보편언어'에 의해서 모든 분야의 학문을 통일하려는 '통일과학'을 추구하는 움직임으로 발전했다. 실제로 카르납은 오랫동안 에스페란토와 같은 국제언어 운동에 참가했으며, 노이라트는 마르크스 국제주의를 바탕으로 빈 학단을 정치적으로 전환시키려고 노력했다.

카르납이 모든 과학을 경험에 바탕을 둔 프로토콜 문장과 논리적 연결사들('만약 …하면', '혹은', '그리고' 등)로 환원하고 있는 동안 바이마르와 데사우의 바우하우스 건축가들은 전통적인 건축물에서 모든 불필요한 장식물을 없애고 건물을 기본적인 기하학적 형태로 환원하려고 노력하고 있었다. 이 시기에 바우하우스 예술가들과 빈 학단의 논리실증주의자들 사이에는 비유적이 아닌 실제로 개인적인 연결이 있었으며, 그들은 세계를 '현대적'으로 구성하려는 정치적·철학적·예술적 비전을 공유하고 있었다.[17]

기술과 예술을 통일하고, 기본적인 기하학적 형태와 색채로부터 현대적인 형태를 구성하려는 바우하우스 예술가들의 작업은 논리와 기초적인 지각요소로부터 보편언어를 얻어내려고 했던 논리실증주의 철학자들과 상호 연관되어 있었다. 그 예술가들과 철학자들은 모두 간단하고 기능적인 것에 집착하고 있었고, 양자 모두는 공통의 토대 위에 서로 떨어져 있던 상이한 영역을 통일시키려고 했다.[18] 두 운동은 더 나아가 20세기에 유럽과 특히 미국에서 상당히 큰 영향력을 발휘하고 있었던 과학주의적이고 기계중심적 이미지를 공유하고 있었으며, 자신들의 영역을 모더니즘적인 포드주의적 생산방식과 일치시키려고 했다.

그로피우스의 뒤를 이어 데사우의 바우하우스를 맡은 한네스 마이어

---

16) 조선일보 편집국 편 『지성과 예술의 프런티어』 (조선일보, 2001), 167-168쪽.
17) Peter Galison, "History, Philosophy, and the Central Metaphor," *Science in Context* 2 (1988), 197-212, pp.198-203. Peter Galison, "Aufbau/Bauhaus: Logical Positivism and Architectural Modernism," pp. 711-712.
18) Peter Galison, "Aufbau/Bauhaus…". p. 738.

(Hannes Meyer)는 1929년 10월 카르납을 데사우로 초청했다.[19] 카르납은 그 곳에서 '과학과 생활'이라는 주제와 세계에 대한 논리적 구성을 목표로 하는 통일과학에 관한 강연을 했다. 또한, 카르납은 이곳에서 칸딘스키(Wassily Kandinsky)를 처음으로 만날 수 있었는데, 그들은 이미 가장 기본적인 것으로 부터 세계를 구성해 나간다고 하는 점에서 공통점을 지니고 있었다. 칸딘스키는 그의 책에서 자신의 예술적 목표를 '실용적' 과학이라고 불렀는데, 형태를 부분으로 분해한 뒤, 삼각형, 사각형, 원, 피라미드, 정육면체, 구 등과 같은 기하학적 형태와 색으로부터 형태를 다시 재구성하는 종합과정이 바로 바우하우스에서의 주된 작업이라고 서술하고 있다. 칸딘스키의 색과 기하학이 차지하는 위치에 카르납과 그의 빈 학단에게는 프로토콜 문장과 그 논리적 결합이 존재하고 있었던 것이다. 카르납 외에도 필리프 프랑크(Philipp Frank), 라이헨바흐(Hans Reichenbach), 노이라트(Otto Neurath) 등과 같은 과학철학자들도 데사우의 바우하우스를 방문해서 칸딘스키, 그리고 그 외의 바우하우스 건축가들과 개인적인 친밀한 관계를 유지했다.

나치의 등장 이후 빈 학단이 미국으로 건너가 과학철학을 계속 발전시켰 듯이, 바우하우스 운동도 강한 민족주의적인 성향의 나치의 압력에 의해 문을 닫게 되고 미국으로 건너가 정착하게 된다. 미대륙에서도 빈 학단과 새로운 바우하우스 집단들은 모더니스트 운동 집단들로서 그들 간의 돈독한 유대관계를 유지했다. 그로피우스와 함께 미국으로 건너간 모호이-너지(László Moholy-Nagy)는 1937년 시카고에서 뉴바우하우스(New Bauhaus)를 주재하였고, 시카고로 간 카르납, 특히 그의 동료인 시카고대학의 철학자 찰스 모리스(Charles Morris)는 뉴바우하우스와 긴밀한 연대관계를 유지하면서 통일과학운동을 지속적으로 전개시켰다.

---

19) Peter Galison, "Aufbau/Bauhaus…". pp. 734-740.

IV. 탈경험주의 과학관

20세기 중반에 이르러 논리실증주의자들의 입장은 점차로 새로운 과학관으로 무장한 인물들로부터 비판을 받기 시작했다. 우선 콰인(W. V. O. Quine)은 관찰 명제가 하나씩 이론적 개념에 상향 침투된다는 실증주의자의 환원주의적인 주장에 대해서 이것은 경험론이 지니는 일종의 도그마에 불과하다는 비판을 가했다.[20] 콰인에 의하면 어떤 명제도 우리가 만약 전체 체계 내에 심한 조정을 가하면 참으로 될 수 있으며, 관찰과 이론의 엄격한 구별은 불가능하다. 즉, 관찰이나 하위 이론은 가장 일반적이고 추상적인 형태인 수리물리학과 논리학의 체계 안에서 수정이 가능하다는 것이다. 결국, 콰인은 과학의 개념들은 그것이 경험적인 사실을 나타내는 관찰용어와 연결됨으로써 의미를 가진다기보다는 과학의 전체적인 이론적 틀 안에서 그 의미가 밝혀진다는 피에르 뒤엠(Pierre Duhem)의 전일주의(Holism)적 입장을 부활시켰던 것이다.[21]

더 나아가 핸슨(Norwood Russell Hanson)은 관찰에 우위를 두는 환원주의적 입장에 대해서 관찰 그 자체도 이론 의존적이라는 비판을 가했다.[22] 즉, 사실에 대한 서술이란 항상 '이론의 등에 업혀서(theory-laden)' 이루어지기 때문에, 개념적 틀이나 이론의 제약을 받지 않고 사실 그대로를 기록하는 관찰 문장이란 존재하지 않는다는 것이다. 핸슨의 이런 태도는 '언어 게임(language game)', 혹은 '삶의 양식(mode of life)'이라는 말로 대변되는 비트겐슈타인(Ludwig Wittgenstein)의 후기 언어철학과 맥을 같이하는 것으로, 뒤이어 등장한 과학사가인 쿤(Thomas Samuel Kuhn)의 과학관에 커다란 영향을 미쳤다.[23] 쿤은 과학사 분야뿐만 아니라 타 분야에서도 널리 알려진 『과학혁명의 구조The Structure of Scientific Revolutions』(1962)라는 책에서 공약불가능성

---

20) Peter Galison, "History, Philosophy, and the Central Metaphor," pp. 203-205.
21) Pierre Duhem, *The Aim and Structure of Physical Theory* (Princeton: Princeton University Press, 1954).
22) 노우드 러셀 핸슨, 『과학적 발견의 패턴』(민음사, 1995).
23) 비트겐슈타인의 후기 언어철학에 대해서는 L. 비트겐슈타인, 『철학적 탐구』(서광사, 1994)를 보라.

(incommesurability)이라는 개념을 바탕으로 과학자 사회(scientific community) 속에서 누적적으로 발전하지 않고 패러다임(Paradigm)의 변화라는 혁명적인 형태로 발전해 나가는 새로운 과학 이론의 발전 유형을 제시했다.[24]

쿤의 공약불가능성 개념에서는 서로 다른 두 개의 이론 체계가 서로 완전하게 번역은 안 되지만, 그래도 부분적인 번역의 가능성, 즉 해석의 가능성은 허용되고 있었다. 그러나 파이어아벤트(Paul K. Feyerabend)에 이르게 되면 이 공약불가능성이라는 개념은 더욱더 극단적인 형태를 띠어서, 부분적인 번역조차도 허용이 안 된다. 그에 의하면 과학은 기본적으로 무정부주의적이며, 이론적 무정부주의가 법칙과 질서에 관한 과학보다 훨씬 더 인간주의적이고, 또한 진보를 이루어내는 데에 있어서 도움을 준다고 말하고 있다.[25] 즉 상호양립 불가능하며 공약 불가능한 이론의 바다 속에서 배태되는 다원주의적인 방법론이야말로 과학진보에 필수적인 것으로 그는 보고 있다. 과학적 지식은 어떤 이상적인 견해를 향해 접근해 가는 일련의 일관된 이론들도 아니며, 진리를 향해 점차로 다가가는 것도 아니다. 그것은 수많은 상호양립이 불가능한 단일한 이론들, 서로 다른 동화 같은 이야기들, 개개의 신화들로 이루어져 있다. 파이어아벤트의 이러한 다원주의적이고 무정부주의적인 과학관은 리오타르(Jean-François Lyotard)를 비롯한 포스트모더니즘 이론가들에게 영향을 미쳤다.[26]

---

24) Thomas S. Kuhn, The Structure of Scientific Revolution (Chicago: The Chicago University Press, 1962). Thomas S. Kuhn, The Road since Structure (Chicago: The Chicago University Press, 2000). 쿤에 의하면 패러다임이란 어느 과학자 사회 전체가 공유하는 이론, 법칙, 지식, 방법, 가치, 믿음, 심지어는 습관 같은 것을 통틀어서 지칭하는 개념을 말하며, 공약불가능성이란 한 이론 체계의 용어를 이와는 다른 이론 체계의 용어로 완전하게 번역할 수 없다는 것을 뜻한다.
25) Paul Feyerabend, *Against Method: Outline of an anarchistic theory of knowledge* (London: NLB, 1975).
26) 장 프랑수아 리오타르, 『포스트모던의 조건』 (민음사, 1992).

V. 사회구성주의와 비판적 발전

쿤의 새로운 과학관의 다양한 형태의 진리를 인정하는 상대주의적 측면이 잠재되어 있었는데, 이런 요소는 사회구성주의자들에 의해 더욱 급진적인 모습으로 탈바꿈되었다. 사회구성주의자들은 과학적 사실들은 유연성을 지니고 있고 자연이 제시한 증거들은 동시에 여러 개의 이론을 지지할 수 있기 때문에, 과학 이론을 둘러싼 논쟁은 관찰 혹은 실험 데이터에 의해 결정될 수 없으며, 논쟁의 종식에 결정적인 역할을 하는 것은 사회적 이해관계라고 주장했다. 결국, 이들은 객관성의 중추이자 마지막 보루인 과학지식조차도 '사회적으로 구성'된다고 주장하였다.

사회구성주의는 영국 에든버러대학의 데이비드 블루어, 배리 반스, 스티븐 셰이핀, 그리고 바스대학의 해리 콜린스, 트레버 핀치 등 일군의 학자들에 의해 추진된 연구 프로그램을 통해 발전했다. 특히 블루어는 『지식과 사회의 상』에서 이른바 '지식사회학의 강한 프로그램'을 제창하고, 여러 방법론적 원칙들을 제시해 사회구성주의의 흐름에 커다란 영향을 주었다.[27] 한편, 프랑스 파리광산학교의 브루노 라투르, 미셸 칼롱과 영국 킬대학의 존 로 등은 '사회에 의한 과학의 구성'보다 '과학에 의한 사회의 구성' 혹은 '과학(기술)과 사회의 공동구성'에 초점을 맞추는 "행위자 네트워크 이론"을 주창해 기존의 사회구성주의 입장과 차별화가 된 주요한 학파를 이루고 있다.[28] 사회

---

27) 데이비드 블루어, 『지식과 사회의 상』 (한길사, 2000). Wiebe E. Bijker, Thomas P. Hughes, and Trevor J. Pinch, (eds.), *The Social Construction of Technological Systems: New Direction in the Sociology and History of Technology* (Cambridge, Mass.: MIT Press, 1987). Wieb E. Bijker and John Law, (eds.), *Shaping Technology/Building Society: Studies in Sociotechnical Change* (Cambridge, Mass. : MIT Press, 1992). Steven Shapin & Simon Schaffer, *Leviathan and the Air-Pump* (Princeton: Princeton University Press, 1985). H.M. Collins, *Changing Order: Replication and Induction in Scientific Practice* (Chicago: The University of Chicago Press, 1985).

28) Bruno Latour, *Science in Action* (Cambridge, Mass.: Harvard University Press, 1987). Bruno Latour, *Reassembling the Social: An Introduction to Actor-Network-Theory* (Oxford: Oxford University Press, 2005).

구성주의는 과학기술의 발전을 지나치게 사회적인 각도에서만 파악한다는 비판을 받기도 했지만, 과학이 지니는 사회적 성격에 대한 논의를 크게 확대시킴으로써 전통적 과학관에 엄청난 충격을 준 것은 부인할 수 없다.

피터 갤리슨 역시 사회구성주의자들은 역사를 어떻게 활용하는가에 있어서는 많은 공헌을 했다고 평가하고 있다. 즉 그는 사회구성주의가 과학 연구에 목적을 가정하지 않고 발전 자체에 관심을 두는 점에 대해서는 아주 건설적이라고 말한다. 하지만, 그는 사회구성주의는 새로운 사회적 환원주의로서 세계를 너무 단순화해 복잡한 세계를 이해하기에는 부족하다고 비판하고 있다.29)

VI. 논리실증주의, 탈경험주의, 사회구성주의에 대한 피터 갤리슨의 입장

피터 갤리슨은 포스트모더니즘 과학관의 흐름에 있으면서 이를 비판적으로 수용하여 논리실증주의나 탈경험주의를 넘어선 새로운 과학관을 전개했다. 갤리슨 자신에게 영향을 준 쿤과 같은 탈경험주의자들과 전통적인 논리실증주의자들의 견해를 넘어서 과학을 바라보는 새로운 지평을 열었다. 갤리슨은 쿤의 반실증주의와 카르납으로 대표되는 논리실증주의는 과학진보 과정에서 보편적인 구조를 탐구한다는 것과, 실험과 이론과의 관계를 분석함에 있어서 언어가 주된 어려움을 형성한다고 하는 견해를 공유하고 있었다고 보고 있다. 또한, 두 입장 모두는 과학적 작업에 통일성을 주는 잘 정립된 위계구조를 포함하고 있으며, 카르납에서는 관찰이 기본이 되었고, 반면에 쿤에 있어서는 이론이 더욱 강조되었다고 하는 대칭적인 유사성이 있다고 갤리슨은 비유적으로 말하고 있다. 이런 근거로 그는 공약불가능성에 바탕을 둔 쿤의 과학관과 파이어아벤트의 인식론적 무정부주의조차도 기본적으로는 빈학단의 반향인 모더니즘의 맥락에 놓여 있다고 보는 것이다.30)

---

29) 조선일보 편집국 편, 『지성과 예술의 프런티어』(조선일보, 2001), 173쪽.
30) Peter Galison, "History, Philosophy, and the Central Metaphor," *Science in Context*

물질적 토대를 중시한 갤리슨은 사회구성주의자들과는 달리 과학자들이 쿼크 등과 같은 과학 개념을 어떻게 실재한다고 믿게 되는지에 대한 과정을 실험에 대한 분석을 통해 보여주고 있다. 포스트모더니스트나 사회구성주의자와는 달리 그는 상대주의적 지식관에 대해 매우 비판적이며, 실험에 바탕을 둔 실재론자이다. 우선 갤리슨은 전통적인 논리실증주의자들이 경험을 바탕으로 한 환원주의에 빠져 있었으며, 탈경험주의자들은 이론을 우위에 둔 환원주의 위험성을 지니고 있었는데 반해서, 최근에 나타난 사회구성주의자들은 모든 것을 사회적 집단의 이해관계에 의해 설명하려고 하는 사회적 환원주의의 문제점을 지니고 있다고 비판하고 있다.[31]

VII. 피터 갤리슨과 페르낭 브로델

갤리슨은 자신의 논의를 전개하면서 프랑스 아날학파의 거두 페르낭 브로델의 저작에서 많은 영향을 받았다. 브로델의 영향 이래 그는 현대 과학이 지니는 물질문화(Material Culture)를 다각도로 분석하고 있다.[32]

브로델은 『물질문명과 자본주의』에서 종교, 문화, 기술, 심지어는 술, 담배, 커피 등 다양한 일상생활의 구조를 해부함으로써 자본주의 경제 질서의 출현 과정을 새롭게 해명했다. 그는 정치적 사건이나 경제적 변동보다도 훨씬 긴 시간에 걸쳐 영향을 미치는 장기 지속(longue durée) 혹은 장기적 경향에 대해 관심을 가지고 연구했다.[33]

피터 갤리슨의 논의는 기본적으로 이론과 실험, 실험장치가 지니는 장기지속의 특성을 살피고 있다. 우선 그는 장기적 제한요소, 중기적 제한요소, 단기적 제한요소의 개념을 사용하여 이론, 실험, 실험장치가 상대적 자율성을

---

2 (1988), 197-212, pp. 203-207.

31) 조선일보 편집국 편 『지성과 예술의 프런티어』, 168-169쪽; 173쪽.

32) 피터 갤리슨의 주 저서인 『이미지와 논리』의 부제는 미시물리학의 물질문화로 되어 있다. 이 물질문화는 브로델이 언급한 물질문명(civilisation matérielle) 개념과 연결되어 있다.

33) 페르낭 브로델, (주경철 옮김), 『물질문명과 자본주의』 (까치, 1995-1997).

가지고 발전하는 모습을 그리고 있다. 피터 갤리슨은 제한요소에 대한 자신의 생각이 페르낭 브로델이 『지중해와 필립2세 시기의 지중해 세계』에서 언급한 지리학적 시간(geographical time), 사회적 시간(social time), 개별적 시간(individual time)의 개념과 연결시키고 있다.[34] 지리학적 시간은 물명의 커다란 경향을 포괄한다. 사회적 시간은 봉건제와 같은 중기적인 제한요소와 관련된다. 마지막으로 개별적 시간은 특정한 왕이 칙령이나 조약을 공포하는 개별적인 사건 역사를 포함한다. 브로델은 이들 지리학적 시간, 사회적 시간, 개별적 시간을 서로 중첩적으로 활용하여 전쟁의 선포와 같은 특정한 결정이 왜 이루어지는가에 대한 풍부한 설명을 제공하고 있다.[35]

물리학의 역사를 기술하면서 갤리슨은 브로델의 장기적, 중기적, 단기적 제한 요소의 개념을 활용하고 있다. 즉 이론적 실험적 믿음, 거대 장치의 존재 등이 실험자들에게 자신들의 믿음과 실험 결과를 수용하는 데에 어떻게 작용하는가 하는 것을 다양한 수준에서 설명하고 있다. 예를 들어 중성류 발견 실험에서 이론적인 측면의 장기적 제한 요소는 통일이론이며, 중기적 제한요소는 게이지 이론이고, 단기적 제한 요소는 모델이나 현상론적 법칙 등이다. 실험적인 측면에서 보면 장기적 제한 요소는 장치의 유형이고, 중기적 제한요소는 특정한 장비이며, 단기적 제한요소는 개별 실행이다.[36]

Ⅷ. 피터 갤리슨의 교역지대론

갤리슨은 20세기 실험물리학에 대한 역사적인 연구와 인류학에서 원용한 교역지대(Trading Zone)라는 개념을 바탕으로 '비판적' 포스트모더니즘 모델

---

34) Peter Galison, *How experiments end* (Chicago: The University of Chicago Press, 1987), p. 246. Fernand Braudel, *The Mediterranean and the Mediterranean World in the Age of Philip II* (New York: Haper & Row, 1972). Fernand Braudel, *On History* (Chicago: The University of Chicago Press, 1980).
35) 조선일보 편집국 편, 『지성과 예술의 프런티어』 (조선일보, 2001), 167쪽.
36) Peter Galison, *How experiments end*, p. 254.

이라는 새로운 과학관을 제시했다.[37] 20세기에 들어서면서 물리학자들은 동질적인 집단이 아니라 실험물리학자와 이론물리학자라는 상대적으로 자율적인 두 집단으로 나누어졌다. 그 두 집단은 상이한 교육과정을 겪었으며, 연구활동에서 사용하는 그들의 방법이나 기술도 상당히 달랐다. 이 시기의 과학활동은 쿤이 주로 연구했던 20세기 이전의 과학의 모습과 상당히 다르다는 것이 갤리슨이 전개한 논의의 시작이 된다.

이론물리학자들은 주로 수학적 방법론을 가지고 나름대로 독자적인 활동을 하고 있으며, 실험물리학자들도 실험장치, 기구의 물질적 조건, 이론의 선별적 수용을 바탕으로 하는 자신들의 부분적으로 자율적인 연구전통을 가지고 연구를 행한다.[38] 예를 들어 거대한 입자가속기를 사용하는 현대의 고에너지물리학 실험에 있어서는 실험 장치 자체는 과학연구의 장기적인 방향을 결정한다.[39] 탈경험주의자들이 이론의 우위성을 강조했다면 갤리슨은 실험과 실험기구의 부분적 자율성을 강조한다. 과학철학자 해킹은 모든 실험은 자기 자체의 일생이 있다고 주장했었다. 갤리슨은 이것을 더욱 확대해서 모든 실험 기구도 그 자체의 일생이 있다고 주장하고 있다.[40]

이론과 실험이 서로 연결되지 않고 부분적인 자율성을 갖는 모습을 갤리슨은 단일한 사회 속에서 다양한 복수의 하위문화(subculture)에 대한 언급을 했던 카를로 진즈부르그의 문화사 논의와 연결시키고 있다.[41] 카를로 진즈부르그는 16세기 한 방앗간 주인의 우주관은 코페르니쿠스와는 전혀 다른 형성과정을 미시사적 관점에서 묘사했는데, 이 갤리슨은 이 논의를 20세기 물리

---

37) Peter Galison, "History, Philosophy, and the Central Metaphor," *Science in Context* 2 (1988), pp. 197-212. Peter Galison, *Image & Logic: A material Culture of Microphysics* (Chicago: University of Chicago Press, 1997), pp. 803-844.
38) Peter Galison, *How experiments end*, p. 243.
39) Peter Galison, How experiments end (Chicago: The University of Chicago Press, 1987). 거대과학의 전반적인 특징에 대해서는 Peter Galison and Bruce Hevly (eds.), *Big Science: the Growth of Large-Scale Research* (Stanford: Stanford University Press, 1992)를 참고하라.
40) Peter Galison, "Bubble Chamber and the Experimental Workplace", in Peter Achinstein and O. Hannaway (eds.), *Observation, Experiment and Hypotheses in Modern Physical Science* (Cambridge, (Mass.), 1985), pp. 309-373.
41) Peter Galison, *How experiments end*, p. 255.

학의 형성과정에서도 다양한 형태의 하위문화가 가능하다는 근거로 활용하였다.[42] 즉 그는 과학에서도 부분적으로 독립적인 분야들이 하위문화처럼 존재하며, 이들은 서로 전적으로 의존하지는 않는다고 주장하고 있다.[43]

갤리슨의 모델에서 이론(theory), 실험(experiment), 실험기구(instrument)는 위계적인 환원론적 구조를 가지지 않고, 다양한 수준의 서로 부분적으로 자율적인 구조를 가진다. 또한, 부분적으로 자율적인 이 요소들은 서로 다른 문화권들이 서로 접하면서 문화인류학적 교역지대에서 문화를 교환하듯이 서로 충돌하며 상호 영향을 준다. 이처럼 갤리슨의 모델은 위계적이거나 환원적인 탐구를 포기하고 수준별로 부분적으로 자율적인 요소를 지닌 이론, 실험, 실험기구 간의 복잡한 동역학적인 상호작용을 파악하고자 하고 있다.[44]

갤리슨의 모델에서 가장 중요한 요소는 반환원주의와 실험, 이론, 실험기구 사이의 부분적 자율성에 있다. 그는 이 모델로 모든 것을 경험으로 귀착시켜 과학 전반을 통일하려고 했던 논리실증주의자들을 비판함과 동시에 이론의 관찰 의존성과 같은 관점을 공유하면서 과학혁명의 구조, 패러다임의 변화, 공약불가능성 등을 내세웠던 탈경험주의자들의 입장도 동시에 비판하고 있다. 물론 갤리슨은 논리실증주의자들과 탈경험주의자들의 입장을 전면으로 부정하고 있는 것은 아니다. 그는 이들의 입장이 지나친 환원주의로 빠지지 않는 범위에서는 각 사상이 제기하고 있는 주장을 적극적으로 받아들이고 있다.[45]

갤리슨은 서로 다른 언어권에서 교역이 일어날 때 나타나는 혼합어의 발전 과정을 윌리엄 폴리(William Foley) 등과 같은 인류언어학에서 이루어진 연구를 바탕으로 과학의 발전과 비교했다.[46] 그는 교역 지대에서 언어가 혼합

---

42) 카를로 진즈부르그, (김정하, 유제분 옮김), 『치즈와 구더기』(문학과 지성사, 2001). 긴즈부르그와 미시사와의 연관성에 대해서는 곽차섭, 『미시사란 무엇인가』(푸른역사, 2000), 제7장을 보라.
43) 조선일보 편집국 편, 『지성과 예술의 프런티어』, 170–171쪽.
44) Peter Galison, *Image & Logic*, pp. 781–803.
45) Peter Galison, "History, Philosophy, and the Central Metaphor," *Science in Context* 2 (1988), pp. 197–212.
46) Peter Galison, *Image & Logic*, pp. 830–833.

되고 정착되는 과정을 초보적이고 비성숙된 피진(pidgin)에서 상대적으로 안정화된 크리올(creole)로 변화하는 것으로 비유적으로 묘사하고 있다. 파푸아 뉴기니에 도착한 유럽인, 중국인, 태평양 섬 원주민, 말레이 인도네시아 인 등은 처음에는 자신 물자의 교환을 위해 자신들이 사용하는 언어가 아닌 제3의 언어를 만들어 사용했다. 이런 언어가 만들어지는 과정은 완숙된 문화에서 나타나는 총체적인 것은 아니며 쿤이 자신의 패러다임 논의에서 한 것과 같은 게슈탈트식의 변화 과정도 아니다. 단지 이들 언어는 국소적인 차원에서 여러 다른 하위 문화권들이 만나면서 서로 통할 수 있는 최소한의 근거를 찾게 된다.[47]

초기의 피진은 불과 수백 단어에 불과하며 특정한 몇몇 상품의 교환에 쓰인다. 이것이 좀 더 발전해서 확장 피진(extended pidgin)에 이르게 되면, 어휘가 풍부해지고 초기 교역 언어보다 더욱 유연한 구문 구조를 갖게 된다. 피진은 아직 독립적인 언어로는 인정받지 못한다. 하지만, 확장되고 발전된 피진은 단순히 교역 기능을 넘어서 두 가지 혹은 그 이상의 '자연어'들 사이에 의사소통을 하게 만드는 역할도 할 수 있다. 이 확장 피진이 더욱 발전하여 마침내 성숙한 문명에서 나타나는 언어와 같이 시적, 비유적, 메타 언어적 기능을 지니게 되면서 국소적인 차원에서나마 독자적인 위치를 굳힌 크리올로 정착하게 되는 것이다. 이렇게 언어가 혼합되어 새로운 양상은 전체전인 언어 변화가 아닌 국소성(locality), 언어의 생성, 팽창, 위축, 소멸로 이어지는 통시성(diachrony), 다양한 역사적 사회학적 상황에 의해 영향을 받는 맥락성(contextuality)을 띠고 있다.

갤리슨은 인류언어학의 연구 성과를 원용해서 피진이 크리올로 발전하는 과정에 대한 비유를 통해 '몬테 카를로 시늉내기(Monte Carlo Simulation)'라는 컴퓨터 시늉내기가 20세기 과학 활동으로 자리 잡게 되는 과정을 설명하고 있다. 즉 그는 몬테 카를로 방법이 자연에 대한 일종의 인공적인 모사임에도

---

47) Peter Galison, "Computer Simulation and the Trading Zone," in Peter Galison and David J. Stump, (eds.), The Disunity of Science: Boundaries, Contexts, and Power (Stanford: Stanford University Press, 1996), pp. 118-157; Peter Galison, *Image & Logic*, chap. 8.

불구하고 그것이 어떤 과정을 거쳐 과학자들 사이에서 실재를 확인하는 영향력 있는 도구로 통용되게 되었는가를 보여주고 있다. 몬테 카를로 시늉내기는 제2차 세계대전 말 열핵무기를 개발하기 위한 수단으로 시작되었다. 하지만, 1960년대에 이르게 되면 전기공학자, 물리학자, 항공기 제작자, 응용 수학자, 핵무기 설계자 등 사이에 통용되는 피진으로 발전한다. 급기야 이 방법은 명확하게 규정된 컴퓨터 과학의 한 영역, 즉 과학자들이 이 언어로 확인할 경우에는 과학적 실재를 발견하는 것으로 인정하는 크리올로 진화하게 되었던 것이다.

　20세기 중반까지 우리는 과학지식을 얻는 방법을 유물론과 관념론에 따라 감각과 사고, 즉 실험과 이론 두 가지 방법이 있다고 생각해왔다. 하지만, 핵무기 개발 과정에서 시늉내기라는 새로운 지식습득 방법이 생겨난 것이다. 즉 항공우주학, 유전학 등 실험이 불가능한 영역에서 다양하고 복잡한 문제를 푸는 데 시늉내기가 활용되고 있다. 피진영어과 크리올어와 같은 잡종 언어와 같이 몬테 카를로 시늉내기는 수학자, 통계학자, 핵무기학자, 핵물리학자, 공학자 등이 함께 참여해 만든 새로운 영역, 즉 과학의 잡종 교역지대였던 것이다.[48]

---

48) 조선일보 편집국 편, 『지성과 예술의 프런티어』 (조선일보, 2001), 172-173쪽.

지역혁신과 과학 및 산업기술 정책 비교:

미국·영국·그리스의 사례*

임경순
포항공과대학교
최자영
부산외국어대학교

Ⅰ. 서 언

최근에 들어와서 지역혁신체계와 클러스터에 관한 논의[1]는 지역 개발뿐

* 이 연구는 2004년도 한국학술진흥재단의 지원에 의하여 연구 [HS-3001(I00174)]되었으며, 『지중해지역연구』 제8권 제2호(2006. 10), 244-290쪽에 게재되었음.
1) 지역혁신체계란 지역, 혁신, 체계의 세 가지 개념이 경제 환경 변화에 따라 각각 그 중요성을 얻으면서 합성된 개념이다. 지역혁신체계론은 국가혁신체계론, 학습지역이론, 신산업공간이론, 마지막으로 혁신클러스터(innovative cluster)와 경쟁우위(Competitive Advantage) 이론 등 다양한 논의가 맞물리면서 발전하였다. 혁신클러스터에 대한 논의는 주로 마이클 포터를 비롯한 경쟁력 이론에 바탕을 두고 있다.(Michael E. Porter, 김경묵·김연성 공역, 『경쟁론』 [세종연구원, 2001], 239-345쪽 [The Competitive Advantage of Nations, Free Press, 1990]). 클러스터란 지리적으로 인접하고 있는 연계기업, 특정 영역의 연관 기관 등이 유사성과 보완성을 가지고 연결된 집단을 지칭하고 있다. 즉 특정 분야에서 경쟁과 동시에 협력 관계인 기업, 전문 공급업체, 관련 산업의 기업 등과, 대학·공인기관·기업연합회 등의 기관들의 결집체를 통상 클러스터라고 부른다. 클러스터의 대표적인 예로는 이탈리아의 가죽 신발 및 가죽 패션 클러스터, 캘리포니아의 실리콘 밸리 등을 들 수 있는데, 이 클러스터 이론은 산업경쟁력 이론과 밀접하게 연관을 맺으면서 발전하였다. 클러스터는 혁신 과정에서 여러 이점을 지니고 있다. 즉 고객의 새로운 욕구와 동향을 빨리 감지할 수 있으며, 새롭게 부각되는 기술, 공정, 물류 정보를 쉽게 입수할 수 있다. 또한 클러스터 내 구성원들 사이의 지속적인 관계, 잦은 방문, 만남 등을 통해 혁신 과정을 조기에 일관성 있게 학습할 수 있다. 최근에 논의되고 있는 혁신 클러스터는 지식의 창출(대학·기업·연구소), 확산(지원·중개기관), 활용 부문(산업체)이 일정 지역 내에 입지하여 긴밀한 상호협력시스템을 구축한 형태를 말한다.

만이 아니라 과학기술 연구개발의 차원에서도 다양하게 전개되고 있다. 특히 최근에 와서 부각된 이른바 제4세대 연구개발[2]에서는 연구개발 과정에서 상호 학습 및 암묵지의 중요성을 강조하게 되었고, 자연스럽게 연구개발은 지역혁신과 그 연결을 맺게 되었다.

제4세대 연구개발은 1990년대를 통해 인터넷 및 바이오 혁명이 촉발되면서 가시화되었다. 이 시기에 들어와서 기초과학의 연구가 응용연구, 산업적 연구로 이어진다는 배너바 부시(Vannevar Bush)의 선형 모형보다는 양자가 서로 얽혀 있는 체인링크 가설(chain-link hypothesis)이 연구개발에서 중심적인 이론으로 부상되었다.[3] 또한, 연구개발(R&D: Research and Development)도

클러스터가 지역의 산업 경쟁력 확보 및 상호학습 및 협력에 중요한 요인이며, 특히 정부 주도 하에 클러스터를 만드는 것보다는 지역에서 자발적으로 형성된 것을 측면 지원하여 키우는 것이 중요하다는 것이 일반적인 통념이다. 지역혁신체계 논의에서는 지역에서 나타나는 다양한 혁신시도를 좀 더 체계적으로 조직화하고 지원하는 거버넌스와 지역의 문화적 요인도 중시하고 있다. 현재 학자들은 지역혁신의 핵심요소로서 학습(learning), 네트워킹(networking), 상호작용(interaction), 혁신(innovation), 역동적 변화발전(dynamic change) 등을 지적하고 있다. 더 나아가 지역혁신체계 논의는 산업·과학기술은 물론 생태적·문화적·정신적인 측면까지 총괄한 다양한 유형의 혁신 체계를 통합적으로 고려하고 있다. 지역혁신 모형의 형성과정에 대한 간략한 논의로는 Frank Moulaert & Farid Sekia, "Territorial Innovation Models: A Critical Survey," *Regional Studies*. Vol. 37, No. 3 (2003). pp. 289-302를 보라. 또한 최근에 진행되고 있는 지역혁신체계에 대한 개괄적 논의에 대해서는 참고, Hans-Joachim Braczyk & Philip Cooke & Marin Heidenreich eds. *Regional Innovation Systems* (London : Routedge, 1998) ; Dirk Fornahl & Thomas Brenner eds. *Cooperation, Networks and Institutions in Regional Innovation Systems* (Cheltehham, UK: Edward Elgar, 2003).

2) 제4세대 연구개발에 대해서는 참고, William C. Miller & Langdon Morris, 손욱 옮김 『제4세대 혁신』 (모색, 2000) [4th Generation R&D, N.Y.: John Wiley & Sons, 1999]. 150년에 걸친 세계 연구개발의 역사는 대략 다음 4단계로 나누어 생각해볼 수 있다. 우선 1876년 독일의 화학회사인 바이어 회사에서 기업체 내에 연구소를 만들면서 소위 제1세대 연구개발이 시작되었다. 제2세대 연구개발은 제2차 세계대전 중 원자탄과 레이더를 개발하는 과정에서 출현하였다. 이것은 연구개발에 대한 체계적인 관리를 통해 목표를 달성하는 것을 특징으로 하고 있다. 제3세대 연구개발은 기초과학 중심의 연구개발의 한계가 노정된 1970년대부터 나타났다. 나일론으로 엄청난 돈을 벌어들인 미국의 듀폰 사는 '새로운 나일론'을 개발하기 위해 기초과학에 엄청난 돈을 쏟아부었으나, 수지타산에서는 결국 손해했다. 이에 따라 듀폰의 경영진들은 자유방임적인 기초과학 중심의 연구개발 전략을 포기하고 대신 신제품과 기존 상품, 대규모 연구와 소규모 연구, 중앙집중식 연구개발 및 분산적 연구개발, 기초연구와 수요자의 요구 등을 적절히 조화시킨 새로운 연구개발 전략을 선택하였다. 이리하여 수요중심의 연구개발, 연구수명주기의 고려, 수요와 위험도를 고려한 연구개발의 적절한 포트폴리오 등은 제3세대 연구개발 전략의 핵심을 이루었다.

3) 기술혁신의 모형에는 선형모형과 체인링크 가설 등이 있다. 선형모형은 가장 전통적인 것으로

'연구와 비즈니스개발(R&BD: Research and Business Development)'로 그 범위가 확장되었다. 연구개발 과정에서 대학 및 연구소에서 만들어지는 지식만이 아니라 창업지원, 정보 공유 및 교류, 금융, 회계, 세제, 마케팅과 같은 글로벌 지원체계, 심지어는 주거 및 휴양과 같은 정주여건 개선도 중요한 의미를 지니게 되었다. 또한 연구논문, 특허 등과 같은 형식지(智)뿐만이 아니라 말로나 글로 표현할 수 없는 암묵지(tacit knowledge)도 연구개발에서 중요시되었으며, 나아가 기존 지식의 융합을 통한 비연속적 혁신도 중요성을 지니면서 기초연구가 과거보다 오히려 증대되었다. 이런 일련의 변화는 소위 제4세대 연구개발의 핵심을 이루었고, 이 과정에서 지역혁신 개념이 자연스럽게 연구

1945년 배너바 부시가 '과학: 그 끝없는 미개척 지대'에서 제시하였다. 1945년 미국의 배너바 부시는 새로운 상품, 산업, 직업들은 끊임없이 자연에 대한 새로운 지식을 요구하고 있으며, 이 새로운 지식은 기초과학 연구를 통해서만이 얻어질 수 있다고 주장했다. 기초과학의 연구를 통해 국가의 번영과 안전보장을 도모하려고 했던 부시의 꿈은 전후 미소 냉전시대를 거치면서 미국의 대표적인 과학기술 정책으로 정착되었는데, 부시의 이 연구개발 전략을 선형 모형이라고 부른다. 부시에 따르면 기초과학이 바탕이 되어 이것을 실생활에 응용하기 위한 응용과학이 발전하고 궁극적으로 산업적으로 적용되어 혁신이 이루어진다. 하지만 정보통신혁명 및 생명과학기술의 놀라운 발전을 주축으로 하는 새로운 지식기반 사회가 출현되면서 부시가 제창한 '과학: 그 끝없는 미개척지대'의 논리는 이제 도전을 받고 있다.
선형가설의 문제점을 극복하기 위해 제안된 새로운 기술혁신 모형으로는 클라인과 로젠버그가 제안한 체인링크 가설(chain-link hypothesis)을 들 수 있다(Stephen J. Klein & Nathan Rosenberg, "An Overview of Innovation". In R. Landau and N. Rosenberg eds. *The Positive Sum Strategy* [Washington, D.C.: National Academy Press, 1986], pp. 275-305). 그들은 연구기관과 대학의 활동 영역인 연구 이외에 현재의 지식수준을 나타내는 각종 과학기술 자료와 시장 및 기업의 설계, 생산, 판매활동 등을 모두 엮어 체인링크 모형을 구성하고 이것을 바탕으로 기술혁신의 과정을 설명하였다. 체인링크 모형에서는 연구개발을 잠재시장을 파악하여, 발명 및 기본설계, 상세 설계 및 검사, 재설계 및 생산, 시장 출하의 과정을 거치면서 기술혁신을 촉진하는 것으로 간주한다. 부시의 선형 모형과는 달리 이 가설에서는 산업계, 연구소, 대학 간의 효과적인 연계와 기초과학, 응용과학, 산업적 응용 사이의 복합적 연결이 중요한 정책과정이 된다.
한편 체인링크 가설에서는 지식의 생산자와 사용자 사이에 흐르는 쌍방향 흐름, 혁신과정상의 다양한 요소들 사이의 다중적인 상호작용과 긴밀한 상호 의존성 등이 중요한 의미를 지니게 된다. 즉 상호작용을 통해 지식의 교류와 다양한 학습이 이루어지고, 바로 이런 학습 과정이 혁신을 촉발시키는 밑거름이 된다는 것이다. 학습에는 제품의 사용이나 기계, 장비의 실행과정에서 발생하는 '사용에 의한 학습', '실행에 의한 학습', 그리고 여러 상이한 주체들 사이의 공식적 혹은 비공식적인 '상호작용에 의한 학습' 등이 있는데, 이 다양한 학습 과정을 통해 주어진 문제에 대한 새로운 해결책을 모색하고, 다양한 아이디어를 융합, 수정하는 과정에서 새로운 혁신이 창출되는 것이다. 지역혁신체계에 관한 논의에서 상호학습이 강조되는 이유가 바로 여기에 있다.

개발과 융합되었다.

산업기술의 발달과 관련된 지역혁신은 지역적 분포의 측면에서 크게 두 가지 의미로 나누어 볼 수 있다. 하나는 이른바 '혁신의 섬들'의 개념이다. 이것은 소수 대도시를 중심으로 하는 것으로 지역 간의 균형 발전의 개념이 전제가 되지 않는다. 산업 선진국 및 부유한 나라의 경우에는 이와 같은 집중이 사회적으로 심각한 문제가 되지 않을 수도 있으나 산업후진국, 특히 저소득층이 상대적으로 많은 곳에서는 이와 같은 지역적 집중은 사회적 불평등을 가중시키는 결과를 낳는다.

다른 하나는 소수 대도시 집중이 아니라 균형 발전과 생산요소의 분산화를 통해 지역 간의 기회불균등을 없애는 데 주안점을 두는 것이다. 이것은 주로 사회주의 성향의 국가에서 지향하고 있는 형태이다. 그 극단적인 예로는 오늘날 산업기술의 발달을 이룬 공산 중국의 정책을 들 수 있다.

이 글에서는 지역혁신과 관련된 두 가지 측면, 즉 한편에 연구와 기술 개발 및 이전(transfer), 다른 편에 지역적 안배의 측면을 중심으로 각국의 지역혁신 사례를 비교할 것이다. 그 대상으로는 정치, 경제 체제에서 차이가 있는 것으로 한편에 미국과 영국, 그리고 다른 편에 그리스를 상호 비교한다. 비교의 구체적 사례는 시기의 차이를 불문하고 각국의 지역 및 산업기술 발달의 특징을 가장 잘 보여주고 있다.

과학 및 산업기술 정책은 각국의 정치·경제 체제 및 시대상황에 따라 다른 모습으로 나타났다. 미국의 실리콘 밸리와 루트(Route) 128, 그리고 영국의 케임브리지 사이언스 파크 중 일부는 국가의 국방산업과 첨단기술(high-tech)에 관련된 것이었다. 한편, 그리스의 산업기술은 국방산업과는 거리가 멀고 또 첨단기술에만 관련된 것이 아니라 다양한 생활 산업을 포괄하고 있다. 19세기 초부터 제1차 세계대전이 끝나던 무렵의 20세기 초까지 지속적으로 터키와 투쟁하여 독립과 영토의 회복을 이룬 그리스는 터키 지배 하에서의 봉건적 지주-소작제를 청산하였으나 자연의 입지조건 때문에 전통의 농업이 주산업 가운데 하나를 이루고 있다. 그런 가운데 그리스 산업기술은 아테네와 테살로니키의 2대 도시를 중심으로 다소간에 발달하였다. 1990년을 전후하여 유럽공동체와의 연계가 강화되면서 그리스는 그 외 지역에도 테크노파크4)를 설치하고 지역의 균형개발을 위한 기반을 마련하고 있다. 이것은 유럽 지역 간 격차를 해소하려는 유럽공동체 정책의 영향을 받은 것으로, 특별히 하이테크에만 관련된 것이 아니며 또 미개발 지역에 대한 사회 재분배적 정책의 성격이 개재되어 있다.

양자의 비교를 통하여 기업 운영과 지역혁신의 성공은 한편에 기업 간 폐쇄적·배타적 정보의 은폐가 아니라 개방과 적극적인 상호교류, 다른 한편에 기업 간 경쟁성의 확보에 의해서 이루어짐을 보게 된다. 그 외에도 기업의 경쟁성을 저해하는 요인으로는 두 가지 점을 들 수 있겠다. 하나는 MIT의 루트 128과 케임브리지 사이언스 파크의 경우에 볼 수 있는 것으로 방위산업 및 하이테크 산업이 중앙집권적 권력의 특혜 속에 이루어지면서 시장의 수요나 경영의 합리화 등에 둔감하여 경쟁성을 잃어버리게 된 점이다. 다른 하나는 그리스에서 보이는 것으로 재분배적 성격의 보조금 지급이 각 지역의 특수성을 충분하게 고려하지 못한 채 이루어지는 경향이 있다는 점이다. 이것은 유럽 혹은 국가적 차원의 정책에 따라 지역발전계획이 추진되었고 행정과 재정의 분권이 미비한 데에서 기인한다.

II. 미국과 영국

1. 루트 128 · 실리콘 밸리 · 케임브리지 사이언스 파크

과학기술과 첨단산업이 발전하기 위해서는 많은 요인이 작용하고 있다. 과학자와 기술자(engineers)를 육성하는 연구중심대학의 존재, 창업자금의 공급, 첨단기술 연구개발을 위한 공공자본 투자, 기술자와 과학자들을 유치할

---

4) 그리스의 테크노파크는 영국, 독일, 네덜란드 등과 같이 소규모의 것으로 기술전파와 새기술 창조를 목적으로 한다. 이것은 프랑스와 스페인 같이 사이언스 파크와 거대 산업지역을 겸비한 테크노폴과 다르다. 참고, N. Komninos, *Intelligent Cities : Innovation, Knowledge Systems and Digital Spaces* (London/N.Y.: Spon Press, 2002), pp. 56-57.

수 있는 정주여건, 창업을 육성하는 사이언스 파크의 설치 여부, 효율적인 교통, 통신을 위한 하부구조 등이 그 대표적인 예라고 할 수 있다. 첨단산업의 성장과 관련된 그동안의 논의는 주로 신고전파 경제학의 논조를 따르는 것으로서 완전한 경쟁 체제의 기업과 자본, 노동, 기술, 정보의 자유로운 흐름이 경제적 효율과 부의 창조를 이룬다는 입장을 따르고 있다. 시장경제학자 조지 길더(George Gilder)는 기업자본주의 유연성의 모델로서 실리콘 밸리를 찬양하였고 대처 수상도 케임브리지를 '영국 기업풍토의 온상'으로 여기도록 하였다.

그러나 산업기술 및 지역의 발전은 과학기술 지식의 산출뿐만이 아니라 지역의 문화적 풍토 및 거버넌스의 형태, 그리고 다양한 혁신 주체들 사이의 상호 연계 등과 밀접한 연관을 가진다. 시장이 사회적, 정치적 환경과 분리되어 있다는 생각은 다소 편협한 것으로 전통적인 시장과 정치적, 사회적, 문화적 환경은 서로 복잡한 관계를 가진다. 색서니언(Saxenian)은 실리콘 밸리와 루트 128과의 비교 분석을 통해 산업경쟁력을 결정함에 있어서 지방의 제도, 문화, 네트워크에 기초한 기업조직이 중요한 위치를 차지한다고 주장하고 있다. 미국의 실리콘 밸리, MIT의 루트 128, 그리고 영국 케임브리지의 사이언스 파크는 모두 유리한 지역적 자원을 바탕으로 출발했다는 점에서 공통점을 가지고 있다. 그러나 색서니언은 실리콘 밸리의 경우 현재까지 아주 성공적인 사례로 인정받는 반면, 루트 128과 케임브리지 사이언스 파크는 실리콘 밸리에 비해 상대적으로 성공적이지는 못했다고 지적하고 있다.[5]

루트 128과 실리콘 밸리는 각각 미국의 동부와 서부를 상징하는 연구단지로서 제2차 세계대전 이후 국방 연구와 첨단 과학기술 연구를 바탕으로 급성장하였다. 이 두 지역은 모두 컴퓨터를 비롯한 정보기술산업 분야에서 세계적인 경쟁력을 지닌 곳이었지만, 1980년대를 거치면서 위기를 겪으며, 서로 다른 운명의 길을 가게 되었다. 실리콘 밸리는 당시에 IT산업 분야에 불어닥

5) Anna Lee Saxenian, "In search of power: the organization of business interests in Sillicon Valley and Route 128", *Economy and Society*, Vol. 18, No.1 (1989), pp. 25–69; Ibid, *Regional Advantage: Culture and Competition in Silicon Valley and Route 128* (Cambridge, Mass.: Harvard University Press, 1994).

친 위기를 잘 극복하고 1990년대를 통해 지속적인 발전을 이룩한 반면에, MIT 주변의 루트 128은 서서히 경쟁력을 상실해 나간 것에 우리는 주목할 필요가 있다. 케임브리지 사이언스 파크의 흥망성쇠도 루트 128과 공통점이 있다.

실리콘 밸리는 세계의 대표적인 지역혁신 클러스터로 오늘날 많은 사람들의 주목을 받고 있다. 오늘날 지역혁신체계(Regional Innovation System)에 대한 일반적인 논의는 실리콘 밸리의 형성 과정에 대한 다양한 분석 결과에 영향을 받은 바가 크기 때문에, 실리콘 밸리의 형성과정에 대한 보다 면밀한 분석은 지역혁신체계론의 기본적인 구조를 이해하는 데 큰 도움이 된다.

2. 실리콘 밸리

1) 실리콘 밸리의 형성

미국의 실리콘 밸리는 주변에 있는 스탠퍼드 대학과 밀접한 연결을 맺으면서 캘리포니아 주의 팔로 알토, 서니베일, 산타 클라라, 샌 호세로 이어지는 지역에 형성된 연구산업단지이다. 실리콘 밸리에서 지역혁신체계가 만들어지는 데에는 무엇보다도 지역혁신 비전을 가진 인물의 강력한 리더십, 즉 스탠퍼드 대학의 공대 학장이었던 프레드릭 터먼(Frederick Emmons Terman, 1900-1982)이 핵심적인 역할을 했다.

전후 스탠퍼드 대학을 대표하는 첨단 연구소로는 마이크로웨이브 연구소(Microwave Laboratory)와 스탠퍼드 선형가속기 센터(Stanford Linear Accelerator Center), 그리고 전자공학연구소(Electronic Research Laboratory) 등을 들 수 있다. 이 첨단 연구소들은 모두 프레드릭 터먼 학장의 집요한 대학 육성 전략에 의해서 이룩된 것이었다. 터먼은 모든 분야에서 자신의 경쟁자였던 MIT를 따라잡으려고 한 것이 아니라, 자신의 경쟁자들이 등한시하고 있으며, 또한 새로운 산업적·정치적 연결을 가능케 하는 몇몇 경쟁 가능한 분야만을 집중적이고 장기적으로 육성하는 계획을 수립했다. 실리콘 밸리의 형성 과정은 바로 이 터먼의 스탠퍼드 대학 육성 정책과 긴밀한 연결을 맺고 있었다.[6]

스탠퍼드의 '산업단지(Industrial Park)'는 터먼의 계획에 따라 1951년에 문을 열었다. 이미 1938년 스탠퍼드 동창들인 윌리엄 휴렛(William Hewlett)과 데이비드 패커드(David Packard)는 터먼의 권유로 휴렛—패커드(Hewlett-Packard) 회사를 창립하고 팔로 알토에 입주해 있었다. 1951년 배리언 조합(Varian Associate)이 입주한 것을 필두로 해서, 제너럴 일렉트릭사의 마이크로웨이브 부서가 입주하였으며, 휴렛—패커드 회사도 1954년 옮겨오는 등 여러 기업이 스탠퍼드와의 산학 협동을 기대하면서 스탠퍼드 산업단지 내의 부지를 임차해서 입주하게 된다. 하지만, 1955년 터먼의 적극적인 권유로 쇼클리(William Shockley)가 벨 연구소를 떠나 팔로 알토에 쇼클리 반도체 연구소를 세울 때까지는 스탠퍼드 산업단지의 주요 업종은 반도체산업이 아닌 마이크로웨이브 산업이었다.

쇼클리는 1954년 자신의 발명을 상업화하고 자신의 회사를 세우기 위해 벨 연구소를 떠났다. 애초에 그는 보스턴 지역에서 창업할 생각이었지만, 인근의 대기업들이 투자를 하지 않았기 때문에 서부를 선택하게 되었던 것이다. 쇼클리 반도체 회사는 입주한 뒤 게르마늄을 이용한 쇼클리 다이오드를 생산했다. 이 쇼클리 다이오드는 무엇보다도 전화 산업에 이용될 가능성이 컸다.

하지만, 다이오드 생산의 새로운 후보인 실리콘을 이용한 다이오드 기술은 게르마늄에 비해 무척 힘이 들었고, 또한 개발비 자체도 쇼클리 반도체 회사가 감당하기에는 너무 커다란 규모였다. 이에 따라 쇼클리는 실리콘 기술 개발을 주저했는데, 이때 쇼클리 반도체 연구소에서 실리콘 반도체를 연구하던 로버트 노이스(Robert Norton Noyce, 1927-1990)를 비롯한 8명의 연구자는 쇼클리 연구소를 빠져나와 새로운 투자자를 찾았다. 쇼클리가 '8명의 배신자들'이라고 불렀던 이들은 마침내 페어차일드(Fairchild) 사진기 회사에 접근해서 1957년 팔로 알토에서 몇 마일 떨어진 곳에 페어차일드 반도체회사라는 새로운 회사를 차렸고, 여기서 실리콘 반도체를 생산하기 시작했다.[7]

6) Stuard W. Leslie & Bruce Hevly, "Steeple Building at Stanford: Electrical Engineering, Physics, and Microwave Research", *Proceedings of the IEEE*, Vol. 73 (1985), pp. 1169-1180; Stuart W. Leslie, *The Cold War and American Science: The Military-Industrial-Academic Complex at MIT and Stanford* (New York: Columbia University Press, 1993) ; Rebecca S. Lowen, *Creating the Cold War University: The Transformation of Stanford* (Berkeley: University of California Press, 1997).

스탠퍼드 산업단지는 이후 집적회로와 마이크로프로세서 개발 등을 선도하면서 20세기 반도체 혁명을 주도했다. 1959년 텍사스 인스트루먼트 회사(Texas Instrument Co.)의 킬비(Jack St. Claire Kilby)와 페어차일드 회사의 로버트 노이스는 최초의 집적회로인 IC(Integrated Circuit)를 개발했다. 이후 IC는 더욱 집적화가 진행된 대규모 집적회로(LSI)로 계속 발전되었다.

1968년 페어차일드의 로버트 노이스와 그의 오랜 동료인 고든 무어(Gordon Moore)가 주축이 되어서 NM 일렉트로닉스(Electronics)가 창립되었고, 곧 앤드류 그로브(Andrew Grove)가 합류해서 Intel(Integrated Electronics)이라는 회사가 실리콘 밸리에서 창립되었다. Intel은 일본의 계산기 회사인 비지콤(Busicom)과의 계약을 바탕으로 스탠퍼드 대학 화학과 교수였던 테드 호프(Ted Hoff)의 감독 아래 단일한 칩 속에 모든 연산과 논리 회로가 가능한 특별한 목적의 칩을 개발했고, 마침내 1971년 11월 최초의 마이크로프로세서(Microprocessor)를 개발, 시판하게 되었다. 최초의 마이크로프로세서 Intel 4004는 2,250개의 트랜지스터를 집적한 것이었다.

결국, 1957년 페어차일드 반도체 회사가 설립된 이후 20년 동안 스탠퍼드 대학 주변에는 약 100여 개의 반도체 회사가 분할과 합병을 거듭하면서 생겨났고, 예전에 오렌지 농장들이 있었던 산타클라라 지역에는 새로운 첨단산업단지인 '실리콘 밸리'가 형성되었다. 1955년까지 7개였던 기업체 수가 1960년에는 32개, 1970년에는 70개, 1980년대에는 90여 개로 증가하였다.

지역에 핵심이 되는 스타기업은 혁신클러스터를 만드는 데 결정적인 역할을 하였고, 실리콘 밸리의 경우는 페어차일드 반도체회사가 그 역할을 수행하였다. 1965년까지 10개의 새로운 회사들이 페어차일드 회사에 근무했던 기술자들이 창업되었다. 결국, 85개의 주요 미국 반도체 회사 가운에 절반이 직간접적으로 페어차일드 회사로부터 분사된 것이었으며, 이것은 이 지역에서 기술적 노하우의 확산에 결정적인 기여를 하였다.[8]

7) Michael Eckert & Helmut Schubert, *Kristalle, Elektronen, Transistoren* (Reinbek: Rowohlt, 1986).
8) Manuel Castells & Peter Hall *Technopoles of the World: The making of twenty-first-century industrial complexes* (London and New York: Routledge, 1994). p. 17.

실리콘 밸리의 형성과정에서 각 기업들은 끝없이 분할과 합병을 거듭하였고, 새로운 혁신적 기술의 개발과 함께 수많은 작은 기업들이 이합 집산하는 모습을 보였다. 분산적이고 산만한 것과도 같은 이런 문화적 풍토는 훗날 학자들에 의해 지역혁신의 성공요인으로 인식되어 상호작용, 네트워킹, 학습 등 지역혁신의 핵심요소로 자리 잡게 되었다.

2) 대학 – 정부 – 산업체의 연결

스탠퍼드 대학만이 실리콘 밸리의 형성 과정에서 주도적인 역할을 한 것은 아니었다. 이 지역의 항공산업 및 군부의 정책 역시 이 지역 산업 및 대학을 변화시키는 데 커다란 역할을 하였다. 1954년부터 록히드 항공회사의 미사일 부서가 서니베일에 있던 미항공우주국(NASA)의 전신인 미국항공자문위원회(National Advisory Committee on Aeronautics) 연구소와 스탠퍼드의 전자공학 연구소 근처에 자리를 잡았다. 이에 따라 이 지역은 극비의 미사일 연구를 비롯한 초고속 항공역학 연구의 중심지로 부상되었다.

한편, 스탠퍼드 대학에서는 이런 외부 조건에 부응하기 위해서 대학의 항공공학, 재료공학 관련 학과들을 이에 맞도록 개편해 나갔다. 더욱이 1957년 소련의 스푸트니크호가 발사된 뒤로는 우주개발 경쟁이 가속화되었고, 이에 따라 항공기술과 아울러 트랜지스터를 비롯한 소형 반도체 기술이 급속도로 필요하게 되면서, 실리콘 밸리의 산업체들과 스탠퍼드 대학에서는 더욱 활발한 군·산·학 협동작업이 이루어지게 되었다. 예를 들어 1961년 페어차일드 회사는 NASA와 집적회로 개발 계약을 체결하였는데, 이것은 이 지역이 반도체 집적회로의 중심지가 되는 데 커다란 역할을 수행했다.

주변에 방산업체를 포함한 대기업의 존재는 실리콘 밸리 발전에 결정적인 역할을 하게 되었다. 즉 국가 혹은 대기업이 지역혁신 초기에 주요 고객이 되어 지역혁신을 가능케 했던 것이다. 유럽의 경우 프랑스 소피아-앙티폴리스의 성장에서도 에어 프랑스(Air France)나 IBM, 텍사스 인스트루먼트(Texas Instrument)는 이와 같은 역할을 수행했던 것이다. 실리콘 밸리가 형성되는 데에는 록히드 항공회사, 국방부, NASA 등도 일조하게 된 것이다.

결국, 마이크로웨이브 산업의 형성에서 보는 것처럼 스탠퍼드 대학이 자신들의 연구 방향에 맞도록 지역 산업의 형성을 주도해 나가거나, 이와는 반대로 항공 관계의 경우처럼 외부적 요구에 맞도록 대학의 연구 방향을 적극적으로 변화시킴으로써 정부, 기업체, 대학이 서로 연결되는 실리콘 밸리라는 거대한 첨단 과학산업 단지가 형성되게 되었다. 즉 지역의 자발적 혁신 노력과 정부의 추가적인 지원에 능동적으로 대처한 지역의 노력이 오늘의 실리콘 밸리를 만들었던 것이다.

3. MIT와 루트 128

1) 루트 128의 발전 과정

실리콘 밸리와 함께 적어도 1980년대까지 미국에서 쌍벽을 이루던 연구산업단지로는 루트 128을 들 수 있다. 루트 128은 MIT와 밀접한 연결을 맺으면서 보스턴 시 주변의 벌링턴, 렉싱턴, 월덤으로 이어지는 지역에 형성된 기업 밀집 연구단지를 말한다.

MIT 주변은 국방부로부터 많은 연구비를 받아 1940년대와 1950년대를 통해서 전자공학 분야의 중심지가 되었다. 1940년 루스벨트 대통령은 '국방연구회의(National Defense Research Council)'를 창설하고, 컴프턴(Karl Compton)을 위원으로, 그리고 MIT의 전기공학자로서 공대 학장과 부총장을 지냈던 배너바 부시(Vannevar Bush)를 위원장으로 임명했다. 그리고 1년 뒤에 루스벨트는 부시를 '과학연구개발국(Office of Scientific Research and Development)'의 국장으로 임명했는데, 부시와 컴프턴이 가지고 있던 연방정부에 대한 이런 강한 영향력을 바탕으로 MIT에는 마이크로파와 레이더 장비를 연구하는 래드랩(Radlab)이 설립되었다.

제2차 세계대전 중에 미국의 각 대학은 국방연구에 전념하였다. 캘텍은 고체연료 로켓을 개발하고, 존스 홉킨스 대학은 근접접촉 신관을 개발했으며, 시카고 대학은 아서 컴프턴을 중심으로 해서 맨해튼 계획에 참가해서 플루토늄 제조를 도왔다. MIT도 역시 원자탄 개발에 참가했지만, 더욱 중요하고 비중이 있었던 연구는 래드랩을 중심으로 한 레이더 장비에 관한 연구였다. 이 래드랩은 그 규모에 있어서도 엄청난 것이었는데, 1944년경에 이르렀을 때 이 연구소는 4,000명 이상의 물리학자, 엔지니어, 기능공들을 고용하는 거대한 연구소로 성장했다.

전후에도 MIT에서는 국방 연구를 바탕으로 해서 전자공학 연구가 집중적으로 성장하였다. 1945년 설립된 전자공학연구소에서는 래드랩의 과학자들을 흡수하여, 기초연구와 응용연구를 결합하는 연구 프로그램을 진행했으며, 새로이 생긴 서보 연구소에서는 수치조절 공작기계, 디지털 컴퓨터를 개발했다. 또한, 대학의 국방연구도 전쟁이 끝난 뒤엔 일시적으로 급속하게 감소했으나, 곧 회복세로 돌아섰다. 링컨연구소(Lincoln Laboratory)와 계기연구소(Instrumentation Laboratory)의 설립이 이것을 말해 주는데, 설립 초기에 링컨연구소에서는 SAGE 방공 체계를 개발했으며, 계기연구소에서는 관성유도시스템을 개발했다. 후일 이 두 연구소는 MIT의 주요 국방 연구소로 자리를 잡게 되었다.[9]

전후에 MIT 주변은 전자공학 분야에서 커다란 역할을 했지만, 진공관에서 트랜지스터로 성장하는 전자공학 분야에서 전환하는 데에는 보수적이었다. 특히 Raytheon 회사는 반도체 회사를 설립하려던 쇼클리의 제안을 거절했으며, 이에 따라 쇼클리는 MIT 주변이 아니라 캘리포니아 팔로 알토에서 자신의 회사를 설립했다. MIT 주변의 회사들은 거대한 기업들이 지나치게 관료화되며 국방 관련 연구에 안주해 있었기 때문에, 새로운 기술 변화를 수용하는데 상대적으로 둔감했던 것이다.

또한, 1980년대 레이건 행정부에서 군사 프로그램을 다시 정력적으로 추진할 때 MIT 주변의 기업들은 미래의 추세와 역행하여 자신들의 전통적인 방식인 군수시장과의 연계를 강화시키는 방향으로 사업을 전개했다. 이렇게 군수시장에 대한 과도한 의존 체계는 1990년대 초 소련의 붕괴와 함께 냉전 체계

---

9) Christophe Lecuyer, "The Making of a Science−Based Technological University : Karl Compton, James Killian, and the Reform of MIT, 1930−1957". *Historical Studies in the Physical and Biological Sciences*. Vol. 23 (1993). pp. 153−180.

가 종식되면서 심각한 위기를 맞으면서 붕괴하기 시작했다.

2) 네트워크 중심의 지역문화의 중요성과 실리콘 밸리의 성공 요인

스탠퍼드 대학 주변의 실리콘 밸리와 MIT 주변의 루트 128 지역이 서로 다른 운명의 길을 가게 된 것에 대해 색서니언과 같은 학자들은 분화된 지역의 기업 조직, 상호 학습을 가능하게 했던 네트워크 중심의 지역 문화가 커다란 역할을 했다고 주장하고 있다(Saxenian(b) 1989: 25-69; Saxenian(c) 1994).

실리콘 밸리는 지역 네트워크 기반의 산업 시스템을 지니고 있었기 때문에 이 지역 내에서 기업 집단들은 지속적인 집단 학습을 통해 외부 변화에 유연하게 적응할 수 있었다. 즉 이곳에서는 인텔, 휴렛-패커드 등 상대적으로 작은 규모의 수많은 기업이 분할과 합병을 거듭하면서 성장을 해나갔고, 이 과정에서 비공식적인 교류를 포함한 수많은 상호작용과 활발한 공동 실천행위가 나타났다. 또한, 지역의 밀도 높은 사회적 네트워크와 유연한 노동 시장은 기업 내의 실험 정신과 기업가 정신을 고무시켰다.

반면에 MIT 주변의 루트 128에는 DEC(Digital Equipment Corporation)와 같이 거대하고 자체적으로 통합된 기업에 주로 위치하고 있었으며, 기업의 성장에 기업 비밀과 로열티가 중요한 역할을 하고 있었다. 이 지역의 기업은 서부와는 달리 중앙집권적이고 안정화된 거대한 조직을 이루고 있었다. 이런 점에서 실리콘 밸리와 루트 128은 네트워크 중심의 분산적인 구조와 독립적인 기업 구조, 지역네트워크 중심의 기업 시스템과 중앙집권적인 구조 사이에 어떤 혁신 구조가 지역의 장기적인 발전에 효과적인가를 가늠하는 잣대가 되었던 것이다.

실리콘 밸리의 지속적인 혁신과 창조적 파괴는 매 시기 위기 때마다 돌파력을 발휘했다. 특히 상호 학습을 가능하게 했던 네트워크 중심의 지역 문화와 분권화된 지역의 기업조직을 지녔던 실리콘 밸리는 이 지역 내에서 기업 집단들은 지속적인 집단 학습을 통해 외부 변화에 유연하게 적응할 수 있었다. 이런 개방적 협력 네트워크는 지역제도와 상호신뢰를 형성하는 반복된 상호작용을 가능하게 하고, 동시에 경쟁의식을 강화하는 문화를 형성함으로써 탈집중화된 공동학습 과정의 증진과 지속적 혁신을 가져다주었다.

이외에도 쾌적한 주거 및 자연 환경은 우수한 핵심 인력을 유인하는 데 기여했다. 터먼이 박사학위를 마쳤을 때 MIT에서 교수 임용 제의를 하였으나, 그는 결핵을 앓았었기 때문에 건강에 좋은 캘리포니아 팔로 알토에 머물기를 원했고, 결국 스탠퍼드 대학 교수가 되어 훗날 실리콘 밸리의 아버지라는 이름을 얻게 된다. 또한, 윌리엄 쇼클리 역시 동부에서 Raytheon 회사가 그의 제안을 거절하고 지원을 하지 않았던 참에 그의 늙은 어머니가 캘리포니아에서 살고 있었기 때문에 터먼의 권유를 받아들여 팔로 알토에 반도체 회사를 차렸던 것이다(Castells & Hall 1994: 15-16).

4. 케임브리지 사이언스 파크

1) 케임브리지의 과학적 전통과 사이언스 파크의 형성

네트워크 중심의 기업시스템의 중요성은 영국의 케임브리지 사이언스 파크의 경우에 유사하게 적용될 수 있다. 케임브리지 사이언스 파크는 1970년 케임브리지 대학의 부지와 건물 위에 트리니티 칼리지에 의해 설립되었으며, 설립 이래 창업기업에 의한 점유율이 아주 높았다. 케임브리지 대학은 물리, 컴퓨터, 전자공학 등에서 세계적 명성을 가지고 있으며 많은 과학기술 분야에서 스탠퍼드와 MIT와 어깨를 겨루었다. 특히 트리니티 칼리지는 뉴턴이 활동하던 곳이며 이 칼리지 단독으로만 수상한 노벨상 수상자의 수가 프랑스를 포함한 대부분 나라보다 더 많았다. 또한, 케임브리지 사이언스 파크 주변에는 아주 양호한 주거 시설이 위치해 있었고, 히드로와 가트위크 등 국제적인 공항으로의 접근성도 뛰어나는 등 기업의 유인성이 높고 우수한 인재들이 쉽게 모일 수 있는 곳이었다.

케임브리지의 초기회사들은 원래 그 대학 실험실 기기를 만들기 위한 과학 관련의 기업들로 '케임브리지 과학기기회사(Cambridge Scientific Instrument Company : 현재 Cambridge Instruments)', '페 과학기기회사(William George Pye & Co. Ltd.)' 등이 있었다. 20세기에 들어와 마셜 엔지니어링(Marshalls

Engineering)이 만들어졌다. 제2차 세계대전 때 페 과학기기회사는 라디오, 마셜 엔지니어링은 비행기 관련 산업에서 두각을 나타냈으며 냉전 시대에도 이 두 회사의 주요고객은 군대였다. 또 전쟁은 케임브리지 대학의 과학연구도 촉진하였다.

'케임브리지 컨설턴트 LTD(CCL)'는 오늘날 물리과학에서 영국의 연구개발의 주요 청부업자로 1960년 케임브리지 대학 졸업생들에 의해 만들어졌다. 여기서 20개 이상의 창업회사가 만들어졌으나 1971년 재정압박으로 미국계 컨설팅 회사로 넘어갔고 지금 그 사업의 반이 국방부에서 내려온다.

'케임브리지 붐(phenomenon)'의 직접계기는 60년대 중반 노동당 정부의 '과학기술의 진흥을 통한 영국의 개혁'이었다. 해럴드 윌슨(Harold Wilson)의 프로그램에 따라 케임브리지 대학 실험실의 '과학자와 공학자'들에게 수백만 파운드의 돈이 흘러들어 갔다. 또 정부보조금으로 국가의 컴퓨터 디자인(CAD) 기지를 케임브리지에 설치하려는 안, 그리고 이 지역 기존의 신과학에 기반을 둔 산업의 성장을 위한 모트(Mott) 보고서-대학 후원의 연구보고서였음-로부터도 혜택을 보았다. '컴퓨터 디자인 센터'는 1969년에 시작되었고 곧 1970년 케임브리지 사이언스 파크를 설립하기로 결정되었다.

케임브리지 첨단과학 기업조성은 3차 단계를 통해 이루어졌다. 첫째는 60년대 대학 실험실에서 분리 신설된 기업들로 컴퓨터 디자인 회사의 하나인 '어플라이드 리서치 오브 케임브리지(Applied Research of Cambridge)', 레이저로 필름을 읽는 하드웨어제조의 '레이저 스캔(Laser Scan)', 고질의 맞춤형 스캔 전자 현미경 제조사인 '케임브지리 스캐닝(Cambridge Scanning)' 등의 설립이었다(이 중 '레이저 스캔'만 국방성 사업의 수주로 대기업으로 남아 있고 나머지는 외국계열 회사에 팔리거나 크지 못하였다). 둘째는 1970년대로 성공적 기업들이 이때 창업되었다. 컴퓨터 실험실 출신들이 만든 '에이콘 컴퓨터(Acorn Computers)'와 '싱클레어 컴퓨터(Sinclair Computers)', 그리고 '컴퓨터 디자인 센터'가 사유화된 다음 그 1급 공학자들이 분리하여 만든 '케임브리지 인터랙티브 시스템(Cambridge Interactive System, CIS)', '셰이프 데이터(Shape Data)' 등이 있다. 세 번째는 1980년대 초로 이른바 '대처 붐'에 의해

1979년 이래 벤처 자금 증가에 기인한 것이다.

1980-1986년까지 매해 30개 이상의 창업이 이루어졌다. 그 결과 1978년 케임브리지의 기술기반 회사가 40개였으나 1983년에 250개, 1985년에는 400개 이상이 되었다. 이들은 주로 전자, 기계, 컴퓨터 하드웨어와 소프트웨어, 과학적 컨설팅 혹은 연구개발에 관련한 것이며 1980년대에 생명공학 기업이 일부 창업되었다. 사업서비스 활동의 유입으로 케임브리지 경제에 변화가 일었다. 벤처자본기금, 거대 회계회사의 지점, 경영 컨설팅 회사, 변호사, 광고 회사가 모두 이 지역에 위치하였다. 슐룸베르거(Schlumberger), 제록스(Xerox), 데이터 제너럴(Data General), 로지카(Logica), 마르코니(Marconi), IBM 등 국내외 하이테크 회사들도 소규모 연구개발 실험실을 이곳에 마련했다. 케임브리지는 공학자들에게는 바람직한 환경 및 생활양식을 제공했으며 국제적 협조의 연구 및 개발, 그리고 과학적 컨설팅과 직업적 서비스 활동의 장소였다. 그러나 50명 이상의 직원과 연간 천만 달러 이상의 판매고를 올리는 회사는 소수에 불과했다.

2) 사이언스 파크의 흥망과 정부의 역할

1970년대 정부 후원의 '컴퓨터 디자인(CAD) 센터'를 위해 수백만 파운드가 케임브리지로 유입되었다. 영국 정부는 특히 군수품 조달과 연구개발을 통해 첨단기술을 전폭적으로 지지하였으며 케임브리지의 여러 첨단기술 회사는 국방성의 장기 수혜자들이었다. 1980년대 초에는 기술지향적인 기업들이 1년에 30개 정도의 회사를 설립하여 1985년에는 400개의 첨단기술회사가 등장하였다. 특히 1983년 이후 클라이브 싱클레어(Clive Sinclair), 에이콘 컴퓨터(Acorn Computers) 등의 기업이 등장하였고 대처 정부는 '기업경제'의 진작을 천명하고 나섰다.

그러나 케임브리지 첨단산업 관련 기업의 생명은 짧았고 결국 소수만이 살아남았다. 1984년에 이미 30%의 기업이 6명 미만, 75%가 30명 미만의 직원을 두었을 뿐이었다. 그해 케임브리지 기업의 반 정도가 연간매출 35만 파운드 이하였으며 성공적인 기업들도 외국계 회사에 매각[10]되었다. 고용 인력에

서도 첨단산업은 구산업계보다 더 많은 노동력을 고용하지 못하였다.11)

케임브리지는 좋은 두뇌와 수준 높은 기술의 상품을 생산한다는 점에서는 의심의 여지가 없으나 상업적으로 경쟁력 있는 회사 혹은 기술에 기반을 둔 성공적인 기업의 발달을 촉진할 수 있는 환경을 조성하지 못하였다.12) 케임브리지 기업들의 실패는 지역의 환경이나 창업주의 자질 때문이 아니라 시장의 구조와 정치적 구조 등에서 찾을 수 있다. 이 두 가지 요인이 영국의 소기업으로부터 외부적 자원과 투자의 기회를 제거하고 하이테크 생산을 둘러싼 세계시장에서의 경쟁력을 떨어뜨렸다.

영국 시장의 구조란 기술 생산에 대한 국내 수요의 결핍, 경영과 공학적 기술의 부족, '기술적 하부구조'의 결핍을 말한다. 이와 같은 것은 한 세기에 걸친 산업쇠퇴, 영국 교육체제의 편협성, 국가적 기술기반의 누적된 결손 등에 기인하며, 결과적으로 영국의 신기술 기반 회사들의 성장에 장애가 되었다. 한편, 국가의 정책은 이와 같은 문제점을 완화하는 데 도움이 되지 못하였다. 개혁과 기술산업을 위한 다양한 프로그램에도 불구하고 국가 대 전자회사 간 도제적 관계는 신 기술기반 기업들을 약화시켰다.

영국은 전자정보에 의지하고 있는 자동추진기, 데이터 프로세싱, 기계 등에서 위기를 맞고 있으며 상대적으로 구조가 건전한 기업들도 기술변화에 대한 투자가 매우 느렸다. 결과적으로 영국은 하이테크 시장에서 5% 미만을 점

---

10) 회사의 인수가 증가하여 주요 컴퓨터 디자인 회사인 CIS, ARC, 셰이프 데이터(Shape Data) 등이 모두 1980년대 초에 미국 판매대리사(Distributor)인 컴퓨터비전(Computervision), 맥도널 더글러스(McDonnell Douglas), 에번스 앤드 서덜랜드(Evans and Sutherland)로 각각 넘어갔다. 1985년에는 올리베티(Olivetti)가 아콘 컴퓨터(Acorn Computers)를 파산에서 구하였고 앰스트래드(Amstrad)가 적자의 싱클레어 리서치(Sinclair Research)를 인수하였다.

11) 이 지역 최첨단산업 고용 인력은 1986년 16,500명이었으나 그 대부분이 '첨단산업 붐'이 일기 전에 있었던 것이며, 그 이전 10년 동안 수백 개 창업회사에 의해 6,000개 정도의 일자리가 만들어졌을 뿐이다.

12) 이와 같은 문제는 케임브리지에만 국한된 것이 아니라 영국 내 보편적인 현상이었다. 영국의 하이테크 소기업은 중기업으로 성장하지 못하였다. 1970년대 연간매출 1억 파운드 이하의 전자회사 73개 중 1986년 3억 파운드 이상으로 성장한 것은 4개에 불과했고, 그 1/3이 인수되었고 1/3은 매매대상이 되지도 못하였으며 그 나머지 다수는 연간매출 5천만 파운드 이하에 머물렀다.

하고 있을 뿐이었다. 반면 하이테크 시장의 주요 수요는 군사에서 나온다. 산업선진국 중 영국은 1인당 국방비 지출에서 미국 다음으로 많았다. 항공 전자공학, 레이더, 신무기, 전신장비 등을 포함하는 전자 자본설비 부문은 영국에서 흑자를 낸 유일한 부문이었다. 그러나 이 거대한 시장조차도 신기술 기반 기업들에게 개장되어 있지 않았다. 하이테크 산업의 정부 주요 프로그램처럼 국방비의 다수가 대규모 안정된 기업들에게 돌아갔다.

내수가 없는 상태에서 새로운 하이테크 상품의 기업가들은 국외로 눈을 돌려야 했다. 그러나 생산제품의 품목과 형태의 결정, 판매 전략과 외국시장 조사를 위해 소비자와 직접 접촉을 해야 하지만 공학자들에게는 그런 것이 불가능한 점, 그리고 판매나 서비스 네트워크를 위해 국가의 판매대리인에 의지해야 하므로 소비자 기호의 변화를 직접 파악할 수 없는 점 등이 불리하게 작용했다. 케임브리지의 많은 회사가 판매대리인에게 넘어간 것은 우연이 아니라고 하겠다.

케임브리지에서는 중소 규모의 기술기반 회사들이 창업자금이 없어 창업을 못하는 것은 아니었다. 그러나 창업이 곧 성공을 보장하는 것이 아니며 창업의 수월성은 사업 환경의 심각한 제한점을 은폐하는 결과를 낳았다. 특히 케임브리지 기업인들은 기업 성장에 있어서 결정적인 경영 전략이 부족하였다. 실리콘 밸리의 기업인들도 국제시장에 경험을 가진 사람이 많지 않았지만, 그들은 미국의 다른 회사들로부터 유경험자들을 끌어올 수 있었다. 그러나 영국에서는 해외시장에 경험을 가진 회사들이 극소수였다. 영국에서는 하이테크 상품을 고안했지만 제조를 하지 못하는 경우, 혹은 하이테크의 상품을 생산했으나 시장으로 진입하지 못한 경우들이 흔히 있었다. 이것은 19세기 중반 이후 체계적인 과학기술 교육의 부재에 커다란 원인이 있었던 것으로 영국에서는 이런 것을 포괄적으로 다룰 수 있는 공과대학의 출현이 유럽보다 50년이나 뒤늦게 나타났다.

더구나 영국에서는 세계적 과학기술에도 불구하고 건전한 기술적 하부구조가 결핍되어 있었다. 정보, 숙련성, 기술·상품디자인과 엔지니어링·생산방법 및 조직에 대한 이해는 기업과 실험실에서 축적되어 잡지·학회·대중에게 전달되어야 한다. 이와 같은 기술적 하부구조는 한 국가의 기술자·연구원·경영인은 물론 공정 기술·부품·설비·최종상품을 잇는 회사의 네트워크에서 구현된다. 그러나 영국에서는 이와 같은 기술적 하부구조가 결핍되어 있었다. 제2차 세계대전 당시에도 기계장비를 포함하여 첨단기술의 수입에 의존하였다. 심지어 영국이 고안한 것으로 자랑하는 레이더까지도 진공관과 라디오 부품들을 미국으로부터의 수입에 의지하였다.

대처 정부는 개인 기업 경제의 번성을 통하여 영국 경제를 부흥하려고 하였다. 이것은 소기업과 하이테크 산업의 창조와 혁신에 의해 가능한 것이었다. 그러나 이와 같은 이상에도 불구하고 국가의 정책은 소규모 하이테크 기업의 성장을 더욱 저해하였다. 국가와 영국 거대 전자회사 간의 가신관계는 하이테크를 위한 정부 투자의 대부분을 소수 회사 집단 내에만 제한되도록 하였다. 국방성은 영국 전자산업의 유일한 거대 고객이었으며, 연구와 개발 투자를 통하여 가장 크고 주된 기술의 원천이 되었다. 정부와 대기업 간의 배타적 관계는 실제 수요의 시장조사나 기업 간 상호 정보교류를 저해하였으며 결국 영국 대기업은 물론 중소기업의 경쟁력까지 약화시키는 결과를 가져왔다.

1950년대와 1960년대 국방성은 산업을 위한 연구 및 개발의 주요 기금이었으며 산업 자체의 연구 및 개발 기금을 능가하였다. 전자부품에서 산업의 연구 및 개발의 군사적 후원을 맡았던 CVD[13]는 반도체 산업에서 주역을 담당하였다. 1970년대 CVD와 산업 간의 관계는 너무 밀착되어 영국 마이크로 산업 지원금의 80% 이상이 Ferranti, GEC, STL/ITT, Philips, Plessy 등 5개 회사로 흘러들어 갔다. 심지어 Ferranti 1개 기업에 대한 지원금이 전체의 반을 차지하기도 하였다. 반면 국방성은 이들 회사의 주요 시장으로 전체 판매의 1/3을 구매하였다. 영국 기업들의 CVD에 대한 지나친 의존은 상업적 반도체 시장에서의 실패를 가져오는 주요인이 되었다.

거대 전자 회사와 영국 통신회사(BT : Britisch Telecom) 간의 관계도 국방

---

13) CVD(Inter-Services Committee for the Coordination of Valve Developments)는 제2차 세계대전 이전에 창설되었으며, 1972년에는 Directorate-Components, Valves and Devices로 개칭되었다. 이것은 군사적 목적으로 산업전자학 연구 및 개발을 지원하는 기관 중의 하나이다.

성의 경우와 같이 소 그룹이 대규모 기술회사들이 통신장비의 생산을 지배하였다. GEC와 Plessy 2개 회사가 영국 전자자본 설비의 연간생산량 25-30%를 차지하였다. 1985년에는 이 2개 회사가 영구 전자부품 시장의 80%, 그리고 통신장비시장의 약 50%를 점유하였다. 이들 회사는 또 방위전자산업의 주요 제조체로 전체 방위설비 계약의 23%를 수주하였다. 이 두 회사 외에도 수 그룹 대회사들은 집합적으로 국방과 통신 부문을 장악하였다. 방위산업 계약의 60% 이상이 10개의 대회사로 돌아갔다.

더구나 영국 케임브리지 사이언스 파크 내 특혜를 입는 대기업들은 중소기업들과의 기술적 상호작용이 거의 없었다.[14] 이렇듯 소수 대기업의 배타적 타성에 의해 대학, 기업, 연구소 사이에 기술과 정보의 교환이 효과적으로 이루어지지 못하고, 기업 사이의 연결고리도 취약한 상태에서 케임브리지 사이언스 파크는 제아무리 세계적인 대학이 주변에 있다고 하더라도 지역 혁신의 성공적 주체가 되기 어려웠다. 이러한 예는 미국의 실리콘 밸리에서 각 기업들은 지역의 사회적, 정치적인 관계 네트워크 속에 용해되어 서로 정보를 교환하면서 지속적으로 성장한 것과는 대조를 이룬다.

Ⅲ. 그리스

1. 그리스와 유럽공동체의 연계

위에서 논의했던 루트 128, 실리콘 밸리, 케임브리지 사이언스 파크 등과는 달리 그리스에서는 기술발달과 지역혁신의 동력이 국가의 지원 혹은 기업 자체로부터 나오는 것이라기보다 국가 및 초국가적 유럽공동체(European Community, 오늘날은 유럽연합 European Union)의 공조에 의한 이중의 구조

---

14) Anna Lee Saxenian, "The Cheshire cat's grin: innovation, regional development and the Cambridge case". *Economy and Society*, Vol. 18, No. 4 (1989), pp. 448-477.

속에서 이루어진다. 유럽공동체가 그 구성원 국가에게 적극적으로 영향을 미치기 시작한 것은 1990년대에 들어와서라고 할 수 있다. 1990년대 초 마스트리흐트(Maastricht)[15] 조약 체결에 의해 새로운 유럽연합(EU)의 탄생이 가시화되면서 기술 및 지역 혁신정책은 유럽지역들을 수렴·통합하는 과제와 연계되었기 때문이다. 지역통합을 원활하게 하기 위해서는 각 지역 간 기술 차이를 줄일 필요가 있었고 그 걸림돌이 바로 저개발지역이었다. 저개발지역에 대한 지역혁신전략은 유럽 지역 간의 경제적 기능과 소득 기회의 배분, 불평등 축소는 물론 저개발지역의 잠재적 수요를 현실적 수요로 바꾸는 것 등이었다.

유럽 지역혁신 및 기술발달의 주요 동인은 유럽지역정책과 유럽지역개발자금의 혁신조처이다. 이것은 '지역정책 총이사회(DG REGIO)'가 중심이 되어 RTP(지역기술계획 Regional Technology Plan으로 후에 RIS[지역혁신전략 Regional Innovation Strategy]로 개칭)에 의한 기술발달과 통합정책에 의한 상승작용 강화를 지향한다.[16] 이와 동시에 기술파급을 위한 특별 프로그램(SPRINT, VALUE) 및 R&D Framework Program, 주변지역 R&D 촉진의 유럽공동체 이니셔티브(Community Initiatives(STRIDE, SME[17])), 유럽공동체 지원체제(Community Support Frameworks[ΚΠΣ]) 등이 병행되었다.[18]

---

15) 1991년 홀랜드의 마스트리흐트에서 초안되어 그 이듬해인 1992년 2월 7일 조인, 1993년 11월 1일 효력이 발생되었다. 주요 내용은 ① 경제·통화의 연합체 창설 ② 유럽시민권 창설 ③ 정치력 강화와 새로운 (보건, 문화, 교육, 소비자 보호에서의) 창조 ④ 공동의 대외정책과 정치적 안정의 정초 ⑤ 법과 내무 관련부문에서의 협조 ⑥ 유럽공동의회의 역할 및 권력의 강화(공동결정 과정의 제도화)이다. 이 조약은 그 후 보충입법에 의해 보완되었으나 단일통화(2000. 1. 1)에 의한 유럽연합체 탄생의 모체가 되었다.

16) 여기서 Mikel Landabaso와 Guy Durand이 중심이 되었다. 1994년 8개 프로젝트가 RTP가 대상 1, 2 지역, 1997년 19개 신 RIS, 1999년 전반적으로 20개 이상이 시작되었다. 전체적으로 '지역정책 총이사회'는 기존 RIS+실행을 위한 지역 프로젝트를 포함하여 지역혁신 전략에 관련된 60개 이상의 사업을 추진하였다. 이 정책에 따른 첫 번째 시험 프로젝트는 북부 유럽의 4지역, 독일의 Leipzig-Halle-Dessau, 네덜란드의 림뷔르흐, 프랑스의 로렌, UK의 웨일스였고, 1년 뒤 4개 저개발지역, 이탈리아의 아브루초, 스페인의 까스띠야, 그리스의 중부 마케도니아, 포르투갈의 노르테가 더해졌다. 그리고 18~24개월의 준비기간 후 실행에 들어갔다. RTP/RIS와 구조적 지금의 결합은 대규모 사업과 재정, 행정, 인적 지원의 가동을 가능하게 하였다. Cf. N. Komninos, *Intelligent Cities : Innovation, Knowledge Systems and Digital Spaces* (London/N.Y.: Spon Press, 2002), p.106.

17) 1993년 12월 백서(White Paper)에 의해 시작된 것으로 ① 하부구조 개선 ② 산업부문별 정책을 통한 기술과 연구 촉진하는 것으로 SMEs는 두 번째에 속한다.

18) 한 예로 SPRINT Program(Strahegic Programme for Innovation and Technolology

효과적인 그리스의 산업기술[19] 및 지역혁신 정책의 동력은 그리스 자체의 노력과 유럽공동체의 저개발지역 정책이 연계되어 이미 1989년 이래 1차 (1989-1993)[20], 2차(1994-1999), 3차(2000-2006)에 걸친 '유럽공동체 지원체제 (Community Support Framework[ΚΠΣ])' 계획과 호흡을 같이하였다. 파트라,

Transfer : 1984-1993년 사이에 시행된 유럽공동체의 기술이전 프로그램)이 RITTS를 위한 'Science Park Consultancy Scheme/Science Park Evaluation Consultancy'에 의해 DG XIII 주도로 이루어졌고, 이것은 1995년 1월부터 '제4차 R&D Framework Program'의 혁신 프로그램에 소속되었다. '제4차 R&D Framework Program'은 지역정부와 관련된 지역개발조직의 혁신과 기술전파를 위해 하부구조와 서비스 개선에 초점을 두었다. 그리고 대상 1, 2 지역뿐 아니라 최선의 실례를 전파하기 위한 것으로 초국가적 공간으로 확대되었다. 방법론상 각 사업은 ① 작전의 조직적 구조화를 위한 관리와 지도 집단 창설, ② 지역경제의 강점·약점의 파악, ③ 작전의 세련화 등의 단계를 거친다. 이 중 이 논문에서는 주로 유럽공동체 지원체제가 그리스의 지역 산업 기술발달에 미친 영향을 중심으로 한다. '제5차 R&D Framework Program'은 1998년 12월 채택되어 1999-2002년까지 시행되었다(cf. N. Komninos, *Intelligent Cities : Innovation, Knowledge Systems and Digital Spaces* [London/N.Y.: Spon Press, 2002], pp. 91, 107, 157).

19) 그리스의 산업기술 발달 정책은 81년 중립정권(Pasok)이 집권한 이래 N.(법) 1262/1982, 1892/1990, 2234/1994, 2601/1998 등의 입법을 통하여 추진되었다. 1982년의 1262/1982 법은 1990년까지 8년간 계속되었으나 큰 효과를 거두지 못하여 1990년에 폐지되고, 그해 1982/1990법, 그리고 이를 보완하는 2234/1994법이 1994년에 제정되었다. 1990년 이후 투자 및 정부의 보조금은 인력보다 기술과 자본의 강화에 더 많이 들어갔다. 이때 투자환경과 시장기능의 기본규칙의 수립이 있었다. 그 결과 전통적 생산 분야의 전문화가 심화되고 특히 식품, 섬유, 금속, 플라스틱, 인쇄 등 5개 분야가 51% 이상을 차지하였다. 1892/1990법을 보완하는 2234/1994법 중 특히 23a와 23b 조항은 기본적인 생산 공정을 넘어 기업의 경제활동 전반에 걸쳐 그리스 산업의 유연성과 전문성을 촉진하였다. 23a에서는 기계, 건축, 통신 등의 전통산업 뿐 아니라 품질보증제도, 판촉, 전시회 참여, 분배 네트워크 창조, 종업원 교육, 행정과 생산 공정의 조직연구, 상업 진작의 계획 등 비물질적인 면도 배려하였다. 23b는 품질검사제도, 기초생산단위 유연화, 제조업과 고질의 서비스업, 친환경적 기술의 도입, 혁신상품, 혁신의 도입과 생산적 공정, 기술 발명, 양질의 작업장, 지역소비상품의 환경적 분해 단위 창설 등을 목적으로 하였다. 그 후 1998년의 2601/1998법에서는 중요한 변화가 일어났다. 그 전의 법들은 경제 활성화를 위해 직접 보조금을 지급하였으나 이것은 동종 기업의 경쟁성과 자유 시장 원리를 방해하고 유럽공동체의 노선과 일치하지 않는 면이 있었다. 그런데 이 법에서는 보조금의 비중을 줄이는 대신 감세 조처를 통하여 자유 시장을 옹호하고 자생력과 경쟁성을 촉진하려 하였다. 이런 노선의 변경에 대해 약간의 반발이 없었던 것은 아니나 만성적인 관료주의의 타성을 피할 수 있는 방법으로 보조금보다 조세혜택을 선호하는 경향도 있었다. Cf. G. Petrakos & G. Psycharis, "Politikes Ependydikon Kinitron kai Periphereikaki anaptyxi". In *Peripheriaki Anaptyxi stin Ellada* (Athena: Kritiki, 2004), p. 332 이하.

20) 1차 유럽공동체 지원체제는 그리스 국가 경제나 지역경제 모두 미친 영향이 별로 크지 않았던 것으로 평가되고 있다. Cf. M. Lamprinidis & G. Psycharis & E. Kazanis, "Dimosies ypodomes kai peripheriaki anaptyxi : i periptosi tis ellinikis metapoiisis". *Topos*. Vol.16 (2001), pp. 45-66.

이라클리온, 테살로니키, 아티나(디모크리토스), 볼로스(테살리아) 등 그리스에서 테크노파크가 처음으로 만들어지게 된 것이 1989년인 것도 그러한 사실을 보여준다.[21] 동일한 지역 안에 학문 연구센터, 대학, 선진기술의 기업이 함께하면서 기술의 발달 및 현대화를 위한 전략을 추구하는 그리스의 테크노파크는 탈중공업 분야가 중심이 되었다. 이들은 대학과 연구기관이 중심이 되고 '연구와 기술총사무국'에 의해 지원되면서, 연구소 설립의 확대와 기업의 신규 창설을 돕는다. 즉 기업의 기술과 지식을 늘려 경쟁력을 강화하는 한편 지역이 갖는 장점으로 투자자를 유인하고 연구와 생산의 관계를 강화하는 것이다.

2. 유럽공동체의 지원

유럽공동체 가입 후 그리스의 지역 정책은 1988년에 기초된 유럽공동체 지원체제의 영향을 받게 되었다. 유럽공동체의 지역발전 계획은 좁은 의미의 지역을 넘어 전체지역을 포괄하는 것(2052/88/유럽공동체)이며 국가와 유럽공동체 위원회 간의 밀접한 유대를 전제로 하는 것이다.

처음으로 효과적인 그리스 자체의 독자적인 지역발전 계획은 이미 우익정권에서 중립정권(Pasok)으로 이행한 1981-1985년 사이에 시작되었다고 할 수 있으며 1983-87년에는 '경제 및 사회발전 5개년 계획'으로 이루어졌다. 그러나 1988년-1992년까지의 '경제 및 사회 발전 5개년 계획'은 시행되지 않고 1989-1993년의 지역발전계획으로 유럽공동체에 제출되어 '제1차 유럽공동체 지원체제'로 승인을 얻어 시행되게 되었다. 유럽공동체 지원체제 가동 이후 그리스에서는 별도의 독자적 지역발전 계획이 없이 그 연관 하에서 이루어졌다.[22]

유럽공동체 지원체제는 두 가지로 구성된다. 부문별 사업계획과 지역적

---

21) 이 중 앞의 세 개는 '연구와 기술 총무처', 아티나는 아테네 대학, 볼로스는 테살리아 지역당국에서 관장하고 있다.
22) 예를 들어 공공투자의 경우 유럽공동체 지원체제가 60%, 그 나머지 40%는 그리스 국가가 담당한 것이다. 참고, G. Petrakos & G. Psycharis, "Politikes Ependydikon Kinitron kai Periphereikaki anaptyxi". p. 447.

사업계획이 그것이다. 전자는 농업발전, 환경 등 전국단위로 시행되는 것이며, 후자는 13개 지역별로 이루어지는 것이다. 지역발전은 이 두 가지에 의해 다 영향을 받는다. 부문별 정책 안에 지역별 구분이 있으며 또 모든 지역별 계획에도 부문별 구분이 있기 때문이다. 지역개발 계획은 지역행정 조직과 밀접한 관계를 맺고 있다.

먼저 '제1차 유럽공동체 지원체제(1989-1993)'에서는 ① 하부구조의 개선, ② 1차 산업과 농업의 진작, ③ 기업경쟁성, ④ 관광사업의 균형발전, ⑤ 인적자원의 개발, ⑥ 13개 지구(地區) 단위 역량 개발 등 6개를 우선목표로 삼았다.23) 그러나 이 사업은 조직성과 감독제도의 결여로 인해 그리스 경제와 지역 개발에 크게 영향을 미치지 못하였다.

그러나 예외는 있지만 크게 보아 제1차 유럽공동체 지원체제(CSF)의 지역사업계획(ROP[PEP])은 재분배적 성격으로 인해 저개발 지역에 상대적으로 더 많은 보조금이 지급되었다. 발달된 지역에 보조금이 많이 지급된 지역으로는 서부 마케도니아, 남 에게해, 스테레아 엘라다, 크레타이다. 적게 투자가 된 곳은 펠로폰니소스, 서부 엘라다, 중부 마케도니아이다. 이 중 펠로폰니소스와 서부 엘라다는 극도의 저개발 지역들이다. 이와 같은 상황은 2차와 3차의 CSF에서도 크게 달라지지 않는다고 할 수 있다.

이어서 '제2차 유럽공동체 지원체제(1994-1999)'는 ① 거대 네트워크 하부구조의 진작에 의해 지역성의 감소 및 내적 통합의 촉진, ② 생활(diabiosi) 여건 개선, ③ 경제적 경쟁성 개발, ④ 인력 개발과 일자리 창출, ⑤ 지역 간 불평등 축소와 섬 지역의 고립성 탈피 등 다섯 개 우선적 발전의 축24)과 그 밖의 (전체 계획을 총괄 지도하는) 기술적 보조(technical help) 등으로 이루어졌으며, 구체적으로 17개 부문별 13개 지역별 계획으로 수행되었다.25) 이 중 5

23) Europaiki Epitropi(European Commission), *Ellada : Koinotiko Plaisio Stirixis 1994-1999* (Louxembourgo: Ypiresia Epistimon Ekdoseon ton Europaikon Koinotiton, 1994), pp. 17-18.
24) Ibid. pp. 126-129 ; YPEThO 1999: p. 118.
25) 제2차 유럽공동체 지원체제에서는 구체적으로 세 가지 사업이 이루어졌다. ① 지역사업계획(ROP[ΠΕΠ]) 13개 지역의 사업계획, ② 중소기업을 위한 유럽공동체 창의(CI-SME{KII-MME}) ③ 중소기업을 위한 산업계획(EIIB) - 공업(biomichania) 산업계획이 그것이다.

번째 지역개발계획을 위한 것은 제1차 유럽공동체 지원체제의 6번째 우선항
목에 비해 전체계획상의 비중이 41%에서 25%로 줄었다(Petrakos & Psycharis[b]
2004: 454). 제2차 유럽공동체 지원체제의 지역개발의 비중이 제1차의 것보다
줄어들었으나 양 차 모두 전체 계획에서 지역개발이 차지하는 비중은 제1항

---

① 지역사업계획(ROP)은 13개 지역을 중심으로 생산공정의 개선을 위한 기술과 생산의 증
대, 단위 생산가 축소와 품질개선 생산과 저장, 생산품과 원료 수송의 자동화, 생산품 품질검
사의 자동화, 조직의 현대화, 프로그램화, 생산 공정의 통제, 생산품의 표준화(simaton
symmorphosis), 창고의 현대적 조직화와 공정관리(logistics), 노동자의 건강과 안전조건의
개선, 공장의 화재 및 소화제도 등에 관련된 것이다. ② 중소기업을 위한 유럽공동체 창의
(KP—MME)는 유럽 위원회의 지역적, 다부문적 결정으로 제조업과 서비스업 종사 중소기업
에 관련한 것이다. 이것은 통합시장에 알맞은 조건조성과 국제적 수준의 경쟁성 강화를 목적
으로 한다. 단일 혹은 복합적 기업 모두 경영, 경제, 생산공정의 개선, 생산계획의 개선, 생산
방법 수정, 표준화의 도입과 사용, 생산개혁, 생산품질 보증, 판매 전시 분배망 구축, 새 시장
진출 도모, 경영협조의 개선, 발명 및 기술 센터와의 협조, 기존 전산설비의 도입과 이용, 직
원자질 개선 등을 주안점으로 한다. 또 프로그램에 따라 차이가 있는 것으로는 컨설팅 비용,
설비공급(컴퓨터와 품질점검의 작업설비), 숙련도에 대한 보상과 비용, 공정관리, 여행비용,
기술습득, 상업대리와 지역의 개혁, 전시참가비용, 상업적 광고 출판물의 제작과 인쇄, 선전
활동, 최초정주비용, 기존의 기지와 국내외 전산망의 연결 등이 있다. 또 다른 한편으로 하부
계획 및 최초의 장기계획을 통하여 중소기업의 협조를 통한 공동 발전을 추구한다. 이것은
기존 네트워크와 기업 클러스터가 중심이 되는데, 네트워크 제도의 혁신 네트워크에 참가한
선택된 기업의 다수가 기업적 네트워크보다는 기업적 클러스터의 협조 형태를 띤다. 그 어떤
형태이든 이 창조적인 계획에 의해 중소기업 간의 협조를 통해, 경제규모(단위가격의 축소),
경제범위(생산이 공유요소로 인해 나오는 이득), 외부경제(기업외부에서 오는 이익, 예를 들어
원료가의 하락) 등에서 효과의 증대를 도모하였다. ③ 중소기업을 위한 계획(EIIB)은 산공업
(biomichania)을 위한 것으로 중소기업의 현대화, 시장 경쟁성 강화를 목적으로 '국가 개발
부'가 시행한 것이다. 이것은 산업의 경쟁적 활성화를 위하여 공공 하부구조의 개선과 사적
혹은 복합적 하부구조의 창설, 생산적 자본 유치, 환경개선, 산업적 활력의 지역적 배분과 지
방 발달의 강화하려는 것이다. 지금까지의 중앙집권적 산업구조를 개선하여 지역적 분산과
지방의 발달과 함께 현대적 요구에 부응하고 사업 분야를 다양화한다. 동시에 통신과 인터넷
조직을 강화한다. 또 북쪽 그리스의 개발을 통해 발칸 지역과 연계하여 사업을 국경 너머로
확대한다. 산업개선국을 창설하고 그리스 투자센터(EΛKE)와 협조하며, 산업취약지구의 재
조정을 통해 지역의 장점을 살린다. 산업개선국은 군 자치단체의 제안으로 할키디키, 라브리
오, 케라테아, 시로, 아카이아, 비오티아, 드라마, 에브로스, 에비아, 이마티아, 카스토리아, 킬
키스, 코자니, 라리사, 마그니시아, 레슘스, 메시니아, 크산티, 펠라, 로도피, 사모스, 플로리나,
키오스 등 지역의 생산과 개발 주역들과 협조한다. 사실 이 안은 1892/1990법 23a항의 계
획에 준한 것이다. 중소기업의 네트워크와 하부구조는 직간접의 상호 보조, 작업환경과 네트
워크, 기술보조, 중소기업 간 협조, 중소기업 간 도급(하청) 촉진, 제조업과 서비스업의 업종
의 다양성, 수출, 상업 및 서비스 등을 창출한다. 또 제2차 유럽공동체 지원체제에서는 전에
없던 새로운 투자윤리가 도입되어, 이들 사업 관련 행정책임을 중앙공무원이 아니라 전국을
담당하는 7명의 행정중개관(EPHD)에게 두었다. 이들은 산업, 연구, 보증집단, 광역공무부서
의 조직들(EOMMEX)의 연계에 의해 구성되어 기업-투자의 제안에서부터 모든 절차를 담
당하게 된다.

목인 하부구조 개발과 함께 다른 어느 것보다 더 높았다.[26]

특히 제2차 유럽공동체 지원체제가 1차에 비해 큰 차이가 없는 것은 보조금 지급에 있다. 상위 세 개 지역은 1차 45%에 비해 39%, 저층 지역은 이피로스만 제외하고 보조금 비율이 다 증가하였다. 이오니아 니시아만 3.7%이며 나머지는 모두 4.7% 이상으로 2차에서는 1차에 비해 지역 간 균형이 더 이루어졌다고 하겠다. 그런데 지역에 따른 절대액수 간의 균형은 1인당 액수와 상당히 다르다. 아티키와 중부 마케도니아가 같이 1인당 액수에서 아주 낮다. 높은 지역은 북 에게해와 남 에게해, 그 다음이 동부 마케도니아와 트라키아, 이오니아 니시아, 서부 마케도니아의 순이다. 변경이나 저인구밀도의 지역에 보조가 많이 돌아가고 저개발지역에는 적게 분배되었음을 알 수 있다. 예외가 없지 않으나, 전체적으로 1차 때와 같이 저개발지역에 많은 보조금이 지급된 재분배적 성격이 나타난다. 서부 엘라다와 펠로폰니소스는 발전 정도에 비해 낮은 보조금, 반대로 크레타, 스테레아 엘라다, 남 에게해는 상대적으로 높은 보조금을 받았다.[27]

제2차 유럽공동체 지원체제의 특징은 사업 추진과 계획의 관리를 위한 기술적 보조(technical help)가 처음으로 마련된 것이다. 이것은 제1차 사업에는 없던 것으로 사업의 구체적 진행에 대한 객관적 과정을 제도화하여 부문별, 지역별 사업에 대한 관리를 강화하였다. 그러나 제2차 유럽공동체 지원체제까지의 지역발전계획은 전체적, 포괄적인 안목이나 지역 상호간 유기적 연대가 부족하였다.

또 제2차 유럽공동체 지원체제에서는 뒤늦게나마 다소의 행정적 분권이 이루어지게 되었다. 정치적 지역발전과 행정권의 분산은 별개의 문제이다. 이론적으로 지역발달은 행정권의 분산 없이도 가능하다. 그러나 국가적 차원

---

26) 한편, 유럽 전체적으로 볼 때 유럽지역발전기금(ERDF)은 대상 1 및 2 지역에 대해 기금을 지역 발전이 아니라 8개 혁신적 주제별로 배정하였다. ① 고용의 새 원천 ② 문화와 전통, ③ 공간적 플래닝(Terra), ④ 도시시범 프로젝트(UPPs), ⑤ 내부적 지역협조(Recite II), ⑥ 외부적 지역 간 협조(Ecos Ouverture), ⑦ 지역혁신진흥(RIS, RTTS), ⑧ 정보사회(RISI I, II)가 그것이며 이에 근거하여 350개의 혁신적 프로젝트가 추진되었다.

27) 유럽공동체 지원체제 관련 내용은 참고, PG. Petrakos & G. Psycharis, "Politikes Ependydikon Kinitron kai Periphereikaki anaptyxi", pp. 344-351.

의 지역발전 정책이 효과적으로 이루어지기 위해서는 행정의 분권이 기초가 되어야 한다. 이것은 유럽공동체와 각 국가 간의 관계와 같다. 그런데 그리스에서는 이 당시 행정의 분권과 재정의 분산 사이에는 서로 반비례 현상이 나타났다. 즉 제2차 유럽공동체 지원체제에서 지역차원에서 행정구조가 개선되는데도 지역에 투자되는 재정은 감소한 것이다. 공공재정의 분권이 행정적 분권과 동일한 것이 아님을 보여준다. 중앙정부는 권력, 특히 재정권을 하부 행정단위로 넘기는 데 인색하였다. 이미 1986년도에 만들어진 (13개) 단위지역은 제2차 유럽공동체 지원체제에서 행정적 분권의 유일한 단위가 되었으나 재정권의 이전은 1998년도에 와서야 시도되었다.

한편, '제3차 유럽공동체 지원체제(2000-2006)'는 ① 인력개발과 일자리 창출, ② 지속적 개발을 위한 경쟁력 강화, ③ 교통 통신, ④ 농업개발 및 유인, ⑤ 삶의 질, ⑥ 정보 공유, ⑦ 지역개발 등 7가지 축과 그 외 시행과정을 지도·감독하는 기술적 보조 등으로 이루어져 있다.[28]

제3차 유럽공동체 지원체제의 특징은 유럽공동체의 구속력이 더 강화되었다는 점이다. 계획 시행에 대한 감독이 더 철저하여 계획대로 진행되지 못하고 지체할 때는 재정 감소의 위험이 있었다(법률 1260/99조의 22, 23항). 동시에 행정의 분산과 통제가 더 강화되며 새로운 유럽공동체 지원체제의 수행, 적용, 감독을 위한 일정한 절차가 수립되었다(법률 2860/2000조). 또 산업부문

---

28) Europaiki Epitropi(European Commission), *Ellada : Koinotiko Plaisio Stirixis 2000-2006.* 한편, '제3차 유럽공동체 지원체제'의 부문별 프로그램의 하나로 그리스에서 시행된 제조업 관련의 '기업경쟁력 프로그램'에는 ① 기업환경개선, ② 기업의 보조 및 격려, ③ 기업포상, ④ 기술혁신 및 연구, ⑤ 산관광상품, ⑥ 적극적인 물자공급, ⑦ 에너지·발전·환경, ⑧ 인력자원 개선 등 8개 우선축이 설정되었다. 이것은 전산망 확보 및 정보사회를 위한 기술발전, 연구자들에 의한 창업 및 창업보육센터 운영, 국제 네트워크와의 연결, 경쟁성 있는 관광사업, 전기 등 국가에 의한 공급의 제도적 현대화 등에 주안점을 두고 있다.
또 과거(1994-1999) 유럽지역개발기금(ERDF)은 대상 1 및 2지역에 대해 재원을 8개 혁신적 '주제'에 따라 배정하였으나 2000-2006년 계획에서는 주제별 영역은 3개로 줄고 지역의 전략적 중요성이 증대하였다. 그 전체적 방향은 ① 지식과 기술혁신에 기반한 지역적 경제, ② 유럽 지역개발(e-EuropeRegio)을 돕는 정보사회 즉 모든 시민·가구·사업·학교·행정을 온라인으로 연결하는 디지털 영역을 형성하여 새로운 아이디어, 사회적 통합, 시골, 고립·폐쇄적 지역을 위한 진보된 디지털 기술의 사용, ③ 지역 정체성과 꾸준한 개발, ④ 하위단위, 국가적 수준에서 제도와 관습의 혁신, ⑤ 지역이 구체적 혁신의 단위가 된다는 것이다.

별과 지역별 계획 간의 조화를 위해서도 특별한 배려가 마련되었으며 그 전에 없던 삶의 질, 정보공유 항목이 신설되었다.

그런데 제3차 유럽공동체 지원체제에서는 재분배의 양상이 달라져, 아티키와 중부 마케도니아는 평균 이상의 발전 정도에 있으므로 평균 이하의 재정보조를 받았다. 펠로폰니소스와 서부 엘라다는 전보다 강화되었으나 여전히 아티키와 중부 마케도니아 다음으로 낮은 순위에 머물고 있다. 남부 에게해, 서부 마케도니아, 스테레아 엘라다는 발전의 정도에 비례해 볼 때 많은 보조금을 받았다. 이렇게 제3차에서는 보조금 지급에서 재분배적 성격이 더 약화되었다고 할 수 있다.

제3차 유럽공동체 지원체제의 목표는 그리스 지역의 수준을 유럽 평균 수준 이상으로 올리는 것이며 이것은 나라 전체의 조화를 목적으로 한다. 그러나 이것은 현실적으로 반드시 지역 간 조화의 수반을 동반하는 것은 아니다. 2000년 통계자료에 의하면 그리스 13개 지역 중 6개 지역—동부 마케도니아 및 트라키, 테살리아, 이피로스, 이오니아 니시아, 서부 그리스, 펠로폰니소스 —이 유럽 평균 수준 65% 이하에 머물고 있는 것으로 나타났다. 이런 상황에서 2003년 〈Charta Syklisis 2004-2008〉에서는 2008년까지 유럽 평균 65% 이하에 머무는 지역이 없도록 하는 것을 목표로 내걸고 있다.

3. 그리스의 지역혁신

1) 지역혁신의 대표적 사례: 중부 마케도니아

발칸 북부에 있는 중부 마케도니아는 교통 통신망의 중심지로 동유럽과 가까우므로 유럽 내에서도 전략적 위치에 놓여 있다. 현재 이곳은 교통 물류의 중심지이며 지역의 제조업과 가공업, 은행, 상업, 서비스업 등이 발달된 곳이다. 그 중심 도시 테살로니키는 그리스에서 두 번째로 큰 도시이며, 많은 국내외 기업 조직들이 거점을 두고 있다. 중부 마케도니아는 7개 지역29)으로

---

29) 할키디키, 이마티아, 킬키스, 펠라, 피에리아, 세레스, 테살로니키.

되어 있고 모두 170만 인구에 27,000개 제조업체를 가지고 있는데 대부분이 소기업이다. 업종은 식품, 음료, 의복, 신발, 가구가 중심이고 좀 더 큰 기업은 직물, 금속, 화학, 플라스틱 등의 산업에 종사하고 있다. 7개 지역은 서비스업이 활발한 테살로니키를 제외하고는 농업이 주된 일자리 창출의 원천이다. 테살로니키에서는 신흥 산업도 서비스 관련 업종이 지배적이며 구체적으로 의료, 건강서비스, 소프트웨어, 국제소매업 체인, 서비스사업, 관광 등이 중심이 된다. 중부 마케도니아는 고급교육과 연구기반으로 그리스 최대의 테살로니키 아리스토텔레스 대학, 마케도니아 대학, 두 개 기술교육연구소, 테살로니키 테크노파크[30] 등이 있다.

괄목할 만한 그리스의 지역혁신전략은 1995년 중부 마케도니아 RTP(지역기술플랜)로 시작되었다. RTP가 시작되기 전 그리스의 기술공급과 이전은 대개 비공식적 형태로 이루어져 왔다. 따라서 회사 내에서 적극적인 기술과 혁신의 필요성은 크게 인식되지 않았다. 관례적으로 기술이전은 ① 기계장비의 도입, ② 기업 간 협조가 하청에 의해 이루어지는 경우인데, 이런 의존형 기술이전 방식은 혁신을 향한 동기나 자극을 무디게 하는 것이었다. ③ 산업과 연구 간 기술 전파와 협조는 양편 다 한계점을 가지고 있었다. 대학연구소 활동은 주로 대학 실험실에서 이루어졌는데, 이것은 뚜렷한 산업적 목적이나 그와의 연관이 없이 이루어졌으며 수많은 작은 단위로 쪼개져 있었다. 이와 같은 구조는 보완적, 학제간적 활동, 기술능력의 대규모 중심지(poles)의 발전을 불가능하게 하였다.[31] 대부분 회사가 기술 면에서 외부에 의존하였고 이 지역에서 활동하는 외부의 경제주체들은 지역 산업의 수요를 고려하지 않았

---

30) 테살로니키 테크노파크는 1990년 창조적 사고, 인력, 대학과 산업 간의 교류를 목적으로 화학공정연구소(Chemical Process Research Institute)에 의해 설립되었다. 이곳은 테살로니키 교외 12km의 테르미에 있어 공항, 고속도로에 근접해 있다.

31) 기술공급 측면에서 볼 때 기술공급자의 목적과 회사의 수요가 서로 연계되지 않았다. 그 원인은 ① 특히 광범위하게 적용되는 신흥 기술 분야에서 거대 연구 중심지(poles)가 없다는 점, ② 기술 제공자가 주로 아리스토텔레스 대학에 집중되어 있거나 많은 소연구소로 분화되어 있는 점, ③ 기술개발의 전체적 조직이 불분명하며 많은 기업들이 정보에 대한 접근이 아주 어렵다고 생각하는 점, ④ 기업 자체의 연구 활동이 제한적인 점, ⑤ 소수 연구소만이 기업으로의 기술이전에 능동적이라는 점 등이다. 소수 대기업만 자체 R&D를 소유하고 있었고, 생산부문과 질 통제부문에서 R&D도 아주 드물었다.

다. 이와 같은 상황에서 기술이전 문제는 중부 마케도니아의 기술과 혁신을
위한 제1의 우선과제가 되었다.

중부 마케도니아의 RTP에서 드러나는 문제점으로는 유럽연합(EU), 국가,
대학의 상호 협조 체제 속에서 지역 당국과의 갈등이 연출되었다는 점, 그리
고 여러 가지 독창적 노력에도 불구하고 기업과 연구소의 영세성으로 인해
자체적인 기술개발과 기술의 상호 이전이 제한적이라는 점이다.

중부 마케도니아의 RTP는 테살로니키 아리스토텔레스 대학과 도시 및 지
역계획국(Department of Urban and Regional Planning)이 중심이 되어 시작되었
다.[32] 지역계획국은 다른 유럽 5개 대학과 함께 유럽공동체의 '지역 총이사
회(DG [Directorate General] Regio) XVI' 앞으로 지역혁신개발에 대한 연구 제
안서를 제출하였다. 때마침 DG XVI도 대상 1지역으로 RTP의 확대를 구상하
고 있었으며, 테살로니키 대학과 함께 중부 마케도니아 프로젝트 시행을 의
논하였다. 이렇게 중부 마케도니아의 RTP는 유럽공동체 지원체제와 연계된
분리(독자적) 실행 프로그램으로 R&D와 주변지역 혁신을 장려하려는 유럽공
동체 이니셔티브(SME, INTERREG, ADAPT 등), 그리고 기술전파를 목적으로
하는 R&D Framework Program의 원조를 받았다.

이 프로젝트는 지역 간 조화를 위한 국가적 노력이 성숙되지 않은 상황에
서 대학과 정부부처의 협조에 의해 이루어졌다. 여기서 대학이 보통의
RTP/RIS/RITTS보다 더 능동적 역할을 맡았고 또 정부의 마케도니아 및 트라키
아 국(局)의 장관이 직접 개입하여 프로젝트를 원조하였다. 정부의 관여로 프
로젝트가 출범하였을 때 국가부처와 지역당국 간 장기적 반목이 일었다. 지
역당국이 국가부처가 월권을 한다고 생각했기 때문이다(Technopolis 1998).
중부 마케도니아의 주요 구조적 자금 운영 책임자들은 이에 별 관심이 없었
고, 지역사업프로그램(Reg. Operational Pro.) 내부에서 기술과 혁신에 주어진
우선성은 아주 낮았다. 더구나 지역의 고위 정치가들은 혁신원조대상인 소프

---

32) RTP는 테살로니키의 아리스토텔레스 대학에서 출범하여, 연구, 연구와 산업의 협동, 기술전
이, 인간의 기술과 사업능력을 위한 지역 집단을 망라하였다. 계획은 2년 이상 걸렸고 200
명 이상의 과학자, 공무원, 사업가가 초안에 관여하였다. 이하 중부 마케도니아 관련 내용은
N. Komninos, *Intelligent Cities*, p. 117 참조.

트웨어보다는 가시적인 물리적 하부구조의 조성을 더 좋은 투자의 대상으로 생각하는 경향이 있었다. 이들이 서로 화해하는 데 5년이 걸렸고, RTP는 RIS+(추가)의 형태로 아주 다른 긍정적 조건하에서 1999년에 재개되었다. 1999년 유럽공동체의 지역총이사회(DG Regio)는 RTP를 RIS+로 바꾸어 계속하기로 하였다.

RIS+의 주요추진사항은 RTP 행동프로그램에서 선택된 시험단계의 9개 프로젝트를 재정지원 하는 것이다. 8개는 회사의 혁신능력에 영향을 주는 요소에 관련되고, 나머지 1개는 지역혁신시스템의 도입, 감시기준, 평가보고서에 관련된 것이다. RIS 프로젝트는 운영체계, 시험프로젝트의 시행, 행동성과 국제네트워크의 증대 등 3개 활동에 관련한다. 모든 작업단위(work packages)는 지역상호 협조와 작업팀의 기반 위에 시행된다. RIS+는 또한 ① 중부 마케도니아를 위한 수정된 혁신행동플랜을 다듬고, ② 특정 사회적 네트워크의 유지와 확대(즉 사회-전문가(socio-professional) 간 관계)를 지향한다.

수정된 전략 및 혁신 행동플랜은 지역의 사업, 연구소, 기술매개체를 사업지능, 양질의 상품, 기술 감독, 통찰력의 세계로 도입을 촉진하고 지식기반 지역개발을 촉진하는 혁신환경을 조성하는 것이다. 수정된 전략/행동 플랜의 심장에는 중요 신흥 산업을 대표하는 많은 선택된 클러스터가 있다(예를 들어 농업, 식품, 음료, 직물, 의복, 화학, 의약품, 전기기계, 통신, 소프트웨어, 의료서비스). 각 클러스터에는 세부개발계획의 외향성과 세계경쟁성을 강화하기 위해 '사업우수성'과 '세계수준의 제조' 원칙과 작업방법을 도입한다.

또 중부 마케도니아에서는 공적 지역기술발전(RTD) 활동이 지역경제조직과 결합한 가운데 품질보증(ISO 9000/9002)에 대한 관심이 높아지고 R&D 비용이 증가하였다.[33] 2001년 말, 새로운 spin-off(分社) 입법의 도입은 지역의 혁신역량을 높이는 데 크게 기여하였다.

그러나 전통의 비-혹은 저-기술 분야에서 R&D비용이 여전히 취약하다. 또 시장관련 및 생산관련 정보에 대한 상호접촉이 제한적이며 특히 개인기업의 경우에 더욱 그러하다. 지역 간 지식제공 조직이 취약하고 기업 간 협조가

---

33) N. Komninos, *Intelligent Cities*, p. 123.

저조하여 중소기업 간 클러스터/네트워크의 창조를 제한하는 걸림돌이 되고 있다. 현실적으로 혁신의 주요 원천은 장비의 구입으로 내부연구보다 외부 구입에 의존하는 비율이 더 높다. 이와 같이 영세성으로 인해 기술개발이나 이전이 원활하지 못한 그리스의 사례는 루트 128이나 케임브리지 사이언스 파크의 경우와 같이 군수산업과 국가 관료주의에 의해 기업 간 네트워크 형성이 방해된 경우와는 다르다고 하겠다.

2) 지역개발 전략의 전 국가적 확대

중부 마케도니아의 성공적 프로젝트와 유럽의 RIS(지역혁신전략) 진흥 정책은 그리스에서 RIS와 RITTS(지역혁신 및 기술이전 전략과 생산기반) 등 11개 프로젝트를 자극하였다.[34]

1997-99 : 서부 마케도니아, 테살리아, 스테레아 엘라다의 3개 RIS, 크테타의 RITTS

1998-2000 : 에피루스와 북부 에게해의 2개 RIS, 동부 마케도니아와 트라키아의 RITTS

2000 : 중부 마케도니아, 서부 마케도니아, 테살리아, 스테레아 엘라다의 4개 RIS+

1995-2000년에 걸친 위 12개 지역전략(RTP, RITTS, RIS, RIS+)은 초지역적 혁신프로젝트와의 연계 하에 추진되었다. 2000-2006년에 걸친 3차 유럽공동체 지원체제(Community Support Framework)의 지역 및 산업부분(sectorial)별 작전 프로그램이 그 하나이다. 이것은 혁신, 학습, 클러스터화, 기술이전, 수요 중심의 기술개발, 국제기술협력, 체계적 상호작용 등을 목표로 한다. 여기에 상당한 공적·사적 비용이 혁신 문화 확산에 투입되었다.

한편, 그리스의 지역혁신전략이 전국화, 다수화되어 갈 때 그것을 수렴

---

34) N. Komninos, *Intelligent Cities*, p. 145 ff.

(convergence)해야 할 필요가 생기게 되었다. 이것은 지역의 창의성과 국가혁신정책의 역할을 서로 조율하기 위한 것이었다. 그리스뿐 아니라 남부 유럽 지역, 즉 스페인, 포르투갈 등도 마찬가지였으나 그리스의 RIS는 특히 수요자 중심의 상향식 원칙의 바탕 위에 수립되었으므로 잡다한 점이 있어서 이것을 종합하는 국가적 혁신전략이 필요하였다.

이와 같은 필요에서 RIS 프로젝트를 지원하기 위하여 1997년 국가적 네트워크인 그리스 RIS 협회(Hellenic RIS Association)가 만들어졌다. 이것은 비영리집단으로 그리스 RIS 지역들과 70개 기타 단체들이 모인 것이다. 그 성원은 RITTS-RIS 프로젝트의 운영위원회와 사업단 참가자들이거나, 네트워크 실재나 정책에 관심이 있는 전문가 혹은 local(마을) / regional(지역) 당국의 대표들이었다. 협회의 핵심에는 RTP, RIS, RITTS 지역뿐 아니라 테크노파크, 사업혁신센터, 분과 기술(branch technology) 회사, 대학연합사무소, 대학실험실, 사업가, 공무원 등이 참여하였다.[35]

3) 기술 및 혁신 확산의 전 유럽적 네트워크

기술 및 혁신은 유럽연합의 저개발 지역과 관련하여 우선과제이며 2000-2006년 유럽연합의 지역개발 프로그램에 분명하게 나타나 있다. 일반적으로 지역혁신체계에서 '혁신적 지역'이란 개념은 각각의 지역혁신체계를 더 강화 혹은 발달시킬 수 있는 전략이 적용되는 일정 지역을 가리킨다. 그런데 아우티

---

35) 이 협회는 RIS 시행을 돕고, RIS를 국가적 기술과 혁신의 계획 속으로 연착륙시키는 것이었다. 어려움은 RIS가 상향적, 지역의 동의, 지역적 필요와 수요, 혁신적 기업에 바탕을 두었고, 그 시행도 지역적 프로그램과 발의에 바탕을 두고 있다는 데 있었다. 이것은 국가에 의한 R&D, 산업, 교육의 원조 프로그램에 기반을 둔 하향식 기술전략과는 다르다. RIS 협회의 활동은 지역 간 협조, 혁신관리(management) 기술, 정보와 기술 교환을 돕는 서비스 개발을 위한 연합프로젝트, RIS 진흥을 목적으로 하는 것으로 지역 간 경쟁, 혁신 하부구조와 서비스의 중복 창설 문제를 피하는 것을 뜻한다. 고등교육기관, R&D, 기술이전 장치의 지리적 위치결정은 흔히 심한 분쟁을 가져오기도 한다. 테살로니키의 기술개발 국립센터의 유치가 그 한 예이다. 또한 협회는 혁신관리의 성공사례를 교환하는 것을 돕는다. 참고, E. Autio, "Evaluation of RTD in regional systems of innovation". Paper presented at RESPOR Conference of the European Commission, DG XII, Brussels, September 1996, and (1998) *European Plannning Studies*, Vol. 6, No. .2 (1998) ; N. Komninos, *Intelligent Cities*, p. 148.

오(E. Autio)는 상호작용의 사회적 체제, 즉 '지식의 적용과 이용의 단위, 그리고 지식창조와 확산의 단위'라는 뜻으로 정의한다.[36] 유럽연합의 경우 그 대상은 유럽 전역으로 광범하게 확산될 수 있다.

다른 한편, 효과적인 지역혁신체계를 수립하기 위해서 지역경제의 학습과정을 촉진하는 이른바 '지능 세포(intelligent cell)'가 필요하다. 이것은 많은 RIS 프로그램들이 계획의 진행을 감독하고 지역적 혁신체계의 성격을 밝히며 일정 프로젝트와 시행의 결과를 평가하기 위해 혁신관련 지능을 발달시키는 것이다. 그러나 이것이 단순한 감독체계에 그쳐서는 안 되며, 체계적 지식·상호의사 교환·기술지능을 위한 담당부서를 마련하여 RIS에 관련된 모든 참여자들의 이해관계와 창의력을 포괄적으로 관리하지 않으면 안 된다.

한편으로 기술 및 혁신 대상의 지리적인 확대, 다른 한편에 기술지능에 관련한 정보관리 및 소프트웨어의 필요성 때문에 1999년에는 유럽 6개 지역차원에서 지식과 혁신의 관리기술 수요에 대한 측정이 실시되었다(InnoRegio : Innovative Region Project). 이 조사는 '혁신과 정보관리 기술의 확산(Dissemination of Innovation Management Techniques)'에 관한 초지역적 계획의 일부로서, 중부 마케도니아, 스페인 북부, 크레타, 노르테, 테살리아, 웨일스 등 6개 지역을 포함하였다. 이 조사는 다음과 같은 데이터와 분석의 3가지 원천에 기반을 두고 있다 ; ① RTP/RIS의 결과와 각 지역혁신체제와 관련된 문헌(desk) 연구, ② 지역적 기술 중개조직과 혁신관리기술에서의 효과적 자문, ③ 혁신과 기술 문제, 체계적 기술과 방법론의 사용을 포함하는 구조적 질문지를 가지고 각 지역의 40-60개 정도의 중소 회사들을 인터뷰한 것 등이다.

4. 그리스 지역혁신의 특징과 전망

그리스에서는 국가적 차원의 군수산업 및 관료주의에 편승한 기업과 자발적·창의적 기업 간의 갈등 대신 국가와 초국가적인 유럽연합의 공조가 중심

---

36) E. Autio, "Evaluation of RTD in regional systems of innovation". Cf. N. Komninos, *Intelligent Cities*, pp. 178-179.

이 되어 지역혁신과 기업육성의 풍토를 조성해 가고 있다. 여기서 시장의 조
정기능이나 기업 자체의 합의에 의한 네트워크 형성과는 달리 인위적 정책에
수반되는 여러 가지 문제점이 발생한다. 그리스에서 실시된 지역정책의 특징
및 문제점을 들자면, ① 필요한 곳과 후진부문에 적절한 재정보조가 이루어
지지 못한 점, ② 인력에 대한 투자가 적고 분명한 기준이 없어 부가가치 창
출과 효과 면에서 부진한 점, ③ 행정과 재정의 분산 정도가 미흡했던 점, ④
지역정책(ROP[ΠΕΠ])의 재분배적 성격이 점차 감소하고 발전의 정도에 따라
불균형한 보조가 이루어진 점, ⑤ 유럽공동체가 설정하는 우선성으로 인해
지역정부와의 갈등의 소지가 있으며 그리스 내부 행정에 이중성이 가중된 점
등이 있다.[37)]

　이런 문제점들의 해소는 물론 앞으로 유럽공동체의 정책변화에 의해서도
그리스의 지역정책도 새로운 방향설정이 필요할 전망이다. 먼저 지금까지 보
조금을 담당했던 유럽 내 부국들이 2006년 이후에는 더 이상 분담하려 하지
않기 때문에 2007-2013년 제4차 유럽공동체 지원체제의 신계획에서는 재정보
조 감소와 유럽지역정책의 변화가 예상되며 그리스에서는 제한된 지역에만
보조하게 될 가능성이 있다(Petrakos & Psycharis[b] 2004: 466-468). 그런 가운
데서도 적어도 1, 2차 유럽공동체 지원체제에서 단편적이고 일관성 없는 지
역정책이 이루어졌던 것과 달리 앞으로는 분권의 강화와 더 양질의 협조
(syntonismos)가 필요하다. 동시에 지역 간이나 산업부문 간 모두 창의성·자발
성과 더불어 상호연계를 통하여 조직성을 확보한다면 더 효율적이 될 것이므
로 양질의 행정을 위한 방향 설정이 필요하다.

　앞으로는 정부 차원의 지역균형 정책에 역행하여 시장의 힘이 더 강화될
전망이다. 후자는 경쟁성과 효율성을 목적으로 공공재원의 지역적 집중을 초
래함으로써 지역 간 불균형을 가중시킬 전망이다. 동시에 지역정책이 점차

---

37) 유럽공동체의 강제사항에 의해 계획과 체제가 수정(exorthologismos)되고 도시와 지역 발달
　 의 정책이 위에서 내려옴으로써 그리스 사회의 발달과 사회적 요구에 적응하지 못하여 계획
　 의 실천과 효력이 방해를 받았다. 참고, G. Petrakos & G. Psycharis, "Ta Peripereiaka
　 Programmata ton Koinotikon Plaision Stirixis tis ellados". In *Peripheriaki Anaptyxi
　 stin Ellada*, p. 468.

개별국가의 부담으로 돌아감으로써 공적인 것과 사적 부문 간의 협조가 불가피해지게 되겠다. 90년대 중반까지의 재분배적 성격의 보조금이 지급되었으나 그 이후 자유 시장의 비중이 조금씩 더 커지기 시작했다. 따라서 일정한 생산 공정뿐 아니라 중소기업 활동 전반에 유리한 환경의 조성, 비교 우위적 입장에서 유사기업 간의 보완과 해외의 새 시장 개척을 위해 탈포디즘적인 유연성과 전문성의 증가가 요구된다.

IV. 결 론

미국·영국과 그리스 산업기술 정책은 각기 그 정치 사회적 환경과 밀접하게 연관되어 있다. 미국·영국의 실리콘 밸리 및 루트 128, 영국의 사이언스 파크는 군수산업과 연계되었으나, 그리스는 유럽 지역 간 불평등 해소 정책의 일환으로 유럽공동체의 지원으로부터 크게 영향을 받고 있으며, 산업의 종류도 전통적인 것에서 하이테크에 이르기까지 다양하다. 그 성패는 한편으로 유연성과 혁신성을 담보하는 인적 창의력, 다른 한편으로는 공간적으로 집권적 중앙관리보다는 다핵적 분산 및 지역 간 균형 등을 통한 경쟁성의 제고에 달려 있다고 할 수 있으며, 그 구체적 내용과 전망을 다음과 같이 정리해볼 수 있겠다.

첫째, MIT의 루트 128과 케임브리지 사이언스 파크는 거대기업과 정부자금 간의 결합에 의해 시장의 경쟁성과 개혁·발전에 필요한 기업 경영의 유연성을 상실하였고 기업 간 고립, 기술의 은폐 및 시장정보에 대한 무지로 인해 점차 사양길로 접어들게 되었다. 반면에 실리콘 밸리의 형성과정에서 각 기업들은 끝없이 분할과 합병을 거듭했으며, 새로운 혁신적 기술의 개발과 함께 수많은 작은 기업들이 이합집산하는 모습을 보였다. 분산적이고 산만한 것과도 같은 이런 문화적 풍토는 훗날 학자들에 의해 지역혁신의 성공요인으로 인식되고 상호작용, 네트워킹, 학습 등에 바탕을 둔 지역혁신의 온상으로 자리하게 되었다. 특히 상호 학습을 가능하게 했던 네트워크 중심의 지역 문화와 분권화된 지역의 기업조직을 지녔던 실리콘 밸리는 이 지역 내에서 기업 집단들은 지속적인 집단 학습을 통해 외부 변화에 유연하게 적응할 수 있었다. 이런 개방적 협력 네트워크는 지역제도와 상호신뢰를 형성하는 반복된 상호작용을 가능하게 하고, 동시에 경쟁의식을 강화하는 문화를 형성함으로써 탈집중화된 공동학습 과정의 증진과 지속적 혁신을 가져다주었다.

반면 그리스의 경우에는 90년대 이후 유럽공동체 지원체제와 그리스 국가 사이의 긴밀한 협조 속에서 실리콘 밸리와 같이 기술 및 정보의 공유와 확산을 배경으로 지역 혁신 및 기업 경영의 상승작용을 추구하고 있다. 그러나 통괄적 프로그램 운영 및 보조금 지급 등 다양한 노력에도 불구하고 그리스의 대표적 산업지구 테살로니키 테크노파크에서는 여전히 기업과 연구소 간 협조체계의 미숙성 및 상호배타성으로 인해 자체의 기술개발과 상호전이가 만족할 만큼 이루어지지 못하는 점이 있다. 이와 같은 기업 간의 배타성은 루트 128이나 케임브리지 사이언스 파크와 같이 정부의 특혜에 의한 것과는 달리 오히려 기업의 소극성과 영세성으로 인한 것이라 할 수 있다. 이런 한계를 극복하는 지역개발 프로그램의 일환으로 지식적용과 이용의 단위, 지식창조와 확산의 단위로서의 상호작용의 사회적 체제를 전 그리스, 더 나아가 전 유럽으로 확대하려는 움직임이 유럽연합 차원에서 일어나고 있다.

둘째, 루트 128과 케임브리지 사이언스 파크의 경우에는 국가의 군수산업 관련의 대기업이 국가권력의 특혜 속에서 경쟁력을 상실한 반면, 실리콘 밸리는 군수산업에서 시작했으나 경쟁력 있고 창의적인 중소기업들이 끊임없이 분리되어 나옴으로써 관료주의의 폐해가 적었다. 반면 그리스에서는 국가 및 초국가적 EU 차원의 지원과 공조하에 90년대 후반부터 더 효율적인 산업기술 및 지역혁신 정책이 이루어지고 있다. 그러나 이와 같은 위로부터의 혁신정책은 지역정부와의 갈등을 야기하기도 하며 지역의 특성을 충분히 고려하지 못하는 경우도 있을 수 있다.

지역 혁신 및 산업기술 발달이 정부 주도하에 이루어질 때는 각 지역의 특수성 및 기업의 창의성을 살릴 수 있도록 각별한 주의를 기울여야 한다. 그리고 그 전제조건으로서 상당한 정도의 재정과 행정상의 분권이 필요하며 거기에 유럽연합이나 국가 등 상급기관의 통제와 견제가 잘 조화되어야 하겠다. 상급기관의 통제·감독도 국가나 지역의 관료에 의한 획일적인 것이기보다 그리스의 'RIS 협회'같이 각계각층의 다양한 인사들로 구성된 합의체에 의한 것이 다양성과 창의성을 보호할 수 있는 효과적인 방법이라고 하겠다. 자금의 출처가 초국가적 공동체, 국가 혹은 지역공동체, 사적 자금 그 어느 것이든지 지역혁신 및 기업의 경영은 관료주의가 아니라 분권, 자발성, 창의성에 기반을 두는 것이 효과를 배가할 수 있기 때문이다.

셋째, 그런데 그리스와 같은 저개발 지역의 경우 투자 유인 정책은 산업구조와 지역차원 발달의 균형을 이루는 것이 바람직하다. 산업 선진국에 비해 그리스에서는 지역 간 균형의 문제가 사회계층 간 빈부 격차의 해소와 더 밀접한 관련을 갖기 때문이다. 그러나 산업정책과 지역균형발전정책을 조화하는 것은 쉬운 문제가 아니다. 경쟁성, 수익성을 노리는 수평적, 부문별 보조는 산업의 지역적 집중화를 초래함으로써 지역 불균등을 가중시키는 경향이 있다. 반대로 지역균형 및 재분배 정책은 이미 선택과 집중을 통한 효과적인 혁신 및 기술발달을 저해하는 면이 있기 때문이다. 현실적으로 하부구조가 갖추어진 정도에 따라 지역 간 혁신과 발달의 정도가 달라지며 특히 유럽연합 내 시장의 기능이 확대되려고 하는 현시점에서 지역 간 불균등 현상은 불가피할 전망이다. 그러나 이런 불균등 현상이 장기적으로는 해소되고 지역 간 균형이 잡힐 수 있도록 각 지역의 다양한 잠재력을 주의 깊게 발굴해야 할 필요가 있겠다. 그리고 이와 같은 상황은 우리나라에도 그대로 적용될 수 있다.

한국과 독일의 과학문화 공간 활용에 대한 비교연구:

청소년 과학탐구활동 사례를 중심으로

김미지 · 김춘식 · 임경순
포항공과대학교

Ⅰ. 들어가는 말

현대는 새로운 지식 창출과 통합적 전문성이 강조되는 사회로 지식기반 사회, 정보화 사회, 세계화, 다원화 등 미래 사회의 요구에 부합되는 국가적 차원의 창의적 인재 양성이 필요한 시점이다. 이미 구미 선진국에서는 정부 (지자체), 대학, 연구소 등이 주체가 되어, 기업의 후원으로 미래의 첨단 과학 기술 사회를 이끌어 갈 창의적 인적자원 확보에 집중하고 있다. 예컨대 독일 의 경우 지난 1990년대 중반 이래 합리적인 시민 육성이라는 교육목표에 창 의적 인재 양성을 추가한 바가 있다.

그리고 다양한 공간을 활용해 청소년들에게 과학기술에 대한 경험의 장을 제공하고 있다. 청소년의 창의성 개발이 주요한 교육적 이슈로 등장한 독일 에서 창의융합 프로그램을 다양한 형태의 공간에서 시행하고 있다는 점은 특 별히 주목할 만한 사례이다. 이와 같은 프로그램은 '자연과학적 지식'과 '인 문학적 사유', 그리고 '사회과학적 실천'을 융합한 방법론을 배경으로 하고 있다. 그리고 청소년들의 '핵심문제해결능력(Core Competency)'과 '미래예측' 에 대한 안목을 키우는 것을 목적으로 하고 있다.

한편, 국내에서도 청소년 창의성 증진을 위한 다양한 융합형 탐구프로그램이 운영되고 있다. 특히 한국과학창의재단이 '학교 밖 과학교육 지원사업'의 일환으로 시행하고 있는 '생활과학교실'은 지자체의 협조로 지역주민자치센터를 수업 장소로 활용하는 등 새로운 형태의 과학문화 활동공간을 창출하고 있다. 기타 공연장을 비롯해 박물관, 미술관 등의 공간에서도 청소년 융합형 탐구프로그램이 운영되고 있다.

칙센트미하이(Mihaly Csikszentmihalyi)[1]를 비롯한 많은 학자들은 창의성의 근원에 대해 서로 다른 영역 사이의 교류의 중요성을 역설하였다. 창의적 과정에는 몇몇 특징이 있다. 우선 창조 과정은 직선적이 아니라 순환적이라는 것이다. 즉 수많은 반복과 전환, 통찰을 거치면서 창의적인 아이디어가 생산된다. 둘째로 창조 과정에서 해결하는 문제는 주어진 문제가 아니라 스스로 발견하는 문제이다. 따라서 창의적인 사람들은 새로운 문제와 해결책을 동시에 찾아낸다. 역사적으로 과학에서 나타난 큰 업적들은 기존의 문제를 해결하는 것보다는 과거의 문제들을 재구성하거나 새로운 문제를 발견하는 것이었다. 스스로 발견하는 문제들은 우리가 세상을 바라보는 방식에 더 큰 변화를 가져올 수 있다. 또한 칙센트미하이가 강조하듯이 창의적인 생각이 나오기 위해서는 몰입과 집중이 중요하다. 제한된 집중력을 한곳으로 모을 때 창의성은 살아난다. 몰입과 집중을 위해 자기만의 독특한 공간을 갖는 것도 창의적 생각을 하는 데 도움을 줄 수 있다. 마지막으로 창의성은 다양한 문화가 교차하면서 여러 생활방식과 지식 등이 한데 어우러져 사람들이 좀 더 자유롭게 새로운 사고를 할 수 있는 곳에서 자주 나타나게 된다. 따라서 국내에서도 청소년의 창의성을 증진시키기 위해서는 다양한 공간을 활용한 융복합 프로그램의 운영이 필수적이라 할 수 있다.

현재까지 국내에서 과학문화와 공간이 연계된 다양한 융합프로그램이 운영되고 있지만, 이것을 청소년 과학문화 활동공간으로 조망한 연구는 거의

---

1) Mihaly Csikszentmihalyi, "Creativity : flow and the psychology of discovery and invention", 노혜숙 역 『창의성의 즐거움: '창의적 인간'은 어떻게 만들어지는가』 (더난출판사, 2003).

전무한 실정이다. 따라서 본 연구는 우선 최근에 논의되고 있는 '과학기술'과 '공간'의 개념에 주목해 이를 과학문화 활동에 접목하고자 한다. 특별히 본 연구에서는 융합형 청소년 과학탐구활동을 중심으로 한국과 독일의 과학문화 공간 활용사례의 현황을 파악하고, 나아가 이에 대한 비교 분석을 시도하고자 한다.

이를 위해 본 연구에서는 먼저, 국내 각 기관에서 운영되고 있는 여러 과학문화 공간을 활용한 청소년 과학탐구활동 전반에 대한 자료를 분석하여 대상의 특성에 따른 다양한 형태의 체험 및 연구 활동 프로그램의 특성을 분석할 것이다. 특히 청소년의 창의성 개발에 주요 이슈로 등장한 청소년 융합프로그램의 운영 실태를 다양한 교육기관, 기업, 과학관, 박물관 등의 사례를 중심으로 분석할 것이다. 둘째로 지난 2002년 이래 독일 내 대부분의 대학이 성공적으로 시행 중인 청소년 융합프로그램 '어린이대학(KinderUni)'의 프로그램 목표와 세부내용을 심층 분석할 것이다. 마지막으로 한국과 독일의 청소년 과학탐구활동에 관한 비교분석 결과를 토대로 한국 청소년들의 교육환경과 특성에 적합한 융합프로그램 개발방안을 도출해 보고자 한다.

II. 한국과 독일의 과학문화 공간 활용

1. 한국 사례

국내에서 '청소년의 이공계 기피 현상'은 사회적 이슈가 된 지 오래다. 그리고 이와 같은 현상을 극복하기 위해서는 우선 무엇보다도 과학의 대중화를 통한 과학문화의 저변이 더욱 넓어져야 한다. 또한, 청소년 시기부터 공교육영역 외 '학교 밖 과학교육 활동'과 같은 청소년 과학탐구활동을 증진해야 한다.

국내 교육계에서도 창의적 인재 양성이 국가 경쟁력의 핵심임을 인식하고 학교 안팎의 과학교육 내용 및 환경개선을 통한 창의적 인재육성 체제 구축을 위한 토대를 마련해 나아가고 있다. 이러한 사회적 인식과 기반을 토대로 국내에서는 여러 공간을 활용하여 청소년의 창의성을 증진시킬 수 있는 다양한 형태의 청소년 과학탐구활동 프로그램이 운영되고 있다.

한편 창의적 인재[2]를 육성하기 위한 해외 선진국들의 교육개혁을 살펴보면 다양한 교과과목을 융합해 창의성을 높이는 '융합 교육활동' 프로그램들이 그 중심에 있음을 알 수 있다. 이는 기존의 분화되고 차별화된 학문구조로는 현재 인류가 공통으로 당면한 문제 해결과 미래 예측이 불가능하다는 판단에서 기인한 것이다. 이러한 세계적 흐름에 따라 우리나라에서도 공교육 영역에서는 '통합교과 프로그램'의 형태로, 다른 기관에서는 그 기관의 전문성이 반영된 심화되고 전문화된 융합프로그램으로 개발이 시작되고 있다.

국내에서 운영되고 있는 청소년의 창의성 증진을 위한 융합형 과학탐구활동은 주로 학교 공간을 비롯하여, 대학캠퍼스, 과학관 또는 미술관과 같은 체험·전시 공간, 공연장, 기업 내 공간 및 온라인·사이버 공간 등에서도 이루어지고 있다.

1) 학교 공간

학교는 청소년들이 가장 쉽게 접근할 수 있는 공간으로 다양한 형태의 청소년 과학탐구활동과 프로그램들이 운영되고 있다. 학교 공간에서 운영되고 있는 대표적인 청소년 과학탐구활동 프로그램으로는 한국과학문화재단(현 한국과학창의재단)에서 지원하는 "청소년 과학탐구반(Youth Science Club:YSC)" 사업과 "생활과학교실" 사업을 들 수 있다. "청소년 과학탐구반" 사업은 전국 청소년들의 학교 밖 과학 활동 체험을 지원하는 과학반 동아리 네트워크로 2001년부터 한국과학창의재단 주도로 산학연 기관·단체와 연계한 청소년 과학탐구반 활동지원 사업이다. 한국과학창의재단 청소년 과학탐구반에 회원으로 가입하고 과학반 동아리 미니홈피를 개설한 동아리

---

2) 창의적 인재란 지구촌 어느 곳에서나 역량을 충분히 발휘하며 변화를 수용하고 미래를 개척하며 무한히 성장하며 또 고정된 틀을 넘어 새로운 대안을 제시할 수 있는 인재를 말한다.. 국가교육과학기술자문회의, 「국가교육과학기술전책의 비전과 전략」(2008. 10월)

를 대상으로 과학반 체험활동 분야(야외 체험학습장 중심의 과제활동)와 과
학반 연구활동 분야(교내 과학실험실 중심의 과제활동)로 나누어 지원하고
있으며 현재 전국의 초·중학생을 대상으로 656개의 과학체험 연구 활동
과제지원을 비롯해 다양한 사업[3]들을 운영하고 있다.

생활과학교실사업은 2004년 사이언스코리아 운동의 일환으로 청소년의
과학적 마인드를 확산시키고 과학문화의 저변을 확대하고자 하는 목적으로
시작된 사업이다. 지자체와의 협조체제를 구축하여 지역주민자치센터를 수
업 장소로 활용하여 많은 청소년과 지역민들의 과학문화 활동공간으로 이
용되었다. 이 사업은 이후 "학교로 가는 생활과학교실" 사업으로 확대 개편
되어 학교에서도 다양한 생활 속 과학 원리를 체험할 수 있는 계기를 제공
하였으며, 학교 공간이 특히 농·어촌 및 소외지역 학생들의 과학문화 활동
공간으로 재탄생하게 된 계기를 제공하였다. 생활과학교실 프로그램의 주
제는 과거의 단순히 과학적 지식을 응용한 프로그램에서 벗어나 생태환경,
미술 및 다른 학문과 융합된 교과 통합형 프로그램의 형태로 변화되어 가
고 있다. 이러한 경향은 한국과학영재학교와 과학계열 특목고 및 국제중을
중심으로 운영되고 있는 "Research & Education 프로그램"[4]에도 반영되고
있다. 즉, 이러한 통합형 프로그램은 과거의 수학·물리·화학·생명공학·

---

3) 청소년 과학탐구 사업
  · 체험 및 연구활동 과제 지원: 전국 656개 과학체험 연구활동 과제 수행 지원
  · 지역 청소년 과학캠프: 전국 15개 지역의 청소년 과학캠프 지원으로 지역 내 네트워크 구축
  · 전국 과학탐구 발표대회: 과학반의 활동을 강화하기 위해 각종 대회를 개최하고 수상자들에
    게 해외 과학문화 활동에 참가할 수 있는 기회 제공
  · 온라인 과학 탐구대회
  · 멘토링 서비스: 16개 시도 분원에 전문교사 중심의 멘토를 두어 과학반 활동 전반에 대한
    멘토링 서비스 제공
  · UCC 콘테스트
  · 분원 협의회: 과학캠프와 연계된 분원 협의회를 통해 지역 간 정보교류 강화 및 우수 프로그
    램의 벤치마킹 할 수 있는 기회 제공
4) Research & Education 프로그램 : 한국과학영재학교와 과학계열 특목고의 과학영재들을 위
  한 사사교육프로그램으로 현직 과학자와 과학교사가 멘토로 참여하여 학생들이 실제 연구과제
  를 수행하는 프로그램이다. 학생들의 자기주도적 학습, 과학적 탐구능력과 창의적 문제해결 능
  력의 신장 등을 목적으로 하고 있다. 김경대, 심재명 "R&E 프로그램을 체험한 과학영재들의
  사사교육 프로그램 효과에 대한 인식: KAIST 신입생을 중심으로" 『한국과학교육학회지』 28
  권 4호 (2008) 282-290쪽.

컴퓨터 공학 등 자연과학 중심의 프로그램 운영에서 벗어나 예술과 인문학과의 융합이 강조되고 있다는 점에 주목해야 한다.

2) 대학캠퍼스 공간

대학캠퍼스 공간을 활용하는 프로그램은 주로 방학 기간을 활용하여 대학의 교수 및 석박사급 인력과 연구시설 및 부대시설들을 활용한 캠프의 형태로 이루어지고 있다. 캠프 주제나 기간, 비용 등은 운영하는 대학의 특성이나 여건들을 고려하여 운영되고 있다. 대학에서 운영되는 캠프 활동의 가장 큰 특징은 일회성의 체험활동이 아니라, 다양한 분야의 탐구주제를 교수들의 지도로 강의와 실험을 통하여 과학자의 연구활동 과정을 체험하며, 연구 결과물의 발표를 통하여 프레젠테이션 기법, 과학적 의사소통 방식 등을 경험하게 된다. 국내에서 시행되고 있는 대표적인 사례로 포스텍과 고려대에서 운영되고 있는 청소년 과학캠프를 들 수 있다.

포스텍 과학기술진흥센터에서 운영하는 "노벨 꿈나무 과학캠프"는 포스코 교육재단 산하 초등학교에서 선발된 과학영재 30여 명을 대상으로 6개의 세부 전공으로 나누어 5박 6일간 과학자의 연구 활동을 체험하는 프로그램이다. 캠프는 펜실베니아 주립대학(Pennsylvania State University: Penn State Univ.)식 과제 해결 프로그램의 형태로 진행되며, 하나의 연구 주제를 과학자가 실험실에서 연구하는 과정을 체험하는 프로그램이다. 또한 캠프 마지막 날에 참가자들은 연구발표회를 통하여 1주일간의 연구 활동에 대한 결과를 발표하게 된다. 이 캠프는 대학이 보유하고 있는 연구시설을 활용하는데, 예컨대 포스텍 산하 연구기관인 지능로봇연구소, 가속기연구소, 나노기술집적센터, 생명과학연구센터 등 대학 연구시설을 방문하는 등 과학현장탐방 형태의 탐구활동 프로그램으로 활용하고 있다. 또한 방과 후 프로그램의 형태로 과학경연대회와 같은 과학탐구활동도 운영하고 있다.

이 캠프에서 가장 중요한 프로그램은 펜실베니아 주립대학의 프로그램을 벤치마킹한 실험실 연구활동 프로그램이다. 캠프 참여 교수들이 전공 및 연구 분야별로 참가 학생들의 수준에 맞게 재구성하여 개발한 연구주제[5]를 가지고 과학자가 실험실에서 연구하는 과정을 지도교수의 실험실에서 5박 6일 동안 체험하는 프로그램이다. 연구 활동 전반에 대해서는 전공 지도교수의

---

5) 포스텍 노벨 꿈나무 과학캠프 전공별 세부 연구주제 및 개요는 다음 표와 같다.

전공교수		주제 및 개요
기계공학	주제	레고 마인드 스톰과 함께하는 창의성 여행
	개요	마인드 스톰을 이용한 로봇조립을 통하여 창의적 문제해결 능력 개발
물리학1	주제	빛, 빛깔 그리고 무지개
	개요	빛의 성질을 여러 가지 실험을 통해 알아보고, 우리의 주변에서 관찰할 수 있는 자연현상 중에서 아름답고 친근한 무지개를 물리적으로 이해한다.
물리학2	주제	전자기력의 위력 - Can Crusher
	개요	깡통(can)을 둘러싼 외부 코일에 전류를 흘려 주면, 흐르는 전류에 의해 깡통에 자기장이 유도되고, 이 자기장에 의해 전기장이 유도된다. 유도된 전기장에 의해 깡통의 중심 방향으로 로렌츠의 힘이 작용하여 깡통이 중심 방향으로 수축된다. 전자기력에 의해 깡통이 수축되는 실험(Can Crusher) 수행을 통해 전자기력 유도와 로렌츠의 힘을 이해한다.
화학1	주제	나도 C. S. I 주인공
	개요	수 cm의 칩 위에서 화학물질과 생체물질(단백질, DNA)을 분석할 수 있는 손바닥 위의 첨단 실험실을 내 손으로 만들어 본다.
화학2	주제	화학발광
	개요	화학발광을 일으킬 수 있는 발광제를 이용하여 여러 경우에서의 화학발광이 어떻게 일어나는가에 대해서 실험을 통해서 알아보기로 한다.
신소재공학	주제	철강의 열처리 과정과 방법에 따라 단단한 정도가 변하는 원인 실험
	개요	철강 시료를 고온(약 700도)에 두었다가 물에 담가 급속히 식히거나, 공기 중에서 식히거나, 가열로에서 식힌다. 각 시료의 강도를 측정한 후 각 시료를 현미경 관찰을 통해 이유를 파악한다.
과학사1	주제	천문우주 및 생활 속 과학여행
	개요	우주의 생성 원리 및 일상생활 속에 숨겨진 과학 원리 등을 관찰과 실험을 통해 이해한다.
과학사2	주제	세탁기의 비밀
	개요	세탁의 원리와 세탁기의 구조와 작동원리, 탈수과정을 이해하고 세탁물 속의 미생물을 관찰한다.
가속기연구소	주제	방사광 가속기의 원리와 활용
	개요	먼저 물질의 구성원소인 원자와 그 원자를 이루고 있는 핵과 전자에 대해 기초적인 개념을 파악하고 이 전자를 가속하는 가속기의 원리를 이해한다. 그리고 방사광 가속기에 대해 이해하고 이 가속기로부터 얻어지는 빛의 특성과 그 빛을 이용하는 방법을 배우고 기초적인 실습을 한다.

지도를 받으며 세부적인 실험 테크닉이나 연구 주제에 대한 관련 정보나 연구 동향 등은 대학원생이나 연구원의 지도를 받게 된다. 이 프로그램은 학생들이 다른 기관에서 운영하는 캠프에서는 접하기 어려운 최첨단의 연구 분야를 체험하기도 하고, 다양한 종류의 실험장비와 기구들을 직접 조작하고 운영해 보는 기회를 갖기도 한다. 더불어 친구들과 함께 연구 주제에 대한 가설을 세우고 실험을 디자인하여 수행하며, 연구 결과를 도출해 내는 과정을 통하여 과학적인 사고능력과 의사 표현법 등을 배우게 된다. 또한 캠프 마지막 날에는 연구발표회를 통하여 1주일간의 연구 활동에 대한 결과를 지도교수와 친구, 가족들 앞에서 발표하게 되는데 이러한 경험을 통하여 프레젠테이션 기법이나 과학적 의사소통 능력을 키우게 된다.

한편 노벨 꿈나무 과학캠프에서는 다양한 종류의 과학탐구 및 과학경연 프로그램이 운영되고 있다. 과학탐구 및 과학경연 프로그램은 연구활동 프로그램이 종료된 저녁 시간대를 활용해 학생들의 창의력과 아이디어를 겨루는 프로그램이다. 또한 과학현장 탐방 형태의 탐구활동 프로그램으로 포스텍 연구시설을 활용한 연구소 투어 프로그램이 운영되며, 이 프로그램은 학생들의 과학에 대한 관심과 호기심을 충족시키고 있다.

고려대학교 생명과학대학에서 주관하는 고려대 "생명 환경과학캠프"는 초·중학생을 대상으로 생명과학·환경생태공학·식품과학·자원경제·환경지리정보 분야의 탐구주제를 교수들의 지도로 강의와 실험을 통하여 체험하는 2박 3일 프로그램으로 청소년들을 위한 과학교육과 대학문화 체험활동을 겸하여 운영되는 프로그램6)이다. 각 지도교수의 실험실·연구실, 강의실, 공동기기센터, 학부공동실험실 등에서 교수, 대학원생들의 지도로 주제에 맞은 실험과 교육을 받게 되며 오후 및 저녁시간에는 캠퍼스 투어 및 대학문화를 체험하게 된다.

3) 전시·체험 공간

과학문화 활동과 관련된 전시체험관은 과학관을 비롯해 자연사박물관, 지

6) 고려대 생명환경 과학캠프 전공별 세부 연구주제 및 개요는 다음 표와 같다.

지도교수 연구실	탐구 주제
집단 보전 유전학	식물이야기 - 이 땅에서 살아남기
세포배양공학 연구실	생명의 신비
동물세포 생리학 연구실	우리는 어떻게 태어났는가?
	동물세포와 식물세포
식물분자육종학	한 알의 씨앗과 노벨상
	식물세포도 지문이 있을까?
환경생화학	계란 속의 단백질이 얼마나 들어 있을까요?
	단백질과 단백질 정량
	슈퍼박테리아
Cell & Tissue Biotechnology	세포와 유전자를 좋아해
	세포와 유전자로 떠나는 여행
식물환경신호전달기작	여러분은 왜 부모님을 닮았을까요?
효소공학	효소(생체촉매) 이야기
Stem Cell Biotechnology	난치병 치료의 열쇠 - 배아줄기세포
구조 및 기능 단백체학	우리의 혈액형은 왜 다른가요?
화훼학	식물형태 및 기본구조의 비교탐구
	조직배양을 이용한 식물복제
	식물의 번식
	원예치료, 꽃향기와 꽃 색깔 이야기
식물병리학	우리들을 둘러싼 미생물이야기
Cell Growth regulation lab	암은 왜 생길까요?(암과 유전자)
	우리는 왜 늙는가?(노화)
Food Mirobiology	발효유와 건강
식품생화학 및 독성학	포도주의 색깔
	젤리 속에 숨겨진 비밀
	식품 속의 중요성분 분리
식품위생 및 안전성	식탁의 안전
식품생의학	비만의 원인, 지질의 역할
	과일과 채소, 질병을 예방하는 식품
목재미생물 및 목재보존	나무 바로알기
	건축재료로서 목재와 건강
생태계 생태학	환경생태란 무엇인가?
자연환경 정보, GIS/RS	우리가 있는 곳은 어디일까요?
	지리산 반달곰은 어떻게 찾을까요?
	GIS/RS를 이용한 자연재해 방지
수질환경학	오염된 물은 어떻게 알 수 있나요?
응용환경미생물학	미생물은 적일까? 친구일까?
	세균과 환경, 생활하수를 정화하는 미생물
토양생태학	토양이야기
식품자원경제	지구의 온난화와 자원경제
	환경경제란 무엇인가?
식품자원경제	세계 식량위기의 원인과 대책
Immune modulation	면역반응이란 무엇인가?
미생물학	바이오에너지
생물화학공학	환경오염진단기술
유전생화학	생명의 특성
바이오 의약전달	생명체의 기본단위, 세포

질박물관, 해양박물관, 석탄 박물관 등이 있다. 이러한 시설의 공간들은 일반 대중을 위한 평생교육의 장으로써뿐만 아니라 학생들의 학교 밖 과학교육활동의 장으로써 중요한 교육적 의미를 갖는다. 최근 해외에서는 과학관이 학교 밖 과학교육을 주도하는 중심적인 주체가 되고 있다. 과학관이 단순한 전시 위주의 활동에서 벗어나 학생들을 대상으로 한 특별프로그램 및 일반 특정인을 대상으로 한 아웃리치(outreach) 프로그램을 운영함으로써 좋은 반응을 얻고 있는 것이다. 국내에서도 국립중앙과학관과 사립과학관인 LG사이언스홀 및 시도 교육청에서 과학교육연구원의 공간을 활용하고 있다.

국립중앙과학관 및 서울과학관에서는 초·중학생 및 일반인 등을 대상으로 과학명사와의 만남, 우주체험관 교육, 과학싹 잔치, 과학마술쇼, 과학연극 공연, 영화상영 등의 프로그램을 운영하고 있으며, 과학전람회, 발명품 경진 대회 등 다양한 과학행사를 개최하고 있다. 특히 국립중앙과학관에서는 첨단 과학기술 탐구체험 수업을 통한 과학꿈나무의 양성을 목적으로 초등학교 3-4학년(뉴턴반) 및 5-6학년(노벨반)을 대상으로 한 첨단과학 체험 프로그램을 운영하고 있다. 이 교육은 대한민국이 자랑하는 세계 수준의 연구개발 성과와 세계적인 미래과학기술 연구방향 및 대덕특구에 자리 잡은 117개 정부출연 연구기관의 연구개발 내용을 이해하게 된다. 주로 생명공학기술(BT), 문화기술(CT), 에너지 환경기술(ET), 정보기술(IT), 나노기술(NT), 우주기술(ST), 로봇기술(RT) 등 7T 핵심첨단과학기술을 이해하고 그 과학원리를 탐구체험하게 된다.

LG사이언스홀은 LG가 첨단과학의 세계를 체험을 통해 학습할 수 있도록 다양한 전시관을 마련해 놓은 국내 민간기업 최초의 사립과학관으로서 서울과 부산에서 운영되고 있다. 서울 LG사이언스홀은 LG역사의 방, 에너지, 생명과학, 사이언스드라마, 원격학습, i-Learning(디지털 세상의 체험), i-Future(가상현실로 미래세상 체험), 입체영상관 등 상설 전시관 중심으로 운영되고 있으며, 부산 LG사이언스과학관은 직접 경험할 수 있는 분야별 과학학습 체험장이 운영되고 있다.

과학교육연구원은 도교육청 과학교육 활동의 중추적인 역할을 하는 기관으로 현재 16개의 시도 교육청이 지원하고 있다. 또한 과학교육연구원은 다

양한 과학행사를 개최하고 있으며 첨단견학시설을 겸비하고 있어 미래 과학
도를 꿈꾸는 청소년들에게 훌륭한 교육의 장이다. 청소년들의 과학교육을 위
한 과학발명품경진대회, 과학교실운영, 발명체험, 과학교육연수 등의 다양한
프로그램을 운영하고 있지만 청소년 탐구활동과 관련된 프로그램은 상설 전
시 또는 기획 전시의 형태로만 운영되고 있다. 한국의 16개 시도 과학교육원
이 보유한 시설과 전시물은 각 지역마다 유사한 형태와 특징을 나타내고 있
다. 아울러 대부분의 경우, 물리·화학·생물·지구과학 등 교과 중심의 전
시물과 항공 및 로봇 등 몇몇 첨단 분야를 제외하고는 생활 속의 과학 내용들
로 구성되어 있다. 과학교육연구원에는 이들 전시시설 이외에 영상관과 실험
실 공간이 마련되어 있다. 특히 실험실에는 과학실험기구가 비치되어 있으
며, 이러한 장비들은 청소년들의 호기심을 자극하고 탐구정신을 키우는 데
커다란 도움이 된다.

이와 같이 과학관, 자연사 박물관 공간을 활용하는 형태는 가장 전통적인
과학탐구활동이며, 비교적 손쉽게 청소년들의 과학에 대한 관심과 호기심을
충족시킬 수 있는 방법이다. 따라서 현재 과학관과 자연사박물관은 다양한
청소년 과학탐구활동 공간 중 청소년들의 참여율이 가장 높은 대중적 과학문
화 공간으로 활용되고 있다.

한편 청소년을 위한 학교 밖 체험활동이 이루어지는 교육공간인 과학관,
박물관, 미술관 및 연구소 등에서 이루어지는 융합프로그램들은 각 기관의
전문적인 특성이 반영된 심화되고 전문화된 부분으로 구성되어 있다. 특히
박물관 또는 미술관의 교육활동은 그 자체가 통합학문적인 성격을 지니고 있
으며, 이러한 통합적 교육구조는 주제 영역에 대한 다면적 접근을 유도해 창
의적 학습효과를 가능하게 한다. 한국과학창의재단이 지원하는 다양한 형태
의 융합사업들은 주로 위에 언급한 공간에서 기획한 프로그램을 통해 수행되
고 있다.

사비나미술관이 진행하는 '청소년 사이언스아트리포터' 프로그램은 한국
과학창의재단의 지원으로 국내에서는 처음 시도되는 과학·예술 융합 교육
사업이다. 이 사업은 청소년들의 과학에 대한 관찰력과 탐구심, 창의적인 발

상, 논리적인 사고력을 향상시키기 위해 과학과 예술이 융합된 세부프로그램7)을 기획하고 있다. 리포터 양성과정과 이를 확산시키기 위한 웹페이퍼 발행사업도 시행하고 있다. 이 프로그램은 리포터로 선발된 고등학생들이 직접 예술작품이 만들어지는 현장과 과학연구실험실, 각종 전시회 등을 찾아 현장을 취재한 후 웹페이퍼를 제작하는 형식으로 이루어진다. 선발된 리포터들은 그룹(조)을 구성해 '인지과학', '첨단기술과학1', '수리과학 프랙털', '생물학', '첨단기술과학2' 등의 주제를 탐구하게 된다. 그리고 특징적인 것은 리포터들이 예술가들의 작업실, 과학자 연구실, 전시회 등을 탐방해 예술과 과학현장을 직접 체험한 후 기사를 작성한다는 점이다. 이들이 작성한 기사는 미술관 큐레이터와 사이언스 커뮤니케이터의 교열과정을 거쳐 웹페이퍼로 발송된다.

공기관이 아닌 사립 미술관이 주도하고 있는 이 프로그램은 국내 최초로 시행되고 있는 현장체험 중심의 청소년 과학예술 융합프로그램 사례이다. 이 프로그램에 참여하는 청소년들은 취재와 글쓰기 작업을 통해 사유 능력을 배양시킬 뿐만 아니라, 과학과 예술이 융합된 주제를 다룸으로써 다양한 창의적인 사고를 실험하게 된다. 이 프로그램은 입시위주의 한국의 공교육 현장에서는 쉽지 않은 청소년 창의융합 프로그램이지만 통합교과 프로그램을 지향하고 있는 한국의 교육에 매우 적절하다.

(주)크리에이션 랩 알리스의 "과학이 숨 쉬는 명화실험실"은 한국과학창의재단이 지원하는 융합문화사업의 일환으로 운영되는 성인들을 대상으로 하는 전시프로그램이다. 전시회 참가자는 예술작품 속에 숨은 기초과학의 이론과 원리를 첨단과학 기술을 통해 이해할 수 있도록 구성되어 있다. 이러한 전시기획은 자칫 어렵고 딱딱해 보이는 과학이론과 원리를 예술작품을 통해서 쉽게 접근할 수 있도록 도와주는 과학과 미술이 융합된 프로그램이다. 또한 이 전시회에서는 특별 체험프로그램의 형태로 어린이를 위한 교육프로그램

---

7) ·청소년 사이언스 아트 리포터 선발
　 ·과학자 연구실, 예술가 작업실 관련 전시회 탐방
　 ·탐방 리포트 작성
　 ·웹진 게시 및 배포
　 ·사후 자료집 제작 및 배포

이 운영되고 있다. 이 특별 프로그램은 과학을 좋아하는 논리적 어린이와 예술을 좋아하는 감성적 어린이를 동시에 만족시킬 수 있는 체험형이며, 주로 과학적 이론과 원리에 대한 심층적인 이해를 돕기 위한 내용으로 구성되어 있다.

이외에도 삼성문화재단이 운영하고 있는 삼성어린이박물관은 어린이들이 가족과 함께 열린 교육문화를 접할 수 있도록 1995년 국내 최초로 문을 연 어린이를 위한 체험식 박물관이다. 삼성어린이박물관은 어린이의 '탐구와 표현' 능력의 함양을 위해 과학, 미술, 방송국, 사회, 문화 등 11개 전시 및 프로그램 영역을 갖추고 있으며, 학교에서 배우기 어려운 심화된 내용의 특별 교육프로그램을 운영하고 있다. 이 프로그램은 어린이들의 눈높이에 맞춘 미술작품들을 소개하고, 다양한 재료를 사용해서 창의적인 미술작업 활동을 할 수 있도록 준비되어 있다. 또한 삼성어린이 박물관은 인체탐험과 과학탐구를 위한 전시 체험 공간을 상호 유기적으로 배치하고 있으며, 이를 통해 예술 활동과 과학 활동을 통합적으로 체험할 수 있도록 하는 전시 프로그램을 운영하고 있다.

4) 문화 공연장 공간

놀이 및 문화 공연장 공간을 이용한 프로그램은 부담 없고 재미있는 놀이 및 공연 형태의 활동을 이용해 과학을 이해하고 탐구할 수 있는 기회를 제공하는 대중화 프로그램이다. 따라서 이 프로그램은 소수의 우수한 학생을 선발해 시행하는 것이 아니라, 많은 대중이 과학을 즐겁게 경험하는 것을 목적으로 한다. 이러한 사례로는 한국과학창의재단이 주관하는 '크리스마스 과학콘서트'와 '8월의 크리스마스 과학강연' 및 '융합창작공연' 등이 있다.

'크리스마스 과학콘서트'와 '8월의 크리스마스 과학강연'은 공연장 공간을 활용한 대표적인 놀이문화 공연형 프로그램이다. '8월의 크리스마스 과학강연'은 주한 영국문화원과 공동으로 저명 과학자를 초청하여 강연하는 형태로 주로 8월 대한민국과학축전 기간 중에 개최된다. '크리스마스 과학콘서트'는 영국의 극장식 과학 강연인 "크리스마스 과학강연"을 모델로 하고 있으며, 매년 연말 저명한 과학기술자를 초청해 흥미로운 과학 강연을 선보이는 형태로 구성된 국내의 대표적인 극장식 과학 강연이다.

서울시립청소년 직업체험센터의 '교실로 찾아간 이야기꾼의 과학공연'은 한국과학창의재단의 지원으로 운영하고 있는 융합창작공연이다. 청소년들이 과학을 쉽게 이해할 수 있도록 문화예술과 과학기술을 융합한 대안교육 프로그램으로써 실제 교육현장에서 활용할 수 있는 '학습형 공연교육 프로그램'[8] 이라 할 수 있다. 이 프로그램은 먼저 과학 주제를 청소년들이 쉽게 이해할 수 있도록 창작동화와 시나리오 형태로 구성하고, 이를 전문 공연팀으로 하여금 공연하게 한다. 또한 공연 중 과학에 대한 이해도를 높이기 위해 소리, 온도, 색, 동작센서 및 멀티터치 기능 등 미디어아트 기술을 활용한다.

5) 기타 공간

국내 기업이 주관하는 청소년 융합프로그램은 대부분 기업의 사회공헌 활동 형태로 운영되고 있다. 생태환경, 에너지, 기후변화 등 주로 지구촌 현안을 주제로 하고 있으며, 프로그램의 특성에 맞게 자연, 공연장, 사이버 공간 등을 활용한다. 운영 형태는 캠프, 탐구대회, 탐사활동, 인터넷활용 등이며, 대표적인 사례로 유한킴벌리와 LG화학에서 운영하는 프로그램을 들 수 있다.

'숲을 통한 청소년 환경체험교육—그린캠프 프로그램'[9]은 유한킴벌리가 시작한 국내의 대표적 기업 사회공헌 프로그램인 '우리강산 푸르게 푸르게' 캠페인의 일환으로 운영되고 있는 청소년 자연체험 교육프로그램이다. 최근 지구온난화, 사막화 및 황사 등 환경문제가 주요 관심사로 떠오르면서 청소년들의 환경보호에 대한 의식과 실천력을 일깨워 주기 위해 나무와 물, 토양, 생물 등을 직접 보고 듣고 만지며 느끼게 하는 체험 프로그램이다. 이 프로그램에는 각 분야의 권위 있는 전문가 30여 명이 매년 자원봉사자로 참여하고 있으며, 청소년들이 단체생활을 통해 협동심을 배우고 문화·예술을 직접 체험해 볼 수 있도록 한다. 즉, 청소년들로 하여금 학교에서는 배울 수 없는 생

---

8) 일방적인 내용을 전달하는 공연이 아닌 수요자의 참여를 유도하며, 이러한 참여가 공연을 통해 창의적인 학습 능력을 배양할 수 있도록 구성되어 있다.

생한 지식을 현장에서 직접 체험할 수 있는 기회를 제공하고, 동시에 자연스

---

9) 그린캠프 프로그램의 구성은 다음 표와 같다.

프로그램	내 용
숲의 생명적 기능 교육 프로그램	환경자원으로서 숲이 지니고 있는 여러 가지 환경·공익적 기능을 체험학습, 실험학습 위주로 전달. - **숲의 수질정화**: '숲속의 물은 왜 더 맑고 깨끗할까요?'에 대해 학생들 스스로 생각하게 함. 그 후 설악산 계곡의 수중생물 - 1급수를 대표하는 지표생물인 가재, 옆새우, 강도래- 등을 채집하여 수질을 직접 판정해 봄. 또한 숲은 어떻게 물을 정화시키는지 그 과정을 살펴봄으로써 숲의 수질 정화기능에 대한 지식을 얻을 수 있도록 함. - **숲과 대기**: 어떠한 물질이 공기를 오염시키는지 알아보고, 설악산의 공기와 도심의 공기는 어떻게 다른지 대기 측정 캡슐을 통하여 측정해 봄으로써 숲은 공기를 어떻게 깨끗하게 해주는지 알 수 있고 대기에 미치는 숲의 영향도 파악할 수 있도록 함. - **숲과 토양**: 숲의 토양을 채취하여 숲의 토양층을 관찰하여 보고 나무가 자라기 좋은 토양과 나쁜 토양을 구분하여 봄으로써 건강한 흙이란 어떤 흙인지 흙에 미치는 숲의 영향도 파악할 수 있도록 함. - **숲의 생태**: 숲 속 생태조사를 통하여 일정 면적 내에서 서식하고 있는 개체 종과 개체수를 알아봄. 또한 주변의 나무와 풀, 각종 열매, 버섯 등의 이름과 특징을 알아보고 숲에서 얻어지는 임산물의 종류와 쓰임새를 찾아봄으로써 생물의 다양성에 대한 중요성과 우리가 숲으로부터 어떠한 혜택을 받고 있는가를 생각할 수 있게 함. - **숲의 신비**: 환경적인 스트레스를 받고 있는 나무와 그렇지 않은 나무와는 어떤 차이가 있는지 알아보고 나무에 전류계를 연결하여 환경의 변화에 따른 나무의 변화를 직접 실험해 봄으로써 나무와 우리가 같은 생명체임을 깨달을 수 있음. - **숲의 물 저장**: 숲의 물 저장 원리를 배우고 숲이 있는 곳과 그렇지 않은 곳의 모형실험을 통하여 숲의 물 저장 능력을 측정함. - **나뭇잎의 구조**: 잎맥의 다양한 형태를 분류하여 보고 마음에 드는 나뭇잎의 잎맥을 실험을 통해 만들어 봄. 또한 실험을 통해 실제 나뭇잎의 잎맥을 찾아보기도 함으로써 나뭇잎 하나도 푸른 생명체임을 느끼도록 함.
숲의 문화적 기능 교육 프로그램	숲의 문화적 가치를 알아보고 숲을 영감으로 창작을 하였던 예술가들의 작품을 직접 감상함. 또한 숲의 문화적 기능을 직접 체험하기 위해 '우리 멋 우리 가락', '전래놀이', '캠프파이어' 등과 같은 프로그램을 통하여 숲에서의 영감과 느낌을 직접 체험하고 느낄 수 있도록 함.
숲의 경제적 기능 교육 프로그램	생물 자원으로서의 숲의 역할과 기능을 눈으로 직접 관찰하고 목재를 이용한 공작활동을 통해 숲의 경제적인 기능을 직접 체험.
숲에 대한 실천적 기능 교육 프로그램	- **주제 토의**: 예를 들어 '숲은 희망입니다'라는 주제를 가지고 토의할 때 오늘날의 지구 환경은 어떠한가?, 우리가 지구를 위해 할 수 있는 일은 무엇인가를 생각해 보고 서로의 의견을 교환. - **자연사랑 영화 만들기**: 숲 속에서 느낀 점을 영화로 만들어 보는 시간으로 학생들이 직접 시나리오를 작성하여 촬영·감독·배우 등의 역할을 분담하여 비디오카메라로 단편영화를 제작하고, 이것을 상영함으로써 제3자의 입장에서 자연사랑에 대한 마음을 성찰함. - **숲 가꾸기**: 숲 가꾸기가 필요한 이유를 알아보고 미래목 선정, 가지치기 등 건강한 숲을 만드는 작업에 직접 참여함으로써 숲 가꾸기의 필요성을 깨닫고 우리 숲의 생장 상태를 알아볼 수 있음.

럽게 환경에 대한 관심과 의식을 고양할 수 있도록 유도하는 것이다.

그린캠프는 "숲과 나는 같은 삶터에서 살고 있음을 스스로 이해한다"는 교육목표를 설정하고 있다. 나아가 '자연을 지키는 것은 우리를 지키는 것입니다', '자연선진국을 배웁니다', '숲은 생명입니다', '숲은 희망입니다' 등을 모토로 매년 숲과 관련된 새로운 주제를 정하고 다양한 프로그램들을 진행하고 있다. 각각의 프로그램은 숲의 생명적, 경제적, 문화적 기능을 전달하는 것을 목표로 구성되어 있으며, 그 내용에 따라 실습·체험 위주의 프로그램과 흥미를 부가시킨 역할 연기프로그램이 진행되고 있다.

LG화학 '아웃리치 프로그램'[10]은 화학 산업에 대한 인식을 제고하고, 학생들의 참여를 통해 화학 및 과학에 대한 관심 고취, 화학에 대한 이해와 친밀감 고양을 목표로 기획된 프로그램으로서 중학생을 대상으로 하는 '화학캠프'와 고등학생을 대상으로 하는 '화학탐구 프런티어 페스티벌' 등으로 구성되어 있다. '화학캠프'는 흥미를 유발하는 교육을 통해 화학의 중요성을 인식시키고 다양한 화학실험·인성교육 및 심신수련 프로그램으로 구성되어 있다. '화학탐구 프런티어 페스티벌'은 교육과학기술부와 LG화학을 비롯한 4개 화학회사가 공동으로 주최하고, KAIST에서 주관하는 프로그램으로 고등학생을 대상으로 지정과제인 환경·에너지·생명·사회탐구·전통과학, 또는 자유주제로 탐구대회를 거친 후 포스터 및 프레젠테이션 발표를 통해 우수 연구자를 시상한다.

삼성 엔지니어링 '꿈나무 푸른교실'(www.e-gen.co.kr)은 인터넷을 활용한 어린이 환경교육 사이트로 새로운 형태의 청소년 환경교육 프로그램이다. 수질·대기·토양·생태 등을 주제로 다양한 환경 전문 콘텐츠를 제공하고, 나아가 환경기자단 활동·환경캠프·열린 환경교실·하천탐사·환경 골든벨 등 오프라인 행사를 함께 진행하고 있다. 꿈나무 푸른교실은 기존의 환경 사이트와는 달리 오락과 교육 기능을 겸비한 환경교육 콘텐츠를 제공하고, 다양한 방법으로 어린이들에게 환경의 중요성을 환기하고 있다. 즉, 시간과 공간의 제약을 받지 않는 인터넷의 특성을 활용해 어린이들이 직접 참여하고 실천

---

10) 참조 웹사이트 www.iloverchem.co.kr

할 수 있도록 유도하는 것이다. 이 프로그램은 공기·물·토양·쓰레기·재활용·생태계 등 환경 문제의 핵심을 가장 쉽게 설명해 주고 이해시킬 수 있도록 애니메이션과 플래시 동영상을 이용해 재가공된 정보를 제공한다. 특히 이 프로그램은 일방적으로 전달하는 교육이 아닌 직접 참여하고 실천할 수 있도록 쌍방향의 호환콘텐츠를 제공하고 있다. 예를 들어 환경실험실 코너에서는 각종 환경실험을 사용자가 직접 해 볼 수 있도록 소개하고 있으며, 오염된 지하수 실험이나 더러운 물을 깨끗하게 하는 실험, 물의 순화실험 등 집에서 쉽게 따라해 볼 수 있는 내용으로 구성되어 있다. 이외에도 사이버 환경박물관과 멀티학습방, 환경관련 숙제를 도와주는 숙제방 등 다양한 코너로 이루어져 있다.

한편으로는 가정에서 환경을 위해 실천하고 있는 사례를 발굴하고 적극 알릴 수 있는 계기를 만들어 주기 위해 환경 UCC 제작 공모전, 영어환경 에세이 대회 등 다양한 이벤트도 진행하고 있다. 또한 청소년을 포함해 전 국민을 대상으로 한 통합형 환경교육프로그램(www.eco-generation.net)을 운영하고 있으며, 나아가 국제연합환경계획(United Nations Environment Programme: UNEP)과 협력해 국내는 물론 아태지역의 어린이들을 대상으로 한 세계 최대의 영어 환경교육사이트(www.eco-generation.org)를 운영하고 있다.

이상에서 살펴본 바와 같이 국내에서 이루어지는 청소년 과학탐구활동은 주로 학교와 체험전시 공간이 과학문화 공간으로 활용되고 있으며, 점차적으로 공연장·미술관·사이버 공간 등으로 과학문화 공간의 다양화가 진행되고 있음을 확인할 수 있다. 이와 함께 운영되고 있는 프로그램들도 각 기관의 전문적인 특성이 반영된 융합형태로 구성되어 있다. 결국 국내 청소년 과학탐구활동 프로그램은 점차 통합학문적인 성격을 가진 융합프로그램으로 전환하고 있다는 점에 주목해야 한다.

2. 독일 사례

해외에서 이루어지고 있는 학교 밖 청소년 과학탐구활동은 1960년대 영국에서 시작된 아웃리치(Outreach) 운동에서 시작되었다고 할 수 있다. 전문그룹들의 영역을 대중에게 개방하는 이 아웃리치 운동은 이후 과학 분야에도 영향을 미쳤으며, 연구소나 대학 및 과학박물관 등의 과학 기관의 공간을 활용하여 과학에 대한 대중의 인식을 높이고 비정규적인 과정으로 초중고 학교 과학교육에 기여하는 다양한 프로그램을 시행하게 되었다.

그러나 이러한 아웃리치 운동의 기원은 19세기 초반으로 거슬러 올라간다. 1820년대 중반 영국의 저명한 실험물리학자인 마이클 페러데이(Michael Faraday)가 '청소년을 위한 과학교육'을 목표로 조직한 '크리스마스 강연'이 최초로 시작된 과학 분야의 아웃리치(Outreach) 프로그램의 기원이 된다.[11] 그리고 이 크리스마스 강연은 영국왕립협회 주최로 1825년 이래 매년 런던에서 개최되고 있다. 이와 같은 아웃리치 프로그램은 전 세계적으로 큰 반향을 불러일으켰으며, 과학 분야에서도 영국의 과학 아웃리치 프로그램, 과학자들의 초중고 방문프로그램, 교사나 학생들을 위한 워크숍 및 캠프, 그리고 최근에 시작된 과학카페(Café Scientifique)[12], 익스플로러 돔(Explorer Dome) 등이 있다. 이미 국내에서도 시행되고 있는 생활과학교실, 청소년 과학캠프 등 다양한 학교 밖 청소년 탐구활동 프로그램 또한 이러한 세계적인 분위기를 잘 반영하고 있다.

특히 독일의 경우 전통적으로 다양한 공간을 활용한 융합교육이 자연스럽게 시행되고 있기에 융합교육 프로그램의 진화과정을 살펴보는 것은 향후 국내 융합이론 연구나 관련 프로그램 개발에 중요한 동기를 제공할 것이다.

---

11) 박미용, 「세계의 아웃리치 프로그램으로 본 과학교실의 미래」, 『월간과학문화』, 129 (2008.06), 10-13쪽.
12) 국내에서도 2007년 한국과학문화재단의 시범사업으로 '과학문화카페'가 실시된 바 있다. 『어린이와 어른이 함께 읽는 과학동화』를 주제로 POSTECH 과학문화연구센터가 주관한 과학문화'카페는 유럽에 성공리에 시행되고 있는 과학카페와 유사한 방식으로 구성되었다. 전문가의 발표와 시연 후 청소년들과 학부모가 함께 어우러져 과학동화를 배경으로 다양한 과학 관련 대화와 토론을 진행한 결과 그 반응은 대단히 성공적이었다.

독일은 연방제를 취하고 있기에 교육프로그램의 경우 각 주마다 상이하다. 그럼에도 불구하고 거의 대부분 독일 초중고 공교육기관 교육목표에 늘 사유와 비판 능력을 통한 창의성 증진을 강조하고 있다. 또한 독일 내 공교육기관과 기타 단체의 공간을 활용하여 시행하고 있는 창의융합 프로그램은 일반 학생들을 대상으로 한 프로그램이다. 독일의 경우 평등성 교육에 중점을 두고 피교육자 전체의 수준을 향상시키는 것을 목표로 하며 사유와 비판의식을 함양하는 융합교육을 시행하고 있다. 그리고 흥미 유발 중심의 평등성 융합교육을 시행하되, 지속적인 관심과 특별한 재능을 보이는 청소년의 경우에만 특수목적 교육기관에서 추가교육을 받을 수 있는 기회를 제공한다. 다시 말하자면 초중고에서는 인문사회, 자연과학, 예술 등이 융합된 평등성교육으로 전반적인 교육 수준을 향상시킨 후, 후일 대학에서 연구를 통해 비로소 그 결실을 얻는다는 것이다.

어린이대학이라 번역되는 '킨더우니 프로그램'은 독일 전체를 통합하는 시스템으로 운영되는 것이 아니고, 각 대학과 소속연구소들이 지역에 소재한 기업의 재정지원을 받아 어린이들을 대상으로 자율적으로 시행하고 있다. 이 프로그램은 인문과학·사회과학·자연과학·예술 등 전체 학문 영역을 다루고 있으나, 주로 초등학교(Grundschule)부터 중고등 통합과정(Gymnasium) 저학년 어린이들의 학문에 대한 흥미 유발을 위해서 세부 강의프로그램은 대부분 과학기술과 관련된 내용을 위주로 하고 있다. 그러므로 통합교과 프로그램 중심으로 전환을 시도하고 있는 한국의 청소년 교육을 염두에 둘 때, 학문 전반에 관한 커리큘럼으로 구성된 독일의 킨더우니 프로그램의 중요성은 더욱 크다고 할 수 있다.

1) 어린이대학 프로그램의 탄생 배경

독일에서 킨더우니(Kinder-Uni)는 길게는 지난 1960년대에부터 시작된 '학문의 통섭(Consilence)이나 융복합(Convergence) 논의'라는 역사적인 배경에서 출범했다고 볼 수 있다. 독일 또한 현재 지구촌이 직면한 5대 현안—기후변화·에너지·질병·식량·물—해결과 미래 예측을 가능하게 하기 위해서는 개별

영역의 교육과정으로는 가능하지 않고 상호연계와 융합을 통한 통합적 교육을 지향하고 있다. 그리고 서로 다른 영역 간의 소통과 만남, 연계를 통한 융합이 야말로 창의성(Creativity)의 기반이 되는 것이다. 그리고 독일에서는 지난 1990년대 후반부터 학제 간 교류 및 융합교육에 지대한 관심을 표명하고 있다.

전통적으로 독일은 제2차 세계대전 이전까지 전 세계 발명특허의 과반수를 보유한 '과학기술 및 발명의 강국'이었다. 그러나 아인슈타인을 포함한 많은 능력 있는 과학자(상당수가 유대인)들은 나치독재를 피해 해외로 이주했으며, 또한 양차대전의 패배로 인한 경제적인 어려움은 과학기술 분야에서의 연구개발을 촉진할 수 없게 만들었다. 비록 1970−80년대 독일은 고성장을 구가하지만 이 성장은 실상 양차대전 이전에 독일이 보유했었던 화학·기계·자동차 등의 기술노하우 덕택이었다. 1990년 독일의 재통일 이후 동독 재건을 위한 막대한 통일비용은

독일의 킨더우니(KinderUni) 프로그램 시행 대학

국가재정의 악화를 초래했으며, 아울러 조선 및 자동차 분야에서 한국 등 신흥국가들의 기술 추격은 독일 산업에 대한 위기의식을 확산시켰다. 이러한 1990년대에 맞이한 독일사회의 위기의식은 1990년대 후반부터 보다 강화되는 신자유주의적 세계질서에 변화를 요구했다. 이러한 분위기에서 '과거 과학기술 강국으로서의 지위 회복'과 '국가브랜드 고양'을 목표로 대학교육 개혁 및 초중고 교육의 개혁을 요구하는 목소리가 한층 고조되었다. 어린이대학 프로그램은 바로 이와 같은 역사적 배경에서 출발하고 있다.

어린이대학 프로그램의 시행에는 무엇보다도 지난 2000년 피사보고서의 결과가 중요한 계기가 되었다. 독일 청소년들의 수학능력이 중하위권이라는, OECD가 주관하는 학업성취도 국제 비교평가(Programme for International Student Assessment: PISA)의 충격적인 결과는 독일 초중등교육을 전반적으로 재검토해야 한다는 여론을 고조시켰다.[13] 특히 수학과 과학 영역에서는 전체 31개국 중 20위로 평균 이하의 성적표를 받았다.[14] 이와 같은 사회적인 분위기는 기존의 독일 교육과정이나 교육프로그램에 대한 전반적인 개혁을 요구했으며, 이러한 개혁의 목표는 창의성과 문제해결 능력의 향상에 있었다. 지난 1980년대 이후 불어닥친 신자유주의적 물결이 지나친 경쟁을 유발했으며, 교육 영역에서도 전공바보(Fachidiot)를 양산해 냈다는 것이다. 따라서 학계는 창의성과 문제해결 능력의 향상을 위해 전문성은 유지하되 기존 분화된 교육프로그램을 지양하고, 좀 더 강화된 융합교육 중심의 세부 교육프로그램의

---

13) 2000년 실시된 PISA 본 검사에서 독일은 수학·과학 분야에서 OECD 전체 평균에도 미치지 못하는 20위(본검사 실시국 31개국)에 랭크되었으며, 2003년 실시된 PISA조사에서도 독일은 2000년 실시된 조사보다 나아진 결과를 보였으나, 여전히 조사대상국 평균을 겨우 웃도는 충격적인 성적표를 받았다. 이는 앞서 얘기했듯이, 독일의 신성장 동력으로서 과학 교육에 대한 자아비판과 각성의 목소리가 나오게 된 계기가 되었다.

14) 〈표19〉 과학영역에서의 점수

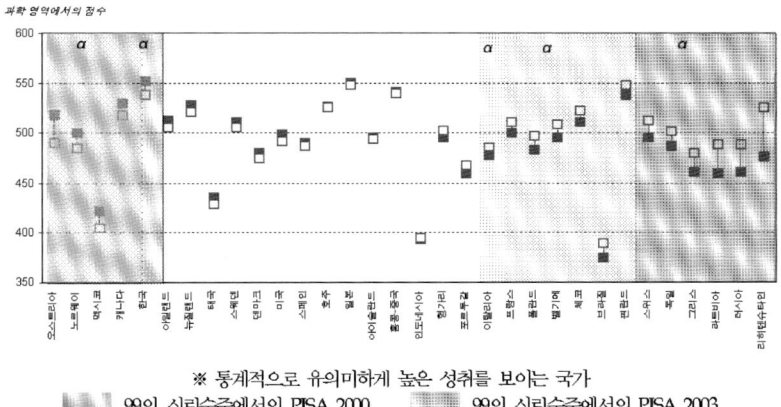

개발 등을 제안했다. 이러한 여론과 학계의 동향에 따라 지자체, 지역 내 대학·연구소, 지역 언론, 지역 기업 등은 공동으로 청소년 융합프로그램인 '어린이대학'을 탄생시켰다.

어린이대학 프로그램이 시행된 2003년 이후 PISA 결과는 크게 개선되었다. 물론 꼭 이 프로그램의 영향으로 볼 수는 없으나, 어린이대학과 '과학도시(Stadt der Wissenschaft, 2005~)' 행사를 비롯한 다양한 정부정책에 기인하는 결과로 판단된다. 그에 반해 한국은 2000년 이후 지속적으로 학생들의 학업 성취도가 하락했으며, 특히 과학 영역의 성취도는 2000년 1위에서, 2003년 4위, 2006년 18위로 상대적으로 급격한 하락폭을 보였다. 따라서 학계는 이에 대한 체계적인 분석과 논의의 필요성을 강하게 제기했다.[15] 이는 독일에서 국가경쟁력 강화를 목적으로 '융합교육에 기저한 과학르네상스'를 위해 노력했던 시기와 같은 상황으로 보인다.

청소년들을 대상으로 각 지역의 대학과 소속연구소, 지역 언론, 지역 소재 기업의 재정지원을 받아 자율적으로 시행하는 '어린이대학' 프로그램은 전 독일 대학이 공통체계나 통합주제로 운영되는 것이 아니고, 각기 대학마다 상이한 시기에 상이한 주제로 시행하고 있다. 이는 교육에 관한 권한이 연방정부에 있는 것이 아니고, 각 주 정부 소관인 독일의 특이한 체계 때문이다. 그럼에도 어린이대학 프로그램은 현재 전 독일 내 100개 이상의 대학에서 매 학기 평균 400여 명의 어린이들의 참가로 시행하고 있을 만큼 범국가적인 호응을 얻고 있는 대중화 프로그램으로 성장했다. 또한 영국·이탈리아를 위시한 유럽 내 국가, 나아가 현재는 미국을 포함한 전 세계로 급속히 파급되고 있다. 또한 독일에서는 이미 어린이대학에 관한 수많은 연구 논문과 서적이 출간되었다. 이 프로그램은 인문과학·사회과학·자연과학·예술 등 전체 학문 영역을 다루고 있으며, 주로 8-12세-초등학교(Grundschule)부터 중고등 통합과정(Gymnasium) 저학년 과정-청소년들의 학문에 대한 흥미 유발을 목적으로 세부 강의프로그램은 과학기술을 포함한 창의융합 프로그램으로 정착되어가고 있다.

2) 어린이대학 프로그램의 세부내용

어린이대학 프로그램의 세부운영 방식과 강좌주제 등 커리큘럼은 개별 대학별로 상이하다.[16] 하지만 종합대학·예술대학·공과대학 등 각 대학의 특

---

15) 2008년도 과학 부문 PISA 결과에 한국은 18위, 독일은 10위권이다.

순위	국가명	수 준						
		1수준 미만 (334.94점 미만)	1수준 (334.94– 409.54점)	2수준 (409.54– 484.14점)	3수준 (484.14– 558.73점)	4수준 (558.73– 633.33점)	5수준 (633.33– 707.93점)	6수준 (707.93점 초과)
		백분율 (표준오차)	백분율 (표준오차)	백분율 (표준오차)	백분율 (표준오차)	백분율 (표준오차)	백분율 (표준오차)	백분율 (표준오차)
1	뉴질랜드	4.0 (0.4)	9.7 (0.6)	19.7 (0.8)	25.1 (0.7)	23.9 (0.8)	13.6 (0.7)	4.0 (0.4)
2	핀란드	0.5 (0.1)	3.6 (0.4)	13.6 (0.7)	29.1 (1.1)	32.2 (0.9)	17.0 (0.7)	3.9 (0.3)
3	영국	4.8 (0.5)	11.9 (0.6)	21.8 (0.7)	25.9 (0.7)	21.8 (0.6)	10.9 (0.5)	2.9 (0.3)
4	호주	3.0 (0.3)	9.8 (0.5)	20.2 (0.6)	27.7 (0.5)	24.6 (0.5)	11.8 (0.5)	2.8 (0.3)
5	일본	3.2 (0.4)	8.9 (0.7)	18.5 (0.9)	27.5 (0.9)	27.0 (1.1)	12.4 (0.6)	2.6 (0.3)
6	캐나다	2.2 (0.3)	7.8 (0.5)	19.1 (0.6)	28.8 (0.6)	27.7 (0.6)	12.0 (0.5)	2.4 (0.2)
7	리히텐슈타인	2.6 (1.0)	10.3 (2.1)	21.0 (2.8)	28.7 (2.6)	25.2 (2.5)	10.0 (1.8)	2.2 (0.8)
8	슬로베니아	2.8 (0.3)	11.1 (0.7)	23.1 (0.7)	27.6 (1.1)	22.5 (1.1)	10.7 (0.6)	2.2 (0.3)
9	홍콩–중국	1.7 (0.4)	7.0 (0.7)	16.9 (0.8)	28.7 (0.9)	29.7 (1.0)	13.9 (0.8)	2.1 (0.3)
10	독일	4.1 (0.7)	11.3 (1.0)	21.4 (1.1)	27.9 (1.1)	23.6 (0.9)	10.0 (0.6)	1.8 (0.2)
11	체코	3.5 (0.6)	12.1 (0.8)	23.4 (1.2)	27.8 (1.1)	21.7 (0.9)	9.8 (0.9)	1.8 (0.3)
12	대만	1.9 (0.3)	9.7 (0.8)	18.6 (0.9)	27.3 (0.8)	27.9 (1.0)	12.9 (0.8)	1.7 (0.2)
13	네덜란드	2.3 (0.4)	10.7 (0.9)	21.1 (1.0)	26.9 (0.9)	25.8 (1.0)	11.5 (0.8)	1.7 (0.2)
14	미국	7.6 (0.9)	16.8 (0.9)	24.2 (0.9)	24.0 (0.8)	18.3 (1.0)	7.5 (0.6)	1.4 (0.2)
15	에스토니아	1.0 (0.2)	6.7 (0.6)	21.0 (1.0)	33.7 (1.0)	26.2 (0.9)	10.1 (0.7)	1.4 (0.3)
16	스위스	4.5 (0.5)	11.6 (0.6)	21.8 (0.6)	28.2 (0.8)	23.5 (1.1)	9.1 (0.8)	1.4 (0.3)
17	오스트리아	4.3 (0.9)	12.0 (1.0)	21.8 (1.0)	28.3 (1.0)	23.6 (1.1)	8.8 (0.7)	1.2 (0.2)
18	아일랜드	3.5 (0.5)	12.0 (0.8)	24.0 (0.9)	29.7 (1.0)	21.4 (0.9)	8.3 (0.6)	1.1 (0.2)
18	대한민국	2.5 (0.5)	8.7 (0.8)	21.2 (1.0)	31.8 (1.2)	25.5 (0.9)	9.2 (0.8)	1.1 (0.3)
20	스웨덴	3.8 (0.4)	12.6 (0.6)	25.2 (0.9)	29.5 (0.9)	21.1 (0.9)	6.8 (0.5)	1.1 (0.2)

16) · 어린이대학 프로그램의 시행 목적과 목표
　　－ 청소년들이 인문·사회·자연과학·예술 등 학문 일반을 쉽게 이해하도록 유도
　　－ 청소년들에게 학문에 대한 경이로움을 전달
　　－ 대학을 개방해 지식과 학문에 관한 대학과 청소년들과 이해 공유
　　－ 청소년들에게 학문적인 사유동기를 부여하고 미래의 대학생으로서 꿈을 심어 줌
　　－ 대학이나 연구기관들의 홍보 강화
　　· 어린이대학 프로그램의 시행 구조[대학별로 상이]
　　－ 기업의 후원으로 언론과 대학이 주관하며, 지역 내 8–12세 어린이들을 대상으로 시행

성에 따라 세부주제의 비율이 상이하게 조정된다. 예컨대 이공계대학
(Technische Universität, Technische Hochschule)의 경우 과학기술, 종합대학
(Universität)의 경우는 인문사회과학, 음악대학(Musikhochschule)은 음악, 일반
미술대학이나 조형미술대학(Hochschule für Bildende Künste)은 예술과 관련된
주제가 조금씩 강화된다. 한 가지 공통점은 각 대학이 과학기술 · 인문사회 · 예
술 등의 강좌 주제를 융합적으로 고루 준비하고 있다는 점이다.[17]

한편 대략 8-12세의 어린이들을 대상으로 하는 프로그램을 준비하면서 인
문사회과학 등의 영역에서 어린이들의 흥미를 유발시킬 적절한 주제를 찾는

- 참가비는 무료이며, 대학의 방학 기간을 이용해 연간 2학기 시행
- 학기(2–3주) 당 대략 8개의 강좌 주제 선정
- 교수 및 대학소속 연구원들이 강의 · 시연
- 한 주제의 강의시간은 대략 60–90분 정도
- 학기말에 소정의 강의참가 어린이에게 명예석사학위인 킨더디플롬 수여

17) · 어린이대학 프로그램의 세부 강의주제 사례
- 우주인에게 특별한 우주복장이 필요한 이유는? [자연과학]
- 과연 인간은 미래를 예견할 수 있는가? [인문과학]
- 고대 그리스인들은 어떻게 글자를 배웠는가? [사회과학]
- 나무는 영혼을 가지고 있는가? [자연과학/사회과학/인문과학]
- 왜 감자튀김은 사람을 비만하게 만들며, 국수는 행복하게 만드는가? [자연과학]
- 왜 우리들은 로봇보다 더 똑똑한가? [자연과학/인문과학]
- 왜 노는 것이 중요한가? [인문과학/사회과학]
- 왜 전 세계가 해리포터에 그렇게 열광하는가? [인문과학/사회과학]
- 왜 공룡은 멸종했는가? [자연과학]
- 왜 우리들은 오른손과 왼손을 지니고 있는가? [자연과학]
- 왜 비행기는 날 수 있는가? [자연과학]
- 새들은 아프리카로 가는 길을 어떻게 발견하는가? [자연과학/사회과학]
- 왜 그렇게 많은 색상이 있는 걸까? [자연과학/예술]
- 우주에서 위아래가 있는가? [자연과학]
- 북극인들은 어떻게 말하는가? [인문과학/자연과학/사회과학]
- 전선에 흐르는 것은 무엇인가? [자연과학]
- 왜 우리는 밤낮을 쉬지 않고 호흡하는가? [자연과학]
- 공포는 우리를 아프게 할 수 있는가? [인문과학/사회과학]
- 박테리아는 어떻게 동물들을 병들게 하는가? [자연과학]
- 왜 나무들은 하늘에서 자랄 수 없는 걸까? [자연과학]
- 어떻게 사람의 목소리가 라디오에서 나오는 것일까? [자연과학]
- 말하는 세포 – 뇌로의 여행 [인문과학/자연과학]
- 삶의 경이로움 – 인체의 신비로의 여행 [인문과학/자연과학]
- 소리는 어떻게 만들어지는 것일까? 음악이 없는 삶은 상상할 수 없다 [인문과학/자연과학/예술]

것은 쉽지 않다. 따라서 이러한 저학년 학생들을 배려해 과학기술과 관련된 주제를 보다 많이 배정하는 것은 자연스러운 일일 것이다. 독일의 경우 중소도시에는 보통 1개의 국립대학이 있지만 베를린·함부르크·뮌헨 등 주정부가 소재한 도시에는 몇 개의 대학들이 몰려 있다. 따라서 어린이들은 지리적으로 멀지 않거나 동일한 지역 대학에서 제공하는 다양한 프로그램 중 자신의 기호에 맞는 프로그램을 제공하는 대학에 등록할 수 있다.

아래에서는 사례로 최근 드레스덴 공과대학(Technische Universität Dresden)에서 시행한 세부 강의 주제와 함부르크 종합대학(Universität Hamburg)과 에센-두이스부르크 대학(Universität Duisburg-Essen)이 지난 2003년 가을부터 매학기 1회씩[연간 2회] 시행하고 있는 세부 강의 내용을 살펴보겠다. 전술했듯이 드레스덴 공대[18]에서 마련한 강의 주제는 자연과학을 중심으로 생태, (건

---

18) · 드레스덴 공과대학(technische Universität Dresden) 2009년 여름학기 세부 강의내용

강의	강의 주제	일 시	담당교수	전공 분야
1	우리 뇌는 어떻게 기능하는가?	'09. 03. 30. 16 − 18시	Prof. Dr. Heinz Reichmann	신경의학
2	인디언과 숲주인으로부터 배울 수 있는 것	'09. 04. 21. 17 − 18시	Prof. Dr. Edeltraud Günther	환경경제
3	소와 같은 식사? 토속자연에서 온 샐러드와 야채	'09. 05. 05. 17 − 18시	Prof. Dr. Christoph Neinhuid	식물학
4	하늘까지 뻗는 건축	'09. 05. 19. 17 − 18시	Prof. Dr. Manfred Curbach	건축학
5	원근설계의 비밀	'09. 06. 02. 17 − 18시	Prof. Dr. Yadegar Asisi	건축예술

* 전체 강좌는 드레스덴 공대 대강당에서 개최

· 드레스덴 공과대학(technische Universität Dresden) 2008/09년 겨울학기 세부 강의내용

강의	강의 주제	일 시	담당교수	전공 분야
1	그리스철학자 디오게네스는 어떻게 작은 맥주통에 들어갈 수 있었을까?	'08. 09. 29. 16 − 18시	Prof. Dr. Christian Müller-Goldingen	고대철학
2	Blackbeard, Störtebecker + Co. [해적영화]	'08. 10. 06. 16 − 18시	Prof. Dr. Robert Bohn	역사학
3	모두 꼬마황제들? 중국의 어린이들	'08. 11. 03. 17 − 18시	Prof. Dr. Rainer von Franz	중국학
4	우리는 왜 선호하는 색상을 갖게 되는가?	'08. 11. 17. 17 − 18시	Prof. Dr. Doris Titze	예술
5	얼음은 남극과 북극에서도 녹는가?	'08. 12. 01. 17 − 18시	Prof. Dr. Reinhard Dietrich	측지학

* 전체 강좌는 독일위생박물관에서 개최

축)예술이 접목된 융합주제이며, 함부르크 종합대학[19]이나 에센-두이스부르크 대학[20]의 경우 철학과 역사를 중심으로 자연과학을 접목한 주제가 선정되었음을 볼 수 있다.

　드레스덴 공대에서 마련한 강의 주제를 보면 지난 2008년도 겨울학기 강좌 주제는 과학기술과 철학·역사·지역학 등 인문학과 예술이 고루 분포되어 있다. 그러나 지난 6월 초에 마감한 2009년도 여름학기 세부주제의 경우 의학·식물학·환경경제·건축학(예술)으로 구성되어 있어 자연과학 분야와 사

19)　· 함부르크 종합대학(Universität Hamburg) 2007/08 겨울학기 세부 강의내용

강의	강의 주제	일 시	담당교수	전공 분야
1	왜 지구의 온도는 점점 상승하는가?	'07. 10. 08. 16시	Prof. Dr. Martin Clauβen	기후학
2	금 채굴자는 어떻게 살았는가?	'07. 10. 15. 16시	Prof. Dr. Claudia Schnurmann	역사학
3	하늘에는 몇 개의 별이 떠 있는가?	'07. 10. 22. 16시	Dr. Birgit Fuhrmeister	천체 물리학
4	동물들은 얼마만큼의 권리를 누릴 수 있는가?	'07. 10. 29. 16시	Prof. Dr. Birgit Pfau-Effinger	사회학
5	개미들은 왜 한 마리의 여왕벌을 모시나?	'07. 11. 05. 16시	Dr. Henry Tiemann	생물학
6	모래는 어떻게 해변으로 밀려 오는가?	'07. 11. 12. 16시	Prof. Dr. Roland Vinx	지리학
7	극장(Deutsches Schauspielhaus)에서 "Krabat(개구쟁이)"라는 연극 관람	'07. 11. 25. 11시	−	−

* 단 7번째 극장은 5번 이상 강의 참가한 어린이만 초대됨

20)　· 에센-두이스부르크 대학(Universität Duisburg-Essen) 2007/08 겨울학기 세부 강의내용

강의	강의 주제	일 시	담당교수	전공 분야
1	끊임없이 움직이고 있는 지구	'08. 02. 15. 17 - 18시	Prof. Dr. Ulrich Schreiber	지리학
2	은행은 어떻게 운영되며, 컴퓨터의 역할은?	'08. 02. 20. 17 - 18시	Prof. Dr. Reinhard Jung	경제학
3	왜 우리들은 서로 싸우며, 과연 누가 옳은가?	'08. 02. 22. 17 - 18시	Dr. Georg Kamp	철학
4	왜 누구나 반듯하게 걸을 수 있는가?	'08. 02. 27. 17 - 18시	Dr. med. Matthias Hövel	아동 정형외과
5	창조인가, 진화인가?	'08. 02. 29. 17 - 18시	Prof. Dr. Ralf Miggelbrink	신학
6	어떻게 전기는 콘센트까지 전달되는가?	'08. 03. 05. 17 - 18시	Prof. Dr. Norbert Treitz	물리학

회과학을 접목하고, 특히 건축학과 건축예술을 동시에 다루어 자연과학과 예술의 접목을 시도하고 있다. 이러한 강좌 주제 편성은 어린이대학 프로그램이 근본적으로 융합교육을 지향하고 있다는 것을 쉽게 알 수 있다.

3) 어린이대학 프로그램에 대한 반응

독일 연방정부는 보도에서 "독일의 학문과 과학기술을 증진하기 위해서는 미래의 과학자인 청소년들에 대한 각별한 관심"을 환기하고 있다. 아울러 각 지자체의 대학 및 연구소·언론·기업이 공동으로 시행하고 있는 어린이대학과 같은 창의융합 교육프로그램을 지지하며 지원하고 있다.

또한 독일은 지난 2000년 이래 시작된 '학문의 해(Jahr der Wissenschaft)' 행사 프로그램의 중요성을 강조하고 있다. 교육개혁과 학술연구 증진을 위해 연방 교육연구성은 '대화하는 과학(Wissenschaft im Dialog, WiD)'이라는 대형 아젠다를 기획하고 있으며, 어린이대학 프로그램을 적극 지원하고 있다. 연방정부는 2009년도 '학문의 해' 행사 프로그램에 어린이대학에 대한 특별한 관심을 표명하고 또한 그 중요성을 강조하고 있다.

이처럼 어린이대학 프로그램은 독일에서는 각 지역이나 도시 자체적으로 추진되고 있으며, 이에 대한 국민적 관심이 높아지면서 점차 전 독일로 확산되고 있다. 주지하듯 현재 전체 독일에서는 100여 개 이상의 대학에서 어린이대학 프로그램을 시행하고 있으며, 유럽을 넘어 미국 등 전 세계로 확산되고 있다. 아울러 최근에는 어린이대학뿐만 아니라 '청소년대학(Jungeduniversität)', '학부모대학(Elteruniversität)' 등도 시범적으로 운영하고 있어, 이제 평생교육의 영역으로 진화하고 있다.

어린이대학이 독일 교육에 미친 영향 또한 지대하다. 독일의 교육학자들은 '어린이대학에 참가하는 어린이들은 새로운 경험들에 대한 비판적인 사고를 시작할 나이이기에 학교의 학습행위에도 확실히 긍정적인 영향을 미칠 것'이라고 이구동성으로 주장한다. 대학교수와 전문연구자들이 이끌어 가는 어린이대학 강좌는 '창의적 사고와 실험과 시연을 통한 문제해결능력 고양을 중심으로 구성되었기에 학교 교육에서는 가능하지 않는 지식뿐만 아니라 비

판적인 사고를 함양하는 데에 크게 기여할 것'이다. 또한 한국에 비해 대학
진학률이 낮은 독일 청소년들의 경우, 대학에 대한 경험과 호기심은 후일 대
학에서의 공부하려는 청소년들의 의지에 큰 영향을 미칠 것이다. 즉, 인문사
회과학 · 자연과학 · 예술이 어우러진 어린이대학과 같은 융합프로그램은 청
소년들의 대학에 대한 긍정적인 관심으로 전이되어 학습의욕을 고취시키는
효과가 있다는 것이다.

한편 '어린이대학'에 대한 독일 내 학부모들의 반응은 어떠할까? 지난 2002
년 튀빙겐 대학에서 최초로 시행된 어린이대학 프로그램에는 5천 명의 청소
년이 참가할 정도로 성공적이었다. 또한 프로그램 참가자 수나 확산 속도, 그
리고 다수의 언론보도 등을 통해 볼 때, 학부모들과 청소년들의 반응은 열광
적이다. 〈차이트Zeit〉지는 어린이대학 프로그램 참가자들의 반응을 아래와
같이 보도하고 있다. "어린이들은 방학 기간 동안 수영장이나 여행, 혹은 친
구들과 노는 것을 포기하고 기꺼이 어린이대학에서 그들의 지적호기심을 충
족하길 원한다. 매주 500 - 900명이나 되는 어린이들이 자발적으로 어린이대
학 강좌를 위해 방학 동안 놀이를 포기하고 있다. [중략] 어린이들은 그들의
심화된 의문을 전문가인 대학의 교수나 연구소 전문가들에게 묻고 토론하고
자 한다."21)

III. 독일과 한국의 과학문화 공간 활용 비교분석

최근 국내외 학계에서 청소년의 창의성 증진을 위한 융합교육의 중요성에
대한 논의가 활발하다. 그리고 학계에서 제기한 논의는 즉시 교육현장에 영
향을 주고 있으며, 이에 따라 여러 공간에서 다양한 형태의 융합프로그램들
이 시범적으로 시행되고 있다. 그러나 학계에서조차 아직 융합교육에 관한
이론연구가 부족한 상태이며, 단지 그 중요성에 대한 논의만 무성할 뿐 이론
적, 실천적 구체성이 결여되어 있다. 또한 이러한 공간을 청소년들의 과학문

---

21) '어린이들은 지식을 원한다' Die Zeit. 2004. 9. 27.

화 활동이 이루어지는 공간으로 조망한 연구는 국내외를 막론하고 거의 전무한 실정이다. 여러 공간을 활용한 융합교육, 혹은 융합을 키워드로 한 구체적인 청소년 창의융합 프로그램의 개발에는 해외 사례에 대한 주의 깊은 탐구가 필요한 이유가 여기에 있다.

국내에서 운영되고 있는 청소년 과학탐구활동은 주로 학교를 비롯한 공공교육기관, 대학캠퍼스, 과학관 및 미술관과 같은 체험·전시공간, 공연장, 사이버 공간 등에서 이루어지고 있다. 특히 생활과학교실 사업의 경우 지자체와의 협조체제를 구축하여 지역주민자치센터를 수업장소로 활용하여 많은 청소년과 지역민들의 과학문화 활동공간으로 이용되었다. 이 사업은 이후 "학교로 가는 생활과학교실" 사업으로 확대 개편되어 학교공간이 특히 농·어촌 및 소외지역 학생들의 과학문화 활동공간으로 재탄생하게 된 계기를 제공하였다. 이와 같이 국내의 청소년 과학탐구활동은 주로 학교와 체험전시공간이 과학문화 공간으로 활용되고 있으며 점차적으로 공공기관·공연장·미술관·사이버 공간 등으로 과학문화 공간의 다양화가 진행되고 있음을 확인할 수 있다.

그러나 창의와 융합교육 프로그램의 콘텐츠 구성과 내용은 아직 미비한 수준이다. 다만 국내에서는 과학적 지식과 과학 시연 중심의 교과과정에 문제를 제기하고 있는 일부 특목고와 대안학교, 그리고 몇몇 기업이나 미술관, 과학관, 박물관 등에서 유사 융합프로그램이 시행되고 있다. 게다가 주로 영재교육 중심으로 운영된 결과 일반학생을 위한 범용프로그램으로 발전하지 못하고 있다. 창의성 증진을 위한 융합프로그램은 정부나 지자체, 기업, 언론 등 다양한 주체들이 공동으로 개발하고 이를 제도권 교육에 적용해야 하기 때문에 정부의 제도적인 지원이 절실한 상황이다. 우리나라 또한 최근 들어 융합교육활동의 중요성을 인식하고 공교육기관을 위시한 여러 연구기관들이 다양한 공간을 활용한 융합교육 프로그램의 개발에 관심을 표명하고 있다.

현재 독일을 위시한 유럽의 교육개혁의 핵심은 '창의적 인재육성을 위한 융합교육'에 방점이 놓여 있다. 이는 기존의 분화되고 차별화된 학문구조 및 연구개발 구조로는 현재 인류가 공통으로 당면한 문제해결과 미래예측이 불가능하다는 판단에 기인한다. 특히 독일에서는 이미 1990년대부터 창의성 증진을 위한 융합교육의 중요성이 크게 대두되었다. 또한 여러 차례의 교육개혁을 통해 여러 기관의 공간을 활용하여 다양한 프로그램들이 운영되고 있으며, 이미 제도권 공교육에 정착된 지 오래되었다. 그리고 학교교육이 물리적으로 감당할 수 없는 영역은 대학과 전문연구소의 공간들을 개방해 '어린이대학'과 같은 융합프로그램을 시행하고 있는 것이다.

독일의 어린이대학 프로그램의 중요한 특징은 과학기술 영역과 같은 전문적인 분야를 중심으로 한 수월성프로그램이 아니며, 자연과학・인문사회과학・예술 등이 조합된 "융합프로그램"이다. 따라서 독일 국민들 사이에 가장 혁신적인 청소년 대중화 교육프로그램으로 자리 잡고 있는 독일의 어린이대학 프로그램은 통합교과 프로그램 중심으로 전환을 시도하고 있는 한국의 청소년 교육정책 수립에도 매우 중요하다. 그러나 독일의 어린이대학을 국내 교육환경에 그대로 적용시키기에는 무리가 있으므로 한국 청소년들의 교육환경과 특성에 적합한 융합프로그램 개발방안을 도출해야 한다.

IV. 나가는 말

본 연구는 한국과 독일의 과학문화 공간을 활용한 청소년 과학탐구활동 프로그램에 대한 현황과 세부 프로그램의 내용을 파악했다. 하지만 여기서 도출된 결과를 토대로 한국 청소년들의 교육환경과 특성에 적합한 융합프로그램 개발 방향을 도출하는 것은 쉬운 것이 아니다.

현재 국내의 청소년 과학탐구활동에서는 주로 학교와 체험전시공간이 과학문화 공간으로 활용되고 있으나 점차적으로 공공기관, 공연장, 미술관, 사이버 공간 등으로 과학문화 공간의 다양화가 진행되고 있다. 그러나 콘텐츠 운영 면에서는 자연과학・인문사회과학・예술 등이 조합된 융합적 커리큘럼 구성이 부족한 것으로 드러났다.

우리가 다양한 융복합 프로그램에 관심을 갖는 가장 큰 이유는 서로 다른 두 영역의 만남을 통해 그동안 접하지 못했던 수많은 창의적인 생각을 만들어 낼 가능성이 높기 때문이다. 칙센트미하이를 포함한 여러 학자들의 논의를 바탕으로 하고 한국적 교육환경을 고려하여 다양한 공간을 활용한 한국 청소년들의 특성에 적합한 융합프로그램 개발의 방향을 아래와 같이 제시하고자 한다.

첫째, 창의성 증진을 위한 융합프로그램은 기본적으로 다양한 과정을 통해서 융합 지식을 습득하고 이들 지식들을 이해하는 동안 새로운 형태의 창의적인 생각을 할 수 있도록 도와주어야 한다. 이는 창의적 아이디어는 꾸준한 자기주도적 탐구활동과 끈질기게 반복되는 순환적 가추(abduction) 과정을 통해 점차로 안정적인 새로운 착상으로 진화되기 때문이다. 또한 스스로 찾은 학습 경로를 따라 자기몰입식 학습을 하는 과정을 통해 창의성이 발현되기 때문이다.

둘째, 창의성 증진 융합프로그램은 단지 다양한 분야를 함께 접촉시키는 것뿐만이 아니라 학습자들이 일단 어렴풋하게 얻은 내용을 지속적으로 발전시킬 수 있도록 배려해야 한다. 이를 위해서는 스스로 선택한 문제에 홀로 매진하는 자기몰입적 교육에 대한 보다 폭넓은 이해가 필요하며, 창의적 생각이 성장하는 과정에 대한 체계적인 연구도 동시에 추진되어야 한다.

셋째, 창의성은 다양한 지식의 융합 및 접촉에서 비롯되기 때문에 이질적인 요소에 대한 개방적 마인드를 필요로 한다. 창의성은 개인적 은둔과정에서 얻어지는 경우도 있으나 협동적 작업에서도 개발될 가능성이 높다. 따라서 다른 사람들과 함께 협동하여 문제를 해결하는 탐구형 교육을 보다 확대할 필요가 있다.

넷째, 창의성이 사회 맥락적 성격과 다양한 다중 지능적 발전 과정에서 비롯된다는 것을 인식하여 융합교육 프로그램은 사회화와 함께 이루어지는 창의융합 프로그램으로 발전시켜야 한다. 즉, 창의융합 프로그램은 사회적 이슈가 되는 문제에 대한 균형 있는 이해를 할 수 있도록 만들고 자기 스스로 문제를 찾아가는 능력을 배양시킬 수 있어야 한다. 청소년 창의융합 프로그램을 개발할 때에도 전인적인 인성 프로그램과 그 맥을 같이하여 개발하여야 한다.

    다섯째, 창의성 교육은 인문사회·문화예술·과학기술을 포괄하는 융합
교육의 형태로 진행되어야 한다. '창의적 인재육성을 위한 융합교육'을 위해
공교육 영역에서 "통합교과 프로그램"을 지속적으로 개발해야 한다. 과학기
술 교육을 음악·미술·체육·놀이 등 다양한 활동과 연계시켜 실시하는 가
드너(Howard Gardener)의 다중지능(Multiple Intelligence) 교육 방식을 좀 더
적극적으로 활용할 필요가 있다. 또한 국내 및 해외의 다양한 사례를 바탕으
로 인문사회·문화예술·과학기술을 포괄하고, 창의적·비판적·윤리적 사
고(creative, critical, ethical thinking)를 종합적으로 증진시키는 새로운 형태의
창의성 융합프로그램이 개발되어야 한다.

    마지막으로 대학과 전문연구소 공간들을 개방해 독일의 '어린이대학
(KinderUni)'과 같은 융합프로그램을 확산시켜야 한다. '어린이대학'과 유사한
프로그램을 개발할 때에도 자연과학 분야 중심의 관찰·관람 등 체험식 교육
뿐만이 아니라 강연·토론·시연·발표 등 창의성을 발굴할 수 있는 형태로
발전시켜야 한다. 다양한 학교 밖 시설 공간을 활용하고, 과학기술·문화예
술·인문사회를 포괄한 다양한 유형의 체험을 할 수 있는 청소년 창의성 융
합프로그램을 개발하여야 한다. 더 나아가 기존 물리·화학 등 순수과학 중
심의 분야를 넘어 생태·환경·기술사·예술 등 인문사회과학과 예술 영역
도 동시에 강화시켜야 한다.

2. 과학기술과 공간의 다양성

과학기술과 새로운 공간의 창출:
일상적 도시 공간에서 디지털 미디어의 정체성을 중심으로*

양해림
충남대학교

Ⅰ. 들어가는 말

인류의 역사 발전을 돌이켜보았을 때 디지털 미디어의 영향력은 문자의 발명을 능가할 것이라 한다. 향후 인문학도 인체매체의 하나인 책에 기반으로 하여 이루어져야 한다는 규칙이 점차 깨지고 있다. 문자가 발명되기 이전에도 넓은 의미의 문학과 역사와 철학은 존재해 왔다. 그러나 문자 발명 이전의 문화는 시각 위주의 문화가 아니라 청각·촉각도 모두가 중요한 다중 감각적 문화였다.

21세기 들어 문화는 다양한 양상의 변화를 보이면서 다감각적 디지털시대로 진행되고 있다. 이미 21세기의 보편적 매체는 디지털 미디어가 자리를 잡았다. 이와 더불어 21세기의 인문학도 문자매체와 인쇄매체를 뛰어넘어 그것을 포괄하면서 디지털 미디어의 공간과 기존의 영상매체를 포괄하는 인문정신을 시도하고 있다.

현대성의 등장과 함께 나타난 일상적 도시공간 양식의 변화 중에서 가장

---

* 이 논문은 2008년도 과학문화연구센터(SCRC)의 지원에 의해 연구되었으며, 『철학연구』, 제109집(2009.2), 57-82쪽에 게재되었음.

주목할 만한 것은 현대적 도시공간의 새로운 형성이라 할 수 있다. 수십만에서부터 수백만, 수천만 인구가 거주하면서 도시 범위가 이전과는 비교할 수 없을 만큼 넓어진 국내외적으로 거대 도시들의 출현이 주목을 받고 있다. 기계화된 통신과 정보통신의 수단, 물품과 정보혁명으로 인한 대량복제 기술, 디지털 미디어 기술의 등장 등은 대중사회의 출현이라는 사회적 조건과 부합하여 대중시장의 중추로 떠올랐다. 도시의 일상적 공간 영역은 새로운 전달 통신매체가 급속하게 등장하면서 구조적인 재편성 과정을 겪기 시작했다. 전 지구가 거의 자본주의화된 대중사회의 도시민의 시각적, 청각적, 촉각적인 다중적 경험을 주로 커뮤니케이션의 수단에 의존함에 따라 디지털 매스미디어로 점차 넘어가고 있다. 즉 정보화시대의 전자 감각적 지각은 시뮬라크르, 버추얼 섹스, 감성통합, 사이버 지각 등의 새로운 용어로서 환각에 가까운 카오스적 상황으로 진행되고 있는 것이다. 1945년 컴퓨터 발명에 따른 정보의 표현은 숫자와 문자에서 시작하여 1980년대를 지나면서 음성·음향·정지영상·동영상 등의 멀티미디어 데이터의 저장 및 처리를 지원하는 새로운 하드웨어/소프트웨어 기술 등이 개발되었고, 1990년대에 컴퓨터 기반의 멀티미디어 응용 그리고 초고속 통신망을 통한 인터넷 체계는 정보소통의 새로운 구조를 형성하였다. 1990년대 이후로 일상적 도시공간을 중심으로 가속도로 진행되고 있는 정보화시대에서는 컴퓨터·멀티미디어·인터넷·사이버공간(cyberspace)·정보초고속도로 등 디지털 테크놀로지에 의해서 과학기술이 문화를 주도해 가고 있다.

21세기 들어 정보기술(information technology)이 몰고 온 사회적·경제적 변화는 디지털 이미지와 사운드, 텍스트의 새로운 처리기술과 전 지구촌으로 네트워크 된 새로운 정보통신 공간, 가상현실, 하이퍼텍스트 등의 디지털 혁명을 통해 실제 우리의 일상적 도시공간을 문화와 기술이 상호 분리될 수 없는 현실로 만들어 놓고 있다. 이제 21세기의 과학기술의 힘을 빌린 교통수단이 보급됨으로써 일상적 도시공간은 그 이전과 비교를 할 수 없을 만큼 엄청나게 확장되었다. 또한, 이러한 광대한 도시공간의 압축을 가져온 것은 그 공간 사이를 연결해 주는 매개수단, 즉 미디어라는 교통수단이었다.

이렇게 21세기에 새로운 디지털 미디어(digital media)는 유목민적인 공간으로서 그 영역을 더욱 확대해가고 있다. 예컨대 시간적으로 통신전달매체 안에 머무르는 시간이 일정영역으로 자리를 잡기 시작했다. 개인화나 집단화가 가능한 미디어의 통신수단은 집이나 옷 이상으로 중요한 정체성(正體性)의 부착물이 되었다. 일상적 도시공간에서 이미 많은 미술가들이 컴퓨터를 이용하여 디지털 작품을 제작하기 시작하였다. 컴퓨터 그래픽 프로그램 등을 이용한 디지털 작품들은 지금까지 원본을 전시하는 장소로 간주되는 미술관이라는 개념 자체에 큰 혼란을 불러일으키게 되었다. 지금껏 하나의 원본이 여러 개의 미술관에서 동시에 전시된다는 것은 상상할 수도 없는 일이었지만, 이제 화가는 하나의 컴퓨터 파일로 존재하는 자신의 작품을 컴퓨터 디스켓에 담거나 인터넷을 통해 여러 미술관에 동시에 보낼 수 있게 된 것이다. 디지털 미술 작품들은 생산자(미술가), 소비자(관객), 유통자(미술관의 화랑)의 세 가지 요소로 이루어진 하나의 제도로서의 미술 전체에 막대한 영향을 미칠 것이다.

최근 들어 인문학과 한국예술의 인접장르를 비롯하여 공유해야 할 동시대적인 화두는 디지털 미디어와 몸이다. 특히 인간의 몸이 중요하게 간주되어 온 이유는 모든 문명의 근원이기 때문이다. 모든 문화적·사회적 활동의 근원이 몸이며, 우리가 창조하는 모든 문화적 생산물과 문명 전반에 몸이 투영된다. 망치를 둔 철학자 니체(F. Nietzsche)의 『짜라투스트라는 이렇게 말했다』[1] (1885)의 저서에서나 현상학자 메를로-퐁티(Merleau-Ponty)의 『지각의 현상학』(1945)[2]에서도 강조하고 있듯이, 정신이 우리의 몸의 일부이며 몸은 항상 정신에 선행한다. 타인은 타인의 몸으로 내 앞에 나타나며 나는 내 몸으로 타인 앞에 드러난다. 우리는 우리 몸으로 이 세상에 관여하며 세상의 일부가 된다. 그러하기에 몸은 곧 사회성의 기반을 이룬다. 몸이야말로 커뮤니케이션의 기본 전제이며, 커뮤니케이션은 마음 사이의 문제이기보다는 오히려 몸 사이의 문제이다. 디지털 미디어 역시 몸 친화적인 미디어로 발전할 조짐을 보이고 있다. 마샬 맥루한(H. M. Mcluhan)이 지적한 것처럼, 미디어는 인간

---

1) 프리드리히 니체, 정동호 옮김, 『짜라투스트라는 이렇게 말했다』, (책세상, 2000).
2) 메를로-퐁티, 류의근 옮김, 『지각의 현상학』, (문학과지성사, 2002).

몸의 확장이기 때문이다. 디지털 미디어의 빠른 발전은 모니터 중심의 시각 우월적 커뮤니케이션에서 청각과 촉각, 그리고 후각을 포함하는 다각 중심적 매체를 보편화시킬 것이다. 이제 우리에게 낯설지 않은 일상적 도시공간에서의 멀티미디어는 어떤 것을 표현하는 여러 개의 수단, 즉 다중매체를 의미하게 되었지만, 그에 대한 정체성의 문제를 의심받게 되었다. 위에서 기술한 바와 같이, 필자는 최근 디지털 미디어의 공간이 일상적 도시공간으로 확대됨에 따라 인간 상호 간에 드러나는 디지털 미디어의 정체성은 더욱더 규명해야 할 대상으로 떠올랐다. 따라서 필자는 21세기의 디지털 미디어 시대에 있어서 일상적 도시공간 속에서 나타나는 다양한 사회적 현상들, 즉, 디지털 미디어의 몸과의 정체성에 대한 상관관계, 디지털 미디어 공간의 다원적 정체성 및 그에 대한 정체성의 문제 등에 대한 다양한 현상을 분석함으로써 과학기술시대의 디지털 사회에 담긴 함의들을 추적해 보고자 한다.

II. (디지털) 미디어의 특성

최근 디지털 미디어와 연관하여 가장 많이 논의되는 가상현실, 또는 사이버스페이스(cyberspace)는 이미지 공간이다. 즉, 사이버공간은 "디지털 정보와 인간의 지각이 만나는 지점이다."[3] 일반적으로 미디어의 개념은 인간 상호 간에 정보지식·감정·의사 등을 표현 전달하는 수단을 의미한다. 단적으로 디지털 미디어는 디지털 매체를 의미한다. 한편으로, 미디어는 어떤 것을 표현하는 매체(수단)라는 뜻이며, 다른 한편으로, 어떤 것을 전달하는 수단이라는 뜻으로 신문과 방송 등을 대중매체라고 부른다. 멀티미디어는 어떤 것을 표현하는 여러 개의 수단, 즉 다중매체를 뜻한다. 이렇게 디지털 미디어는 이전의 이미지 공간과는 다른 것으로 평가받기도 하고, 이미지 공간이라는 관점에서 이전의 이미지 공간과 같은 것으로 취급받기도 한다.[4] 여기서 미

---

3) 마이클 하임, 여명숙 옮김, 『가상현실의 철학적 의미』, (책세상, 2001), 133쪽, 242쪽.
4) 김성민·박영욱, "디지털매체 혹은 가상현실에서 이미지의 문제" 『시대와 철학』, 제15권, 제1

디어는 매개체 또는 매체라는 뜻의 미디엄(medium)의 복수형이다. 단적으로 미디어는 커뮤니케이션의 과정에서 송신자와 수신자를 매개해 주는 물체라 정의할 수 있다.[5] 디지털 시대는 디지털 정보를 처리하고 전달하는 디지털 미디어가 사회 모든 영역에 걸쳐 직접 미디어로 통용된다. 디지털 미디어에 전달되는 디지털 정보의 비트는 모든 물리적 단위와 결별한다. 그것은 모든 물질적 대상의 외부에서 기능하는 순수 추상의 수이다. 디지트가 디지털 미디어에 놓을 때, 그것은 전기나 자기의 물리적 수단으로서가 아니라 순수한 수량적 실체로서 존재한다.[6] 미디어는 상대방에게 지식이나 정보를 알려줌으로서 서로 나누어 갖는다는 뜻을 포함하고 있지만, 사이버공간에서는 시각적 이미지들이 디지털의 형태로 존재하며, 네트워크에 의해 연결된 가상의 공간에서 그 모습을 드러낸다. 미디어에 대한 규정은 다음과 같은 몇 가지의 내용의 특징을 지닌 채 발전해 왔다.

첫째, 미디어가 낳은 개인의 사회적 결과는 그 매체로 인해 새로운 감각비율과 지각패턴이 달라지기 때문에 생겨난 것이다. 둘째, 미디어는 관련되는 사건들의 규모나 속도, 그리고 유형의 변화를 통해서 바로 그러한 미디어로 규정한다. 셋째, 매체를 통해 전달되는 내용보다는 미디어를 통해 주입되는 표현 및 이해에 관련된 무의식적인 전체적인 장의 변화가 더 근본적인 미디어의 메시지이다. 매체는 매체 사용자들의 감각에 대해 무의식적인 도취 또는 마비상태에 빠질 수 있다. 랜델 패커(Randell Packer)와 캔 조던(Ken Jordan)에 의하면, 디지털 복합매체의 특징은 통합(integration), 상호작용성(interactivity), 하이퍼미디어(hypermedia), 몰입(immersion), 서사성(narrativity)으로 규정한다.[7] 또한, 김주환은 디지털 미디어의 특성을 완전 복제성, 즉각적 접근가능성, 조작가능성, 상호작용성, 네트워크성, 복합성 등으로 표현한다.[8] 이렇게 이들

호 2004. 봄. 15-16쪽.

5) 김주환, 『디지털 미디어의 이해』, (생각의나무, 2008), 13쪽.
6) M. Kelly(ed)., *Encyclopedia of Aesthetics*, (Oxford University Press, 1998), Vol. pp. 48-49.
7) 랜델 파커 켄 조던, "멀티미디어: 바그너에서 가상현실까지", 아트센터 나비 학예연구실 옮김, 『멀티미디어』, (나비프레스, 2004), 47-48쪽.
8) 김주환, 앞의 책, 127쪽.

각각의 요소들은 독립적으로 작용하는 것이 아니라 웹상에서 밀접한 연관관계를 맺고 있다. 미디어는 그 자체로 고립된 상태로 볼 수 없으며 공시적이고 통시적인 연관성 속에서 파악할 수 있다. 기원전 2만 년 전의 것으로 밝혀진 최초의 알타미라 동굴벽화나 기원전 5천 년 전의 이집트 달력, 그리고 현대의 최신 정보통신기기에 이르기까지 다양한 미디어를 발명해 왔다. 이러한 지배적인 커뮤니케이션의 종류에 따라 인류의 역사를 5단계의 미디어의 역사로서 다음과 같이 방법론적으로 전개되어 왔음을 살펴볼 수 있다. 이러한 지배적인 커뮤니케이션의 종류에 따라 인류의 역사를 4단계의 미디어의 역사로서 다음과 같이 방법론적으로 전개되어 왔음을 살펴볼 수 있다.

첫째 단계는 구두(口頭) 커뮤니케이션에만 의존했던 원시부족시대이다. 원시부족시대의 사람들은 서로 모여서 공동의 생활을 함께하면서 구전(口傳) 내지 구어(Oral)로서 의사소통을 하였기 때문에 그들은 시각·청각·후각 등 오감을 동시에 사용하는 복수감각형이었다. 원시부족시대에 인간은 청각·시각·촉각 등 오감이 조화를 이루어 감각의 균형을 유지하고 있었다.

둘째 단계는 약 2천 년 전의 한자나 알파벳의 발생 이후부터 시작된 문자시대(Literate age) 또는 필사시대이다. 문자의 발명과 함께 인류는 말하기에 대비되는 글쓰기라는 새로운 언어양식을 사용하게 되었으며 기록이라는 새로운 형태의 집단기억 수단을 갖게 되었다.[9] 이때부터 사람들은 점차적으로 시각형 인간으로 변형되었지만, 문자를 이용하는 사람이 극히 적었기 때문에 이전 시대와 마찬가지로 복수감각형의 인간이 지배적이었다. 그러나 기술혁신으로 인하여 감각이 확장되면서 감각의 균형은 무너지고, 그것은 다시 기술을 낳은 사회를 구성하게 된다. 산업화와 시장경제체제는 물론이고 우리에게 익숙한 현대적인 시와 음악과 교육방법 역시 크게 보면 표음문자와 인쇄술로 비롯되었다.[10]

셋째 단계는 15세기 구텐베르크의 활판인쇄술의 발명 이후부터 전기매체가 등장하기까지의 약 4세기 동안의 인쇄시대(Gutenberg age)이다. 인쇄매체

---

9) 김주환, 앞의 책, 127쪽.
10) 마샬 맥루한, 김성기·이한우 옮김, 『미디어의 이해: 인간의 확장』, (민음사, 2002), 286쪽.

시대에는 라틴어를 쓸 수 있었던 중세 유럽 사회의 소수 엘리트들이 독점했던 자료저장과 탐색, 그리고 커뮤니케이션 네트워크의 체계를 근본적으로 와해시키고 르네상스 혁명을 가져왔다.[11] 이 시대의 사람들은 인쇄물에 의한 커뮤니케이션에 크게 의존하였으며, 사람들은 시각에 주로 의존하는 부분 삼각형의 인간이 되었다. 따라서 15세기 인쇄술의 발명은 이러한 시각중심 현상을 가속화시켰다. 이 시기에 인쇄는 개인주의와 민족주의를 만들어냈다. 맥루한에 의하면, 표음문자는 서구문명을 대표하는 선형적·분석적·기계적인 사고를 낳았을 뿐만 아니라 도로와 군대와 제국을 낳았다.[12] 반면 구텐베르크의 인쇄술은 표음문자를 '세계화'하였고, 그 결과로 인해 기독교가 세계적인 종교로 자리 잡을 수 있도록 만들었다.[13]

넷째 단계는 19세기 중반부터 20세기의 전기 미디어의 시기(Age of Electric Medium)이다. 전기매체의 발달로 세계는 점차 하나의 지구촌락으로 발전하게 되어 인류를 과거의 구전문화가 우세한 시대로 복귀하도록 하였다. 사람은 감각을 확장하기 위하여 미디어를 창조해냈고, 그러한 미디어의 공간은 인간의 감각과 더불어 작용하면서 상호작용을 미치게 된다. 사람의 감각은 각기 사용할 수 있는 범위와 양이 한정되어 있어서 작용이 미치는 미디어가 달라지면 감각의 균형도 변한다. 이러한 전신의 발명을 전자매체시대가 열렸고, 특히 복수의 감각을 요구하는 텔레비전의 발명과 보급은 인간의 감각균형을 복구시켜 궁극적으로 인류를 다시 부족화시킬 것이라고 보았다. 사이버공간이 창출하는 가상현실의 세계가 급속히 확장되는 것을 지켜보면서 전자네트워크의 신기술로 가상공간의 정체성의 신세계가 창조되면서 우리의 삶이 근본부터 변해 가고 있는 것이다.

다섯째 단계는 20세기 중반 이후로 보편적으로 보급된 디지털 미디어 시대(Age of Digital Medium)이다. 먼저 디지털 미디어는 비트(bits)라는 개념을 이해한다. 최근 정보혁명은 비트(bit)와 같은 보편적 토대 위에 성립되었다. 주

---

11) 김주환, 앞의 책 128쪽.
12) M. McLuhan, E. and Frank Zingrone. *Essential McLuhan*(eds.). New York: Basic Books. 1995. p. 285.
13) M. McLuhan, 앞의 책 p. 301.

지하듯이, 사이버공간에서는 공간과 시간에 대한 감각과 지각 시스템의 변형을 유발시켰다. 정보화 시대 이전까지 정보는 대개 아톰을 기본 단위로 만들어졌다면, 디지털 시대에는 모든 정보가 비트화 되고 있다. 우리는 일종의 아날로그 미디어인 신문·잡지·책·텔레비전 등에서 정보를 얻고 서류와 대차대조표를 통하여 경제활동을 하였지만, 오늘날에는 많은 정보들이 컴퓨터 네트를 통하여 전달되고 있다. 디지털 이전의 미디어는 모든 완결된 형태로 메시지를 전달한다.

Ⅲ. 디지털 미디어와 정체성

1. 정체성

일상적 도시공간은 정체성/동일성을 사회와 국가적 차원에서 영토화하고, 그것을 보편적 가치로 각인시킨다. 우리 모두는 동일한 영토의 공간에서, 그리고 동일한 소속감을 누리고 살아간다. 공간의 특정한 배치는 내부적 영토성(terriorality)을 구축한다. 이때 영토적 경계는 공간을 내부와 외부로 구별하는 권력 효과의 준거점이다. 공간의 권력이란 공간에 대한 정체성/동일성의 수여와 박탈을 의미한다. 예컨대 (대한민국의) 국민으로서, (한민족의) 일원으로서, (학교의) 학생으로서, (회사의) 직원으로서, (가족의) 아버지, 어머니로서 등등으로 표현된다. 이렇게 개인의 정체성/동일성을 규정짓는 '-로서' 구조는 일차적으로 일상적 사회적 공간에 대한 소속감을 표현하지만, 동시에 그곳에 관여할 수 있는 출입증을 대신하기도 한다. 다시 말해 신분/자격을 나타내는 지표들은 사회적 공간과 개인이 맺고 있는 관계를 보여주며, 이 관계는 공간 내부에서의 소통가능성을 허가하기도 하고 차단하기도 한다.[14] 학교, 병원, 공장, 군대 등의 하부격자들은 훈육프로그램을 통해서 개인의 사회적

---

14) 최진석 "근대의 공간 혹은 공간의 근대", 『문화정치학의 영토들』, (그린비, 2007), 210~211쪽.

정체성/동일성을 확증하고 보전하는 과정을 밟는다. 사회적 공간에 대한 무/의식적 동일시는 개인과 사회의 동일성을 생산한다. 이런 방식으로 근대사회에서 훈육프로그램의 목적은 단일하게 집약된다. 그것은 개인과 사회의 신원을 증명함으로써 사회적 전체성을 사회적 전체성을 끊임없이 재생산한다.[15]

　무릇 사회적 상호작용의 기본단위는 정체성에서부터 시작한다. 우리가 일상적 사회생활에서 모든 사회적 상호작용은 상호작용하고 있는 대상에 대한 의식에 의해 영향을 받는다. 대면적 상호작용이나 전화를 통한 상호작용에서는 우리의 정체성과 의도를 나타내는 다양한 신뢰성에 대한 풍부한 단서가 존재한다. 의상, 목소리, 신체, 몸짓 등은 지위, 권력, 참여집단 등에 대한 메시지를 전달한다. 온라인의 상호작용에서는 대면적 상호작용에서 발견되는 단서나 기호의 많은 것들을 탈각시켜 버린다. 온라인상에서는 사람들의 물리적인 외모가 드러나지 않기 때문에 개인은 성별, 인종, 계층, 연령과 같은 속성보다는 그들의 견해의 탁월함으로 판단 받게 된다고 믿는 사람들에게 영감의 원천이 되어왔다. 그러나 다른 사람들은 전통적인 지위의 위계와 불평등은 온라인 상호작용에서도 재생산되고 더욱 증폭된다고 주장한다.[16]

　일상적 도시공간에서 디지털 미디어의 공간은 다원적인 정체성을 띠고 있다. 디지털 정보화의 지각변동이 일원적으로 되어 실체화되어 있던 매스미디어의 모습을 파괴하고 있는 현재의 상황을 파악하기 위해서는 이러한 기본적인 인식이 필요하다. 미디어의 이미지는 의미를 공유하는 사회집단마다 다르게 받아들여지고 있다. 예를 들어 텔레비전은 기술자나 기업가, 정책결정자, 대중 등과 같이 각기 독자적인 규범을 지닌 조직집단이나 개인에 따라 각각 다른 의도로 받아들여진다. 또한, 그들이 각자의 목적을 실행시키는 과정에 의해 결과적으로 오늘날과 같은 방송미디어로서 확립하게 될 것이다. 반면에 일상적 도시공간에서 디지털 미디어는 다음과 같은 부정적 현상을 통해 이에 대한 정체성의 문제를 직시하여 향후 초래될 수 있는 상황에 대비해야 한다.

---

15) 최진석, 앞의 책, 213쪽.
16) 마크 스미드, 피터 콜록, 조동기 옮김, 『사이버공간과 공동체』, (나남출판, 2003), 59쪽.

2. 디지털 미디어에서 정체성의 확산

최근 디지털 미디어와 연관된 철학적 주제는 가상현실(virtual reality)[17]의 문제에 관심이 집중되고 있다. 디지털 미디어는 인간의 사고와 상호관계의 새로운 유형의 출현과 맞물려 있다. 디지털 미디어를 통한 가상현실의 문제는 현실에 대한 새로운 이해와 관련되어 있다. 따라서 디지털 미디어가 함축하고 있는 현실에 대한 새로운 이해의 지평은 바로 디지털 미디어의 철학적 문제의식이다.[18] 가상현실이란 컴퓨터, 디지털 매체를 이용하여 실제상황인 것처럼, 체험할 수 있는 사이버공간을 의미한다. 가상현실은 머리에 쓰는 디스플레이, 컴퓨터와 3차원 컴퓨터 그래픽을 중심으로 하는 가상현실 장치를 이용하여 실재하지 않는 것을 보다 현실감 있게 두뇌가 경험하도록 하는 것이다.[19] 또한 베네딕트(M. Benedikt)는 사이버공간을 다음과 같이 말한다: "전지구적 영역으로 네트워크된 것이며, 컴퓨터가 만들어내는 다차원적이며 인공적인 또는 가상적인 공간이다.[20] 하지만, 이러한 공간을 조정하고 지배하는 것은 다름 아닌 키보드의 조작에 의해서이며, 키보드의 조작에 의해 모든 시공간을 불러오고 압축·확대하는 현상이 일어난다.

무엇보다 가상현실은 디지털이라는 컴퓨터와 분리하여 생각할 수 없다. 디지털 가상현실의 디지털 이미지가 본질적으로 어떤 공간적 제한도 넘어서 있으며, 비물질성의 속성을 지니고 있다. 이런 현상은 컴퓨터나 인터넷을 이용하여 자기정체성을 재구성하는 현상은 청소년들의 컴퓨터 사용행동에서

---

17) 가상현실이란 용어에서 가상이란 개념은 소프트웨어 공학에서 유래되었다. 이것은 하드웨어를 뛰어넘어 실제로 메모리가 있는 것처럼 컴퓨터 작업하는 형식을 일컫는다. 그리고 컴퓨터의 개별적인 램 메모리를 나타내기 위해 컴퓨터 과학자들은 '가상 메모리(virtual memory)'라는 용어를 사용하였다. 가상이란 용어는 컴퓨터에서 발생하는 모든 현상을 포함한다. 예컨대 가상우편에서 컴퓨터 네트워크의 가상 그룹, 가상도서관에서부터 가상대학에 이르기까지 널리 사용되고 있다. 이 모든 용어에서 가상이란 개념은 형식적인 것이 아니라 실질적인 현실을 의미한다(마이클 하임, "가상현실의 형이상학", 산드라 헬셀 외, 노영덕 옮김, 『가상현실과 사이버스페이스』, (세종대학교 출판부, 1993), 59쪽).

18) 박영욱, 『매체, 매체예술 그리고 철학』, (향연, 20080, 49쪽.

19) 산드라 헬셀, 주디스 로스, 앞의 책 26쪽.

20) M. Benedikt, *Cyberspace: first steps*, (MIT Press, 1991), p. 122.

쉽게 발견할 수 있다. 이들에게 컴퓨터는 자기표현의 도구이다. 한 실례로서 2008년 5월 이후 미국산 쇠고기 수입고시에 대해 우리의 정국을 뜨겁게 달아오르게 한 촛불집회도 10대 청소년들의 사이버공간에서 촉발되었다. 청소년들은 단순하게 프로그램을 짜거나 인터넷 서핑을 하는 활동에서부터 게임에 몰입하기도 한다. 컴퓨터를 통한 자기표현은 현실공간의 일탈행위와 같은 방식으로 이루어지기도 한다. 예컨대 위조지폐의 제작, 공공시스템의 해킹, 보호 장치가 있는 상용프로그램을 풀어 주변 이용자에게 복제하게 하는 것 등의 행위로 나타난다. 사이버공간에서 만들어지는 개인의 정체성은 현실과 동일한 차원에서 이해될 수 없다. 사이버공간에서 만들어지는 정체성의 한 특징은 인간관계의 속성에서 만들어진다. 왜냐하면, 이 공간에서 표현되는 개인의 정체성은 즉각적인 이미지에 의해, 그리고 공유하여 만들어지는 이미지의 속성을 띠기 때문에, 표현 그 자체가 그 사람의 존재이다. 여기서는 현실의 정체성과는 다르게 시간과 공간의 맥락에 따라 고정된 실체란 없고, 공간에 참여하는 사람들이 받아들이는 공통적인 의미나 내용에 따라 그 정체성이 정해진다.[21]

현실공간의 정체성이 하나의 사회적 범주로 표현되는 고정된 이미지였다면, 사이버공간의 정체성은 개인이 드러내는 어떤 특징들을 수없이 복제한 상태로 다양한 교제상황에서 서로 공유하면서 만들어지는 이미지이다. 그리고 사이버공간의 정체성은 다양한 특성을 지니는 범주적 개념으로 표현되며, 서로 독립적이고 동시에 나타난다. 이러한 의미에서 사이버공간의 정체성은 복합적이다. 사이버공간에서는 정체성을 이루는 자아의 범주가 신체나 현실적 역할의 제한 속에 있지 않다. 단지 상상력의 정도에 따라 달라질 수 있을 뿐이다.[22] 사이버공간과 현실공간의 정체성의 갈등이 일어나는 구체적인 상황은 다음과 같다.

사이버공간의 정체성이란 다양한 특성을 포괄하는 하나의 실체가 아니라

---

21) 황상민, "사이버공간의 자아, 그리고 사이버 정체성의 발달", 『과학사상』, 38호, (범양사, 2001), 28쪽.
22) 황상민, 앞의 논문, 29쪽.

개별적인 특성 하나하나가 그대로 정체성의 모습을 지닌다. 실체라는 표현이 사이버정체성을 의미한다면, 현실에서의 표현은 또 다른 실체의 반영에 불과하다. 이것은 마치 현실에서의 거울에 비친 모습을 사람들이 자신의 실체라고 인정하지 않는 현상과 같다. 그러나 사이버공간의 정체성은 거울 속에 드러나는 개개의 모습 그 자체가 된다. 특정한 모습을 가진 개개의 대상들이 모두 그 개인의 정체성을 나타내는 일부분이기 때문이다. 따라서 사이버정체성은 개인에 의해 만들어지는 심리적 정체성이 아니라 그 개인과 교류하는 사람들에 의해 만들어져 고유되는 이미지이다.[23] 여기서 개인은 사이버공간에서 교류가 이루어지는 각각의 상황에 따라 이것을 자신의 정체성으로 받아들인다.

3. 디지털 미디어의 사회문화적 정체성

사이버공간은 가상현실의 기법과 네트워크의 결합을 만들어낸 컴퓨터의 개인적 공간으로 이해된다.[24] 네트에서 만들어지는 정체성은 현실사회의 그것과 확연히 다르다. 네트는 육체를 동반하지 않는다. 현실세계에서는 처음 만난 상대라도 그의 정체성을 어렵지 않게 파악할 수 있다. 흔히 우리의 육체에는 많은 정보가 묻어 있다고 말한다. 즉 나이와 성별, 인종을 대충 알아볼 수 있고, 옷차림, 목소리를 듣고도 그 정체의 반쯤은 알 수 있다. 육체를 동반하지 않는 사이버공간의 정체성은 주어진 것으로 판정되는 정체성이 아니라 구성되고 만들어지는 성격을 지닌다. 상대와의 만남과 커뮤니케이션을 통해 정체성이 만들어지는 과정으로 들어간다. 사이버세계의 정체성은 현실세계처럼 확정된 지위에 따라 정체성이 주어지는 것이 아니다. 그것은 상대와의 상호작용을 통해 만들어지는 현재 진행형의 형태를 띤다. 그것은 육체의 구속에서 자유로운 만큼 새롭게 열려 있는 불확정성의 정체성이다.[25]

사이버공간에서는 육체의 규정보다는 사이버공간 사이에서 맺어지는 사회

---

23) 황상민, 앞의 논문, 32쪽.
24) 김상환, 『매체의 철학』, (나남출판, 1998), 194쪽.
25) 백욱인, "사이버공간과 사회문화적 정체성", 『과학사상』, 제38호, (범양사, 2001), 42쪽.

관계와 그들 사이의 문화를 통해 만들어지는 정체성이 더 커다란 영향을 미친다. 사이버공간에서의 집단적 정체성은 네티즌[26]이라는 형태로 나타난다. 그들은 공동체적인 규범을 가진 가치지향적 존재들이다.[27]

철학자 플루서에 따르면, 네트워크형 대화 속에서 인간들은 커뮤니케이션을 통해 자신들의 부조리한 삶에 의미를 부여하게 되었고, 이로써 스스로를 실현하게 된다고 말한다. 그러나 여기서 커뮤니케이션을 한다는 것은 단순히 서로 대화를 하는 것만을 뜻하는 것이 아니라 완벽하게 계산을 하는 것을 뜻한다.[28]

네티즌들은 사이버공간 안에서 서로 빛의 속도로 정보를 송수신하고 검색·교환하며 저장하는 등 커뮤니케이션을 실현할 수 있고, 블로그나 홈페이지 및 인터넷 등을 통하여 네티즌 자신들을 다양하게 표현할 수 있으며 자신들이 원하는 게임 등을 마음대로 즐길 수 있다. 네티즌은 단순한 경제적 차원의 소비가 아니라 문화와 지식을 주고받는 시민성의 공간을 전자적으로 구성하는 공동체의 성원이다. 사이버공간에서 네트의 매체적인 특성과 집단적인 정체성이 형성된다. 네티켓이란 네티즌들의 문화적 규정을 말한다. 이러한

---

26) 네티즌이란 말은 공동체적인 성격에 주목한 허번(Hauben)이 처음으로 사용하여 퍼진 신조어이다. 그는 컴퓨터 통신 네트워크를 사용하는 사람들의 특성에 대한 연구를 시행한 결과 네트워크 사용자들이 자신들만의 생각과 제도를 갖고 있으며, 공동체적인 지향을 지니고 있다는 생각에 미치기 시작하면서 이들을 네트의 시민(net citizen), 곧 **네티즌**이라 불렀다. 온라인 토론과 질문, 상대에 대한 논평, 그리고 조언이 오가는 유즈넷(usenet)의 특성에 주목한 허번은 이들의 공동체적 특성에 주목하여 네티즌이란 조어를 만들어 불렀다.

27) 지난 2008년 5월 이후 미국산 쇠고기 광우병의 우려에서 촉발된 네티즌들의 활약상은 최근 우리의 정국을 뜨겁게 타오르게 했다. '조중동 대 네티즌?' MBC가 지난 7월 5일(토) 밤 방송한 '뉴스 후'는 이 날 네티즌들이 〈조선〉〈중앙〉〈동아〉에 대해 광고주 불매운동을 벌이는 이유 등을 집중 취재해 내보냈다. 네티즌 VS 조중동, 조중동의 쇠고기 보도 때문? '뉴스 후'는 미국산 쇠고기 광우병 우려 및 촛불집회를 둘러싼 조중동의 보도 내용과 이에 맞서는 네티즌의 대응 방식에 대해 조목조목 짚었다. 조중동 광고주 불매운동이 이렇게까지 확대된 이유에 대해 "네티즌들은 최근 촛불집회에 대한 조중동의 보도 행태 때문이라고 말한다"며 "결정적인 사안은 조중동의 쇠고기 보도였다"고 지적했다. '뉴스 후'에 따르면 〈동아일보〉는 지난해 7월 23일자에 "몹쓸 광우병! 한국인이 만만하니? 미국, 영국인보다 더 취약" 등 광우병을 비판하는 기사들을 차례로 내보냈다. 〈조선일보〉〈중앙일보〉도 마찬가지였다. 노무현 대통령 임기 때는 조중동에서도 광우병 위험을 알리는 기사들이 잇따랐다. 하지만, 이명박 대통령 취임 뒤 사정은 돌변했다. 지금은 정반대 태도로 광우병을 옹호하는 바람에 네티즌들이 더욱 분개했다는 분석이다.(www.ohmynews.com./2008. 7. 6)

28) 프랑크 하르트만, 이상엽 외 옮김, 『미디어의 철학』, (북코리아, 2008), 406쪽.

집단적인 정체성 이외에도 자신이 속한 소집단이나 동호회에 따라 작은 정체감들이 여러 개 생길 수 있다. 네트의 지위는 유연하고 제한적이며 한계적이며 복수적이다. 즉 네트에서는 서로의 관계에 따라 다양한 지위의 유연화가 이루어진다. 이러한 지위의 유연화는 상호성에 기반하기 때문에 가능한 것이다. 네트에서의 관계는 상호작용의 시간에만 작용한다는 특성을 갖고 있다. 따라서 관계순간에서의 집중도와 긴밀도가 매우 높다.29) 하지만 관계의 지속도라는 측면에서 현실세계와 같이 친족·혈연·지연·학연 등의 관계와는 다르게 지속성이 약하다.

4. 디지털 미디어와 사이버 몸의 정체성

사이버공간은 우리에게 온몸의 몰입을 가능하게 해준다. 구체적인 현실을 떠나 사이버공간을 항해한다는 의미는 지금 여기에 있는 몸을 떠나 정신과 감각이 그곳에 있다는 것을 의미한다. 즉 **"사이버 몸(cyber-body)"**으로서 사이버공간이 존재함을 의미한다.30) 무엇보다 이러한 것들이 가능하기 위해서는 지금 여기에 있는 몸이 사이버공간이 제공하는 복합 지각 또한 다양한 유사 촉각성을 느껴야 한다.31) 오늘날 디지털 매체의 등장 이후 매체의 영향력은 아주 막강해졌다.

현대 매체론의 거두인 맥루한(Marshall McLuhan)은 『미디어의 이해』(1946)를 통해 매체가 단순한 정보전달 수단을 넘어서 인간의 인식 패턴과 의사소통의 구조, 나아가 사회구조 전반의 성격을 규정짓는다고 말한다. 그의 이러한 통찰은 매체가 단순한 정보 전달 장치가 아닌 복합적인 인식론적, 존재론적 개념으로서 철학적 검토가 필요하다는 사실을 제기한다.32) 맥루한은 『미

---

29) 백욱인, 앞의 논문, 45-46쪽.
30) Mischa Peters, "Exit meat digital bodies in a vitual world", in: *New media Theories and practics of digitexutuality*, Anna Everett, John T. Caldwell(ed.) (New York, 2003), p. 56.
31) 심혜련, 『사이버스페이스시대의 미학』, (살림, 2006), 38쪽.
32) 박영욱, 『매체, 매체예술 그리고 철학』, (향연, 2008), 19쪽.

디어의 이해』의 부제인 '인간의 확장(the extension of man)'에서 매체와 경험의 관계에 대해 자세히 묘사한다. 맥루한은 매체를 "인간의 확장"[33], "감각의 확장"[34], "우리 자신의 확장"[35], "몸의 확장"[36] 등 다양하게 부른다. 이렇게 맥루한은 매체의 기술을 '인간의 몸이나 감각의 확장'이라는 화두에서 출발한다. 하지만, 맥루한은 매체를 의식 확장이라거나 정신의 확장이라고 말하지 않는다. 즉 그는 **정신/몸의 이분법을 받아들이지 않는다.** 매체는 모든 미디어가 자신의 몸의 확장이며, 이 미디어의 개인적 및 사회적 영향은 새로운 테크놀로지가 우리에게 도입되는 새로운 척도로서 측정되어야 한다는 것이다. 이렇듯 그는 모든 매체가 "인간 능력의 확장"이라고 간주한다. 여기에서 몸과 감각은 테크놀로지와 경험의 관련성을 상징하고 있으며 '확장'은 테크놀로지의 편향성을 드러내고 있다.

맥루한이 언급하는 '인간의 확장' 개념은 상당히 이해하기 복잡한 개념이다. 그 이유는 각각의 신체부위에 고유한 기능과 기능을 증폭시키고 확장시키는 테크놀로지가 복잡하게 얽혀져 있기 때문이다. 예를 들어, 맥루한은 활은 손과 팔의 확장인 반면, 총은 눈과 이의 확장이라고 말하기도 한다.[37] 무기는 손과 손톱 그리고 이빨의 확장이라고 말한다. 그에게서 몸의 개념은 의식 혹은 의식의 기관인 중추신경계까지 포함한다. 맥루한은 책은 눈의 확장이고, 바퀴는 다리의 확장이고 옷은 피부의 확장이고 전자회로는 중추신경계통의 확장이라고 말한다. 또한, 자동차는 다리의 확장이고 언어는 "인간 테크놀로지"로서 인간의 생각을 외면화하여 연장시키는 매체인 것이다. 또한, 자동화의 경우, 인간의 결합방법에 새로운 기준이 생겨나기 때문에 인간의 일이 불필요하게 된다는 사실이다. 그러나 그것은 소극적인 결과이다. 적극적인 면에서는 자동화는 한 시대 전의 기계 테크놀로지가 파괴한 것, 즉 일과 인간의 깊은 관여를 인간의 새로운 역할로 만들어낸 것이다.[38]

---

33) 마샬 맥루한, 같은 책, 34, 91쪽
34) 마샬 맥루한, 같은 책, 51, 97쪽.
35) 마샬 맥루한, 같은 책, 81, 88쪽.
36) 마샬 맥루한, 같은 책, 86, 118쪽.
37) 마샬 맥루한, 같은 책, 472쪽.
38) 마샬 맥루한, 같은 책, 476쪽.

그는 특정 종류의 매체는 특정한 감각비율을 만든다고 말한다. 흔히 "발명이나 기술은 우리의 몸을 무한히 확장하거나 자기 단절한 것이다. 이 같은 확장은 몸의 다른 기관이나 확장물들 사이의 새로운 결합비율이나 균형 상태를 필요로 한다. 예를 들어 우리는 텔레비전 영상이 불러일으키는 새로운 감각 비율을 따르지 않을 수 없다."[39] 맥루한에 의하면, 매체가 "인간의 몸과 감각을 확장하는 테크놀로지"라 이해한다면, 매체는 매우 포괄적인 의미에서 경험에 관련된 모든 기능을 확장하는 것이다. 사실상 경험을 하는 것은 총체적인 의미에서의 **몸이 작용**을 한다. 또한, 경험은 다양한 감각이 함께 유기적으로 작동하는 총체적 경험이다. 따라서 테크놀로지가 인간의 확장이라면 총체적 경험의 확장인 것이다. 다만, 우리가 그 사실을 잘 인식하지 못할 뿐이다. 그는 인간의 신체부위가 연장되는 것은 인간의 삶에 큰 영향을 끼친다고 보았다. 감각기관의 확장으로서 모든 매체는 그 메시지와 상관없이 우리가 세상을 인식하는 방식에 영향을 준다. 모든 미디어는 우리 인간 감각의 확장이지만, 그 감각도 역시 우리 개인의 에너지에 부과하는 기본요금과 같은 것이다. 그리고 이 감각이 개개인의 인식과 경험을 형성하고 있다. 그는 메시지를 수용하는 주체의 감각기관에 초점을 두면서 그 주체를 해석하는 존재가 아니라 감각적 존재로 설정한다. 맥루한에게 의미의 주체는 단순한 감각적 존재만은 아니다. 주체가 매체를 통해 기술적으로 생산된 가상현실과 맺는 관계, 그러한 가상현실에 대한 주체의 관점, 그 가상현실에서 주체의 위치 등이 새로운 매체 문화에서 요구된다. 이런 점에서 주체는 여전히 의미구성의 담지자로서 기능한다는 사실을 포기하지 않으면서 매체문화에서의 주체의 역할을 강조한다.[40] 매체는 인간의 몸의 확장이라고 보았던 맥루한의 예언과는 다르게 바릴리오에 따르면, 매체기술은 매체기술을 통해서 오히려 우리는 마비되며 우리 자신의 현 존재마저 박탈당하게 될 것으로 전망한다. 예를 들어 전화 목소리를 먼 곳까지 전달시켜 현존을 확장하는 것이 아니라 여기-지금

---

39) 마샬 맥루한, 같은 책, 54쪽.
40) 홍경자, "새로운 매체문화에서 주체, 의미 그리고 현실의 문제들 - 정보해석학적 논의를 중심으로-", 『철학연구』, 2005, 461쪽.

존재하는 우리의 현 존재를 서로 마주 보고 현존하는 그러한 신체적 감각적 거리로 벗어나게 만든다.[41]

사이버공간에서는 나의 몸을 끌고 갈 수 없다. 사이버공간에는 중력이 작용하지 않는다. 니콜라스 네그로폰테는 비트는 색깔도 무게도 없다고 말한다. 그러나 빛의 속도로 여행을 한다. 그것은 정보의 DNA를 구성하는 최소 단위이다. 비트는 켜진 상태이거나 꺼진 상태, 참이거나 거짓, 위 아니면 아래, 안 아니면 밖, 흑 아니면 백, 이 둘 중 한 가지 상태이다.[42] 아톰의 원리가 실제로 만지고 경험하는 아날로그의 세계를 창출했다면, 비트의 원리는 실제 이상의 "하이퍼 리얼"한 것으로 다가오는 디지털의 세계를 창조한다. 비트가 소용돌이치게 만든 세계의 변화상을 소묘하면 이렇게 묘사할 수 있다. PC통신과 인터넷, 그리고 PCS(개인휴대통신) 등 컴퓨터를 매개로 한 사이버 커뮤니케이션이 이제 일상화되었다. 물리적인 육체의 노동에서 컴퓨터를 이용한 사이버 워크로 일의 양태가 급속도로 바뀌고 있는 것이다. 시간이 갈수록 비트의 세계는 쉽고 친숙하게 사람들에게 다가올 것이다. 마치 휴대전화를 쓰듯이 말이다. 그런 의미에서 인간 휴먼 비잉(human being)은 비잉 디지털(being digital) 되어 간다.[43]

우리는 인터넷의 바다를 쉼 없이 파도타기를 하며 그 디지털의 물결 속에서 비트와 아톰이 가속적·확장적으로 결합한 새로운 삶과 생활양식을 만들어가고 있다. 결국, 새로운 밀레니엄 시대에서 진정한 승패는 누가 더 많이 비트와 아톰의 결합을 구현할 것인가에 달려 있음이 틀림없다. 비트는 단지 눈과 귀에 자극을 보내주는 신호뭉치에 불과하다. 중력이 없는 사이버공간은 육체가 증발된 것과 같다. 컴퓨터의 전원을 켜고 모니터를 들여다보면서 키보드를 치는 순간 육체는 서서히 증발된다. 사이버공간에서는 몸이 아니라 인식과 감각이 존재를 만든다. 컴퓨터 네트워크 안에서는 인식론적 자아가

---

41) Daniel Kloock/Angela Spahr, *Medientheorien–Eine Einführung*, (Wilhelm Fink Verlag, 2000), p. 136.
42) Nicholas Negroponte, *Beging Digital*, A Knopf New York, 백욱인, 옮김, 『디지털이다』, (커뮤니케이션북스, 1999), 15쪽.
43) 김용석, "문화패러다임으로서 사이", 『문화적인 것과 인간적인 것』, (푸른숲, 2000), 142쪽.

존재론적 자아를 능히 뛰어넘을 수 있다. 이것은 현실세계와 정반대이다. 현실세계는 두뇌를 중심으로 인식론적 자아가 몸을 지닌 존재론적 자아에게 종종 진다. 그러나 사이버공간에서는 육체를 떨어뜨려 버린 인식론적 자아가 주도권을 쥔다.[44]

네트에서 이루어지는 **탈육체화**는 일회성에 바탕을 둔 진정성을 훼손할 수 있다. 몸의 반응은 언제나 시공간의 교차점에서 일회적으로 이루어진다. 어제의 몸은 오늘의 몸일 수 없다. 육체는 반복되지 않는다. 즉 사이버스페이스에서는 몸의 일차적 정체성이 **탈육체화**라는 특성을 지닌다. 즉 성적 정체성이나 인종적 정체성, 그리고 용모와 관련된 정체성이 뒷면으로 물러나고 어떤 생각과 행위를 펼쳐 보이는가가 정체감 형성에 중요한 역할을 한다. 사이버공간에서 정체성은 타고나거나 주어진 것이 아니라 자기 스스로 만들어 나간다. 여기서는 정체성이 유동적이고 다면적이며 활짝 열려 있다.[45] 윌리엄 미첼에 의하면, "인터넷은 인간이라는 주체를 탈육체화시키면서 동시에 소프트웨어 매개자를 인공적으로 육화시킬 수 있다고 말한다." 아주 간단한 그래픽 인터페이스 디자인의 원리만을 알면 대리자를 만화주인공처럼 만들고 적절한 순간에 나타나 분부를 내려 달라고 말하고, 어떤 임무를 말끔히 수행했을 때는 웃으면서 결과 보고를 하고, 좋지 않은 소식이 있을 때에는 얼굴을 찡그린 채 나타나도록 만들 수 있다."[46] 몸이 외부로 받는 자극과 반응도 시간과 공간의 특수성과 어울려 일회적인 특수성을 가진다. 사이버공간에서의 감각적이고 인지적인 경험이 수시로 반복 가능하다. 사이버공간에서는 중단한 어떤 곳에서든지 다시 시작할 수 있고 시간을 정지시킬 수 있다. 네트에는 몸에 대한 위험이 없으며 탈육체성이 반대로 육체를 더욱 감각적으로 만들기도 한다. 뼈와 살로 이루어진 육체 대신에 비트로 만들어진 몸의 이미지들이 사이버공간을 장악한다. 사이버공간의 사물들은 환각약물과 유사하다. 거의 무한대의 상상력을 발휘하여 자신의 감각체험을 극단적으로 확장할 수도 있

---

44) 백욱인, "사이버공간과 사회문화적 정체성", 『과학사상』, 제38호, (범양사, 2001), 46쪽.
45) 백욱인, 앞의 논문, 43쪽.
46) 윌리엄 미첼, 이희재 옮김, 『비트의 도시』, (김영사, 1995), 25쪽.

다. 이러한 변화는 인간의 정체성에도 커다란 변화를 몰고 온다. 컴퓨터 네트워크시대에 자기정체성은 현실사회의 육체적 제약을 넘어서 있다.

5. 디지털 미디어의 익명성

인터넷 공간의 대중화는 익명성으로 인해 사이버공간의 윤리적 위기가 대두되고 있다. 예를 들어 비실명으로 등록된 ID를 통해서 악성바이러스나 근거 없는 악의적 소문을 생산 유포한 후 ID를 삭제할 경우 거의 완전 범죄가 가능한 것처럼 보인다. 그러나 사이버공간은 일체의 증거를 남기지 않는 채 완전 범죄가 가능한 공간이 결코 아니다. 패킷 전환방식 기술에 기반하고 있는 인터넷을 통해 오고 가는 정보에는 발신자의 수진지가 표시되며(IP 주소), 그 과정이 모두 기록될 뿐만 아니라 또한 추적이 가능하다. 그렇기 때문에 인터넷이 거대한 원형감옥[47]이 될 수 있다.

사이버공간의 익명성은 현실공간보다 입체적이고 더 철저히 보장되는 익명성이다. 익명성이 갖고 있는 빛과 그림자는 사이버공간에서 강화되고 증폭되어 나타난다. 즉 한편으로는 무한히 해방적인 측면을, 다른 한편으로는 무한히 범죄적인 측면을 가진다. 현실공간에서는 직접적인 대면인 반면에, 사이버공간에서는 교류의 메시지를 교환한다. 여기서 사람들은 그다지 자기를 노출하지 않고 타인과 관계를 형성하고 있으나, 현실세계와는 전혀 다른 새로운 인간관계를 맺는다. 이러한 관계는 바로 개인의 자아정체성의 변화라고 할 수 있다. 여기서 익명성은 현실세계와는 다른 새로운 인간관계를 나타나게 된다.[48] 사이버공간에서는 현실에서는 도저히 불가능한 창조적 경험을 하며 현실에서는 표현하지 못하는 자신의 모습을 드러낸다.[49] 이렇듯 사이버공

---

47) 원형감옥에 대한 자세한 내용은 다음을 참조: 제레미 벤담, 신건수 옮김, 『파놉티콘』, (책세상, 2007); 양해림, "감시당하는 사회", 양해림 외, 『사이버공간 윤리』, 충남대학교 출판부, 2008. 108-125쪽; 홍성욱, 『파놉티콘 - 정보사회의 정보감옥』, (책세상, 2003)

48) 황경식, "사이버 공간, 자아정체성과 도덕성", 『철학과 현실의 접점』, (철학과현실사, 2008), 204쪽.

49) 황경식, "사이버 시대, 정체성의 위기인가?", 『자유주의는 진화하는가 - 열린사회주의를 위하여』, (철학과현실사, 2006), 600쪽.

간에서의 대화는 자신이 타인에게 보여주고 싶은 모습을 가능한 한 거칠고 통제되지 않는 방식으로 나타내고자 하는 욕구가 작용한다. 사이버공간에서는 자신의 정체성이 발견되는 과정이며, 복합 정체성의 창조과정이다. 이러한 측면은 사이버공간의 해방적 측면이라 할 수 있다.[50]

사이버공간에서 자신의 정체성을 숨기는 익명적 의사소통의 방식은 그 자체로만 볼 때, 나쁘거나 좋은 것이라 쉽게 단정하여 말할 수 없다. 단지 그러한 익명성이 권장되거나 용인되어야 하는 상황의 인식이 있을 뿐이다. 주지하듯이, 익명성은 책임감을 회피하여, 타인을 기만하거나 모욕하며, 인신공격성의 혐오 메일을 발송하며, 광고성 스팸 메일을 대량으로 유포하며, 사이버 범죄에 가담하는 등 다양한 오남용의 행위가 자행될 수 있다. 사이버공간에서 익명적 의사소통에 대해 한편으로 일반 단체나 온라인 그룹은, 참여자의 전자적 의사소통이 비익명성이기를 주장할 권리를 가진다. 다른 한편으로 정부는 인터넷상의 법규를 집행하고 익명적 의사소통을 규제하고자 한다. 일반 온라인 단체의 익명성의 주장은 표현자유를 갖는다는 측면에서 정당하나, 악플이나 근거 없는 험담 등은 실로 위험수위에 놓여 있다. 하지만, 정부의 익명적 의사소통의 무조건적 규제나 제약은 개인의 인권을 침해할 소지를 다분히 안고 있다. 이 양자는 딜레마를 모두 안고 있으나, 익명적 의사소통은 "네티켓을 준수"[51]하여 허용되어야 하며, 정부의 과도한 규제는 상호소통이라는 측면에서 도리어 해악이 될 수 있기 때문에 삼가야 한다.

---

50) 황경식, 앞의 책, 204쪽.
51) 사이버공간상에서 정보보호를 위해 다음과 같은 사항을 유의해야 한다. 첫째, 명예 훼손 등 인터넷 게시물, 피해자의 삭제 요청시 포털의 임시블라인드의 조치를 의무화해야 한다. 둘째, 포털 개인 간 공유(P2P) 사이트의 불법정보 모니터링을 의무화해야 한다. 셋째, 제한적 본인 확인제를 실시하며, 다섯째, 인터넷 사이트의 주민등록 번호 등 수집, 저장, 유통행위를 금지해야 한다.(정윤승, "익명성이란?", 양해림 외 『사이버공간과 윤리』, (충남대학교출판부, 2008), 138쪽 참조).

IV. 맺는 말

지금까지 국내외적으로 디지털 및 사이버 매체에 관한 연구물들은 르네상스의 시대를 맞고 있다. 사회, 문화, 예술, 철학, 영화, 과학기술 분야 등 다양한 시각에서 연구물들이 쏟아져 나오고 있다. 다시 말해 지금껏 디지털 미디어에 관한 연구물들이 국내외적으로 상당히 축적되어 왔지만, 일상적 도시공간의 디지털 미디어에서 나타나는 사회적 안전망은 여전히 미흡한 현실이다. 단적으로 컴퓨터과학기술의 발달은 인간의 몸을 점점 신체화하거나 기계화/사이보그화하고 있으며, 더 나아가 탈육체화하거나 가상화/디지털화하고 있는 과정들이 그러하다.

주지하듯이, 인간의 거주공간으로 개척되고 있는 컴퓨터네트워크 공간은 인간의 삶을 깊숙이 파고드는 동안에 인간친화적인 과학문화 소통공간으로 이미 자리 잡았다. 다시 말해 디지털 미디어가 우리 스스로 선택한 것이든 불가피하게 받아들인 것이든 간에, 현대의 일상적 도시공간에서 기본 요소가 된 지 오래다. 영화 매트릭스로 상징되는 테크놀로지는 이미 우리 사회를 통제하고 있다. 즉, 매트릭스는 우리가 벌써 첨단기술의 포로가 되었다는 사실을 새삼스럽게 일깨워주고 있다.

새로운 21세기 사이버공간은 인간과 기계의 연관성 확대를 통해 인간과 기계는 서로 대립된 대상으로 만나는 것이 아니라 서로 자신의 몸의 일부로 받아들이기에 이르렀다. 앞서 맥루한을 언급했듯이, 미디어는 인간의 몸과 감각기관을 더욱 확장하면서 컴퓨터공학, 인지과학, 인공생명, 인공지능, 나노공학 전자 제어술, 생명공학, 극소전자기술, 가상현실기술(virtual reality), 하이퍼텍스트(hypertext), 멀티미디어, 영상·전자매체의 기술 등 새로운 과학기술문화의 영역을 더욱 넓혀가고 있다. 이러한 변화는 인간의 정체성에 커다란 변화를 몰고 오면서 컴퓨터 네트워크시대의 자기정체성은 현실사회의 육체적 제약을 훨씬 넘어서 있다. 그것은 다중 정체성으로나 열린 정체성으로도 나타날 수 있지만, 이 양자의 정체성들을 잘 가꾸어야 하는 과제를 떠맡게 되었다.

이처럼 새로운 뉴미디어는 인간에게 편리하고 안락한 삶을 가져다주었지만, 그 이면에는 점차 인간의 신체를 해체하고 파편화함으로써 더욱 몸의 소외화 현상을 가속화시키고 있다. 또한, 몸의 제약에서 벗어나 점차 정신적, 두뇌적, 정보적 실체로 변화하게 될 미래의 인간은 여전히 도덕적 책임의 주체이자 인격적 존재가 될 수 있을지도 우려된다. 21세기 들어 더욱 활짝 사이버공간이 개방됨으로써 디지털 미디어의 현실의 모습은 명백히 다른 현실로 나타나게 되었고, 이로써 인간의 실존도 새롭게 정의해야 하는 상황을 맞이하고 있다. 인간은 과학기술을 이용하여 성능이 월등한 기계를 만들어 자신의 욕망을 실현시키려고 부단히 노력해 왔지만, 오히려 그러한 현상이 인간실존의 위협을 받고 있는 것이다. 즉, 기계와 인간의 관계에서 역전 현상이 일어나면서, 기계가 인간을 지배하는 사회가 도래하고 있는 것이다. 볼츠(N. Bolz)에 의하면, "디지털 미디어 사회에서 세계가 MS-DOS(Microsoft Disk Operating System)에 의해 인간이 점점 노예화되고 문화의 상실현상이 심각하게 일어난다"[52]고 경고한다. 즉 우리 사회는 디지털 미디어의 등장으로 인간의 정체성들이 쉽게 허물어져 가고 있는데 이에 대해 우리는 책임을 지기에 앞서 그 책무를 대중매체나 그 밖의 외부의 조건에 원인을 돌리고 있는 역설적 현상들은 시정해야 한다.

하지만, 최근 들어 더욱이 일상적 도시공간에서 디지털 미디어의 확대는 과학문화의 창달이라는 측면에서 과학언론의 역할은 그 어느 때보다 중요한 시점에 와 있다. 디지털 미디어를 통해 과학언론을 과학기술문화의 정보를 통해 상호교환하게 하여 대중을 향한 정보의 교환뿐만 아니라 과학기술인들 사이에서도 원활한 정보교환을 위한 제반 과학언론의 활성화가 필요하다. 무엇보다 디지털 미디어의 전문성, 신속성, 그리고 복잡성의 특성을 이해하기 위해서는 언론뿐만 아니라 과학문화의 정보제공자(단체)도 단순한 정보 제공의 차원을 넘어서 체계적이며 조직적이고 전문적인 언론의 활동이 필요하다. 이와 더불어 20세기가 지녔던 아날로그시대의 미디어 교육은 21세기의 디지털 미디어교육으로 바뀌어 가면서 복합 장르화 내지 매체융합화 현상의 속도

---

52) N. Bolz, *Die Sinngesellschaft*, (ECON, 1997), p. 182.

를 예의주시해야 한다. 지금까지 고찰했듯이, 디지털 미디어의 여러 부정적 현상을 미처 따라잡지 못하고 이에 대한 사회 안전망을 마련하는 것 또한 여전히 미흡한 상황에 처해 있기에 개인차원, 조직차원, 관리차원 그리고 국가차원 등 다양한 대응방안의 마련이 절실한 시점이다.

과학기술과 과학문화 공간:

독일 과학도시(Stadt der Wissenschaft) 사례를 중심으로*

김춘식
포항공과대학교

I. 들어가는 말

　최근 해외 과학문화 활동은 민간분야의 참여유도를 통해 과학기술의 저변을 확대함과 동시에 과학문화의 산업화에 주목하고 있다. 이러한 경향은 특정한 도시공간에서 이루어지는 과학문화 활동이 도시이미지의 고양뿐만 아니라 지역혁신의 동력을 창출하는 데에 기여해야 한다는 점을 강조하고 있는 것이다.[1] 그리고 과학문화 활동에 대한 이와 같은 경향은 점차 공간에 대한 관심으로 심화되고 있다. 오늘날 대중은 일상 곳곳에서 과학기술을 접하고 있으며, 과학기술은 대중의 일상과 분리될 수 없다. 따라서 이러한 현상은 미시적 차원의 주체인 대중의 일상과 거시적인 차원의 정부정책을 매개하는 유무형의 공간에 대해 새롭게 조명해 볼 것을 요구하고 있다.

　이와 같은 과학문화 공간에 대한 신경향의 성공적인 사례로 주목받고 있는 과학문화 프로그램 중 하나가 2005년부터 성공적으로 시행되고 있는 독일

---

* 이 논문은 2007년도 과학문화연구센터(SCRC)의 지원에 의해 연구되었으며, 『한국과학사학회지』 제30권 제1호(2008), 213-243쪽에 게재된 내용을 수정·보완한 것임.

1) 임경순은 "과학문화 사업은 이제 정부보다는 민간 분야의 참여 유도를 통해 과학기술 저변을 보다 확대할 필요가 있으며, 특히 과학문화가 산업화될 수 있도록 민간 차원의 과학문화산업의 육성방안을 다각도로 모색해야 한다"고 강조하고 있다. *Science Times*, 2005. 03. 13.

의 '과학도시(Stadt der Wissenschaft)'[2] 사업이다. 지자체와 민간단체 간의 쌍
방향 소통과정을 통해 현재 진행 중에 있는 독일의 과학도시 사업은 과학문
화 활동 및 행사 프로그램의 준비·기획·진행·결과·평가 등을 한눈에 파
악할 수 있으며, 과학의 문화화 과정을 추적할 수 있는 모범적인 사례이다.[3]
또한, 독일의 도시들은 이 사업을 계기로 과학문화 활동의 지속성을 담보하
고, 이를 과학의 대중화 실현의 장(場)으로 환원하며, 나아가 도시혁신의 자
산으로 삼고자 한다.

　주지하듯 한국에서도 독일의 과학도시 프로그램과 유사한 사업이 시행되
고 있다. 한국과학문화재단(현 한국과학창의재단)은 과학문화 사업을 보다
체계적으로 추진하기 위하여 지난 2004년 지방자치단체·지역대학·지역교
육청 등 개별 지역이 중심이 되는 새로운 형태의 사업을 제시한 바가 있다.
이후 재단은 각 지역의 환경과 특성에 적합한 지역단위의 과학문화 증진을
목적으로 하고 있는 사이언스코리아(Science Korea)운동을 전개하고 있으며,
이 운동의 일환으로서 과학문화도시 사업을 시작했다.[4] 따라서 본 연구는 독
일의 과학도시 사업을 소개함으로써 한국 내 과학문화 연구 분과 및 현재 시
행 중인 한국의 과학문화도시 사업에 유용한 자료를 제공함을 목적으로 한다.

───────────

2) 2012년도 과학도시 공모지원 안내 브로슈어 Stifterverband für die deutsche Wissenschaft,
　Stadt der Wissenschaft 2012 – Ausgezeichnet durch den Stifterverband (Berlin, 2011).
　참고로 독일어 'Wissenschaft'는 자연과학(Naturwissenschaft)뿐만 아니라, 인문과학과 사회과
　학을 총칭하는 정신과학(Geisteswissenschaft)을 포괄하는 개념이다. 하지만 본 논문에서 다루
　고 있는 독일의 과학도시 프로그램의 세부내용의 핵심은 자연과학에 치중하고 있다. 독일의
　'과학도시(Stadt der Wissenschaft)' 사업이 단순히 자연과학의 중요성을 강조하는 것을 넘
　어 지식기반사회를 지향하는 프로그램으로 이해될 수도 있다. 그러나 본 연구자가 독일 현지
　조사를 통해 파악한 사업의 특성과 내용상 '과학'도시 사업이라 명명하고자 한다.
3) 독일의 '과학도시' 선정사업의 취지 및 구체적인 활동 프로그램은 실재 한국의 '과학문화도시'
　사업과 거의 같지만 국내에서는 '과학도시'라는 용어가 주는 뉘앙스로 인해 그 의미가 잘못 전
　달되고 있다고 판단된다. 즉 국내에서 통용되는 과학도시는 주로 대덕단지와 같은 특정 공간에
　서 이루어지고 있는 특성화된 첨단과학단지를 의미하고 있다. 독일의 경우 비록 명칭은 과학도
　시 사업이지만 실재 활동이나 형태에 있어서는 '과학문화도시사업'을 추진하고 있다.
4) 2004년도 과학문화 거점도시로 선정된 포항을 시작으로 현재 총 16개의 과학문화도시가 지
　정되어 있다. 나아가 과학문화도시로 선정된 지자체는 지역의 과학문화 사업을 총괄 기획·관
　리하는 지역 과학문화거점센터를 설립하였으며, 이 거점센터를 중심으로 지역사회의 자율적인
　과학문화 사업을 유도하고 확산하기 위해 노력하고 있다. 하지만 현재 한국의 16개 과학문화
　도시는 과학문화 확산에 관한 성과에도 불구하고 도시이미지 제고나 도시발전을 위한 혁신적
　인 기능수행에는 미진한 실정이며, 2010년 현재 이 사업은 거의 유명무실한 상태에 있다.

본 연구는 우선 2005년도부터 시행되고 있는 독일의 과학도시 사업의 배경
과 목적, 그리고 과학도시 공모와 선정과정 등을 고찰하겠다. 특히 이 장에서
는 2005-2009년 사이에 시행된 1단계 사업에 주목해 살펴볼 것이며, 독일 과
학도시 사업이 특정한 지리적 공간에서 추구하고 있는 과학문화의 역할과 기
능을 조명할 것이다. 둘째로 사업시행 첫해인 2005년도 과학도시로 선정된
브레멘 주(州)5)가 한 해 동안 진행한 과학문화 활동 및 행사의 세부프로그램
을 살펴보고, 마지막으로 독일의 과학도시 사업의 시사점과 과학기술과 과학
문화 공간 창출에 관한 전망을 시도하겠다.

II. 독일의 과학도시 사업

1. 과학도시 선정 목적

독일 과학도시 공모의 목적은 먼저 도시 및 지자체가 과학도시 사업을 계
기로 과학·경제·문화·정치를 네트워크화 할 수 있는 계기를 가질 수 있도
록 하는 것이다. 둘째로는 대중의 과학에 대한 장기적인 관심을 유도하고, 나
아가 과학이 사회와의 지속적인 대화로 확대될 수 있는 동기를 부여하며, 셋
째로는 과학을 도시발전의 동력으로 삼고자 하는 데에 있다.6)

이와 같은 목적에 따라 독일 학술진흥협회(Stifterverband für die Deutsche
Wissenschaft)7)는 지난 2005년부터 5년을 기한으로 한 해에 하나의 과학도시를

---

5) 브레멘 주(州)는 내륙에 위치한 한자도시(Hansestadt) 브레멘(Bremen) 시(市)와 항구인 브레
  머하펜(Bremerhaven)으로 구성된다.
6) 2006년도 과학도시로 선정된 드레스덴 공보실에서 발표한 *Pressemitteilung I/r/GV/Kultur*
  (2005. 12. 27) 참조.
7) 협회는 기본적으로 연방정부의 지원이 없이 운영된다. 그리고 국제적 경쟁력을 고양할 수 있
  는 프로젝트를 수행하며, 기초학문과 실용학문의 가교역할을 할 수 있는 연구소나 재단 등에
  재정지원을 한다. 협회는 독일학술진흥재단(DFG, Deutsche Forschungsgemeinschaft), 막스
  -플랑크-협회(MPG, Max-Planck-Gesellschaft), 독일학술교류재단(DAAD, Der Deutsche
  Akademische Austauschdienst), 알렉산더 훔볼트 재단(Alexander von Humboldt-Stiftung)
  그리고 독일국민 장학재단(Studienstiftung des Deutschen Volkes) 등을 매년 5백만 유로

<사진 1> 대화하는 과학프로그램 행사 장면(브라운슈바이크)

선정해 집중적으로 지원하고 있다. 당초 2005년에 5개년 계획으로 시작했던 이 사업은 2010년 한 해 동안 평가에서 '과학문화의 붐'을 조성하고 '도시혁신에 크게 기여'했다는 결과가 도출되어 2011년부터 2단계로 5년을 연장해 시행하고 있다. 사업시행 초기부터 협회는 도시가 도시 공간 내에 보유하고 있는 시설 및 인적자원을 효율적으로 활용해 이를 네트워크화하며, 과학과 경제·문화·정치 등이 연계되어 개발할 수 있도록 지원하고 있다. 여기에 선정된 과학도시는 우선 과학문화 확산의 기저가 되는 '대중의 과학과 인문이해(Public Understanding of Science and Humanities: PUSH)'8)와 '대화하는 과학(Wissenschaft im Dialog)'을 구현하고, 시민의 호응을 이끌어내야 한다. 아울러 도시 및 주변 지역의 유관기관과의 긴밀한 협력으로 한 해 동안 과학기술을 중심으로 한 강연회·포럼·워크숍·전시회·학교 내 과학교실·과학극장 등의 과학문화 활동과 행사를 진행해야 한다. 이러한 행사는 대중의 과학에 대한 장기적인 관심을 유도하고, 해당 도시 내에서뿐만 아니라 주변지역과도 지속적인 연계가 가능하도록 구성되어야 한다. 또한, 과학문화 행사 및 활동은 도시 내 다양한 구성주체의 관심과 참여를 목표로 해야 하며, 다양한 사회부문에 적용될 수 있어야 한다. 예컨대 학생을

씩 재정적으로 지원하고 있다.
8) 이은경은 '과학의 대중화'와 '과학문화'의 차이를 다음과 같이 설명하고 있다. "과학대중화가 과학지식을 많이 아는 것에 강조점을 두는 것과 달리 과학문화는 과학의 지식은 물론이고 과학을 둘러싼 다양한 사회, 문화의 문제를 포함한다." 통합 및 동부권 과학문화연구센터 (SCRC), 『SCRC-Newsletter』 제12호 (2006.10), p. 1.

대상으로 기획된 전시회나 포럼은 지역의 경제·정치와 상호교류가 이루어져
야 하는 것이다.

협회는 이와 같은 과학도시의 사업의 목적에 부합하는 과학문화 활동과
행사를 체계적으로 기획한 도시를 경선을 통해 선정하고 그 도시의 과학문화
확산사업을 집중적으로 지원한다. 또한, 협회의 지원은 재정뿐만 아니라 전
체 독일연방 차원의 홍보지원까지도 모두 포함하고 있다. 공모에 지원하는
과정부터 과학도시로 선정된 이후까지 과학도시가 계획하고 시행하는 행사
및 활동은 언론의 집중적인 관심의 대상이 됨으로써 과학에 대한 관심이 선
정된 도시 및 주변 위성도시, 나아가 전체 독일연방 내 도시로 파급될 수 있
도록 유도하는 것이다. 즉 공모부터 시작해 선정 후 과학문화 활동 및 행사를
포함한 전 과정이 과학의 대중화를 위한 사회적 자본(Social Capital)의 형성에
기여하고, 아울러 이러한 인프라가 과학문화 활동의 지속성을 담보함으로써
궁극적으로 도시발전에 기여할 수 있다는 점에 주목하고 있는 것이다. 따라
서 독일 학술진흥협회가 추진하고 있는 과학도시 선정사업은 과학의 의미를
강화해 지역발전의 계기를 제공하는 혁신사업이라 할 수 있다.

2. 과학도시 선정사업 추진 배경

1999년 5월 독일 학술진흥협회의 주도로 개최된 '과학의 대중화', '과학과 사
회의 대화'를 모토로 한 '대중의 과학과 인문 이해 심포지엄(PUSH-Symposium)'[9]
에서 독일 과학단체들은 과학과 사회의 전 분야 사이의 대화를 포괄적으로
추진하는 것을 골자로 한 공동각서에 서명하였다.[10] 독일 과학계의 자발적인
대처에 의해 탄생한 각서에 따라 과학계는 과학의 대중화 활동에 100만 마르크
(약 50만 유로)를 투입하기로 합의했으며, 협회는 2000년부터 2003년까지 4년

---

9) 연방정부의 재정지원이 없이 독자적으로 운영되는 협회는 국제적으로 경쟁력을 확보할 수 있
는 프로젝트를 수행한다. 또한 기초학문과 실용학문이 상호 연계된 연구소 및 재단을 재정적으
로 지원한다. 예컨대 협회는 독일 학술진흥재단, 독일 국민장학재단 등에 연간 5백만 유로씩을
지원하고 있다.

10) *PUSH-Memorandum 1999* 참조.

<사진 2> 2001년 과학여름 행사(베를린)

을 기한으로 하는 PUSH프
로그램에 매년 25만 마르
크에 달하는 재정지원을
결정했다. 각서서명 이후
2000년 5월 협회는 독일
연방교육연구부와 공동으
로 베를린을 본부로 하고,
공익을 목적으로 한 유한
회사(GmbH) '대화하는 과
학(WiD)'11)의 설립을 결
정하였다. 그리고 '대화하

는 과학'은 하부프로그램으로 '과학과 함께하는 여름(Wissenschaftssommer)'12)
행사를 기획하고, 2000년 이래 매년 하계 일주일 동안 각 도시를 순회하며 행사
를 개최하였다. 이 행사는 주로 전시·강연·영화·음악·예술 등이 과학과
어우러지는 과학축전의 형태로 진행되었다.

2001년 9월 '생활과학의 해'에 맞추어 '과학여름 2001' 행사가 수도 베를린
에서 개최되었고, 이미 사회 각 분야의 후원을 통해 체계적으로 진행된 이 행
사는 대중의 큰 관심을 불러일으켰다. 협회는 대중의 적극적인 관심과 참여
에 부응하고자 인터넷홈페이지를 개설하였으며, 대중과 과학전문가가 직접
대화할 수 있는 '과학-Hotline' 등 정보화 사업을 추진했다.

협회는 2002년 9월 브레멘에서 개최된 과학여름 행사가 종료된 후 그동안
의 활동에 대한 중간평가와 함께 PUSH의 후속프로그램을 구상하였다. 이는
기존 하계 일주일 동안만 개최되는 과학여름 행사가 과학에 대한 지속적인
관심을 유도하는 데에 한계를 지니고 있다는 점에 착목한 것이다. 따라서 협

---

11) WiD는 '대화하는 과학'이라는 의미의 독일어 'Wissenschaft im Dialog'의 약자이다.
12) '과학여름(Wissenschaftssommer)' 행사는 협회의 주도와 독일연방교육연구부의 참여로 이
  루어졌다. 2000년에 본(Bonn), 2001년 베를린(Berlin), 2002년 브레멘(Bremen), 2003년
  마인츠(Mainz), 2004년 슈투트가르트(Stuttgart), 2005년 포츠담(Potsdam)에서 과학여름
  행사가 개최되었다.

회는 단기간의 여름행사와는 별도로 한 해 내내 과학·연구·기술을 중심테마로 한 지속적인 과학의 대중화 프로그램 개발의 필요성을 절감했다. 즉 과학에 대한 대중의 관심과 참여를 강화하고, 나아가 과학이 도시의 발전에 동력이 될 수 있다는 의식을 확산할 새로운 사업을 추구했던 것이다.

2003년 1월 PUSH프로그램이 종료된 후 독일 학술진흥협회는 과학과 사회의 지속적인 대화를 목적으로 하고, 경선방식으로 선정되는 과학도시 사업을 공개했다. 이 사업은 대중의 과학에 대한 이해를 증진시키고, 과학과 정치·경제·문화가 협력네트워크를 구축해 도시혁신을 이룰 수 있도록 지원하는 기획프로그램이다.

3. 시행기간 및 협회의 재원 조성

독일 과학도시 선정사업의 주관단체는 정부기관이 아니며, 민간재단인 독일 학술진흥협회다. 협회의 재원은 정치·경제·사회·문화·기업 및 시민단체 등으로부터의 기부를 통해 마련되고 있다. 이러한 재원을 바탕으로 당초 5년(2005-2009) 동안 시행을 목표로 시작된 과학도시 프로그램에서 협회는 공모·지원·심사의 과정을 통해 매년 하나의 도시를 선정해 이 도시의 과학문화 활동을 집중적으로 지원했다. 또한, 선정된 도시는 과학도시지원계획서에 따라 한 해 동안 과학문화 활동을 진행하게 된다.

협회는 과학도시 경선프로그램에 연간 32만 유로의 예산을 책정하고 있으며, 이 중 공식적인 상금으로 12만 5천 유로를 지원하며, 추가로 12만 5천 유로가 매칭펀드로 확보된다. 이 추가기부금은 공공기부가 아닌 선정된 과학도시에 해당 지역의 기업이나 장학재단, 그리고 민간기부자들이 제공하는 것으로, 매년 예외 없이 확보되고 있다. 나머지 7만 유로는 공모비용·선정위원회 위촉 및 회의비·과학도시시상비·홍보비·인터넷사이트 운영비 등으로 지출된다. 예컨대 2005년도 과학도시로 선정된 브레멘 주가 공식적으로 집행한 전체예산은 100만 유로를 상회한 금액이었다.[13] 브레멘 주는 과학도시 선정

---

13) 2005년도 독일 과학도시 브레멘·브레머하펜 재무계획표는 다음과 같다.

으로 받은 상금과 이에 상응하는 매칭펀드 외에 75만 유로 정도의 물적·인적지원을 할 만큼 과학도시 사업을 적극적으로 주도했다.[14]

이처럼 경선방식으로 과학도시를 선정하는 협회의 사업전략은 과학도시 사업에 대한 전국적인 관심을 확보하는 계기가 되었다. 특히 과학문화 활동을 도시경제의 발전 및 도시이미지 고양 등과 연계한 전략은 지자체와 지역 내 다양한 구성주체들의 적극적인 참여를 유도해낼 수 있었다.

4. 공모 및 선정 절차

협회가 실시하는 과학도시 사업의 공모는 매년 4월 말경에 발표되며, 공모

수 입		지 출	
독일 학술진흥협회 공식상금	125,000,– €	인건비(학생·행사진행보조원)	120,000,– €
민간기부금	140,000,– €	행사장소 임대비용	50,000,– €
협회의 추가지원금	35,000,– €	여비(행사차량)	30,000,– €
브레멘 City Marketing 지원	100,000,– €	과학차량(개조 및 수송)	50,000,– €
브레머하펜 City Marketing	50,000,– €	포스터 프로그램 등 인쇄비용	80,000,– €
지자체지원(인원·공간·통신 등)	200,000,– €	컨테이너 임대 및 수송료	80,000,– €
지자체지원 (투자·기기·컨테이너 구매 등)	200,000,– €	과학의 방파제 행사 시설비	50,000,– €
브레멘 마케팅의 추가지원금	200,000,– €	컨테이너 개조 및 무대설치비	200,000,– €
		여름학교 교재비	30,000,– €
		측정기구 부표비용	40,000,– €
		사회자 초방비용 및 경진대회 상금	50,000,– €
		조각가 및 음악관련 초청비용	70,000,– €
		신문광고비(브레멘마케팅 회사)	200,000,– €
총 액	1,050,000,– €	총 액	1,050,000,– €

14) 과학도시 경선 참가도시 수는, 2004년(2005년도 과학도시) 35개, 2005년(2006) 6개, 2006년(2007) 13개, 2007년(2008) 2개, 2008년(2009) 6개, 2010년(2011) 4개 도시에 달하였다. 협회는 이처럼 크게 고조된 지자체의 관심과 지원과정에 쏟아 부은 비용 및 소고를 고려해 2007년도부터 기존 선정도시에게만 수여된 상금을 결선에 오른 2위·3위 도시에도 상금을 수여하고 있다. '자료1 : 독일 과학도시 공모지원 도시' 참조.

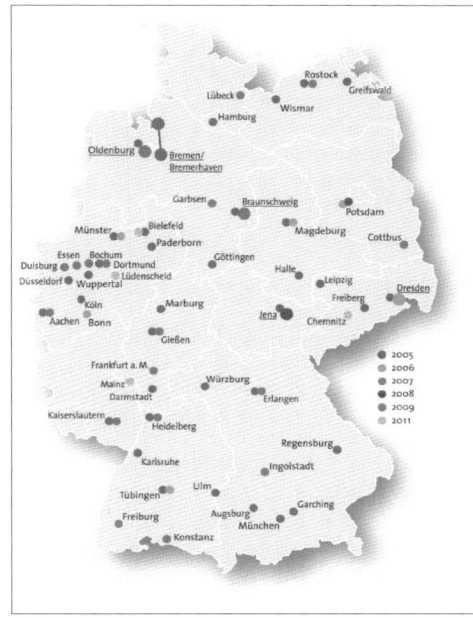

<사진 3> 공모지원도시 (2005-2011)

에 지원하는 도시들은 그 해 10월 말까지 대략 6개월 동안 '과학도시공모지원서'[15]를 준비할 기간을 가진다. 그리고 공모에 지원한 도시들은 대략 두 단계의 심사절차 과정을 통해 선정된다. 먼저 10월 말 지원서 접수기간이 종료된 후, 11월 초부터 다음 해 1월 초까지 대략 9주 동안 각 분야의 전문가로 구성된 심사위원들은 1차 심사를 실시한다. 비공개로 실시되는 1차 서류심사에서는 심사위원들이 과학도시공모지원서를 평가·심사한 후 최종심사 후보로 3개 도시를 선정한다. 이어서 1월 초부터 대략 3개월에 걸쳐 실시되는 2차 공개심사에서 하나의 도시가 과학도시로 최종 선정된다. 특히 일반 방청객과 언론에 공개되는 2차 심사에서 3개 도시의 학계대표(대학총장)·시장·경제계 대표가 참가해 프레젠테이션(30분) 및 심사위원들과 질의응답(30분)을 하게 된다.

2007년 4월에 발표된 '2008년도 과학도시 공모 요강'[16]에 따르면 공식적인 지원 자격은 도시나 지자체가 가진다. 그러나 과학도시는 꼭 행정적인 경계를 제한하지 않으며, 과학도시 행사진행에 필요한 관련 시설 및 연구기관들의 협력이 전제될 경우 주변 지역의 자치단체가 파트너 도시가 될 수 있다. 또한, 한 도시가 대표성을 가지고 전체적인 프로그램을 주도할 경우, 주변도시와 공

---

15) 이 지원서는 도시 내 정치·경제·사회·문화예술·과학단체·대학 및 연구소를 총 망라한 대표들이 참여해 과학도시 행사에 관한 콘셉트와 세부프로그램을 중심으로 작성된다.

16) 협회가 발간한 '2008년도 공모요강', *Stadt der Wissenschaft 2008: Rund um den Wettbewerb* 참조.

동신청도 가능하다.

　아울러 협회는 공모지원서 작성에 우선 큰 틀에서 현재 진행 중인 과학문화 활동과 성공사례, 둘째 지속성을 담보할 거시적인 계획, 셋째로 과학도시 선정 연도에 실행할 과학문화 활동 및 행사에 대한 세부프로그램 등 세 가지 가이드라인을 제시하고 있다. 그리고 지원서에는 도시가 계획하고 있는 과학문화 활동 및 행사 추진계획에 대한 체계적인 로드맵이 제시되어야 한다. 또한, 지원도시는 수상도시로 선정된 이후 상금 및 후원금을 포함한 기타 기부금에 대한 세부 사용계획서 등 재무계획을 기재해야 한다. 그리고 이 계획서에는 지자체의 재무성과와 그 열의가 확연하게 드러나야 한다.

　독일의 과학도시 경선의 두 차례에 걸친 심사과정은 매우 엄격하게 이루어진다. 특히 선정된 과학도시가 한 해 동안 수행한 과학문화 활동 및 행사에 대한 협회나 기타 외부기관에 위탁한 평가절차가 없으므로 객관성이 담보된 공정한 심사가 매우 중요하다. 따라서 공정한 심사를 수행할 선정위원의 구성은 사업의 성패에 가장 큰 역할을 한다. 예컨대 '2007년 과학도시 선정위원회 위원'[17]의 구성은 특정 분야에 편향되지 않은 다양한 분야에서 초빙된 인

---

17) Schlüter, Dr. Andreas Jury-Vorsitzender(심사위원장); Generalsekretär Stifterverband für die Deutsche Wissenschaft, Essen(독일 학술진흥협회 사무총장); Fänger, Dr. Helge Vorstandsvorsitzender, Serumwerk Bernburg AG(제약회사 ㈜세룸 회장); Fischer-Lichte, Professor Dr. Erika Institut für Theaterwissenschaften, Berlin(베를린 연극학연구소); Frie ß, Dr. Peter Generalsekretär Parmenides Foundation, München(파르메니데스 재단 사무총장); Geiger, Professor Dr. Andreas Rektor der Hochschule Magdeburg-Stendal (마그데부르크-스텐달 대학 총장); Vizepräsident der Hochschulrektorenkonferenz, Bonn (Bonn에서 열린 대학총장회의 부의장); Kienbaum, Dipl.-Kfm. JochenVorsitzender der Geschäftsführung Kienbaum Consultants International GmbH, Gummersbach(킨바움 국제컨설팅 유한회사 사장); Kreuzburg, Dr. Joachim Vorstandsvorsitzender, Sartorius AG, Göttingen(㈜Sartorius 회장); Lattmann, Jens Beigeordneter, Deutscher Städtetag, Berlin(독일 시의회연합 부의장); Menacher, Dr. Peter Oberbürgermeister a.D., Augsburg(전 아우구스부르크 시장); Schneider, InkaJournalistin und Moderatorin, Norddeutscher Rundfunk, Hamburg(북독일방송 아나운서 겸 아나운서); Sentker, AndreasRessortleiter DIE ZEIT, Zeitverlag Gerd Bucerius GmbH &Co. KG, Redaktion Wissen, Hamburg(신문사부장, 출판사 편집장); Wahlster, Professor Dr. rer. nat. Dr. h.c. Wolfgang Deutsches Forschungszentrum für Künstliche Intelligenz(DFKI), Saarbrücken(독일 예술지능 연구센터); Wansleben, Dr. Martin Hauptgeschäftsführer Deutscher Industrie-und Handelskammertag(DIHK), Berlin(독일 상공회의소연합회의 의장)이 심사위원으로 위촉되었다. *Die Jury-Stadt der Wissenschaft 2007* 참조.

사로 구성된다. 선정위원은 과학
계를 포함한 학계 인사·과학저널
리스트·경제단체대표 그리고 독
일시의회연합·독일 상공회의소
연합·독일 대학총장회의·대화
하는 과학프로그램에 참여했던 전
문가와 시민단체 등의 대표자들이
위촉된다. 위촉된 선정위원들은
전술했듯이 공모에 지원한 도시들
의 지원계획서를 심사하는데, 각
기 협회가 제시한 공모취지와 목
적에 적합한 콘셉트와 실행계획을
제시한 도시들을 엄정하게 심사한
다.

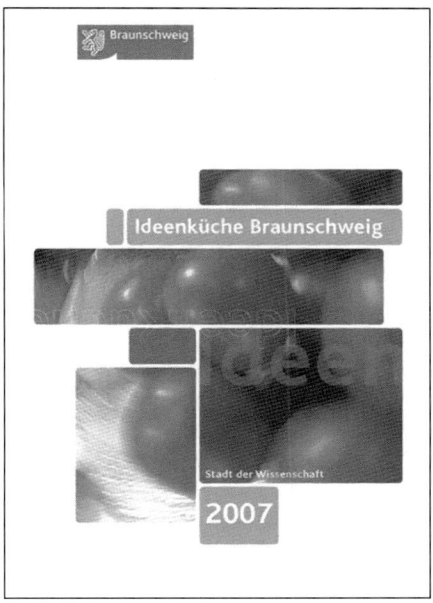

<사진 4> 2007년 과학도시
공모지원서(브라운슈바이크)

협회가 2004년도 공모에서 제
시한 구체적인 선정기준에는 독일
과학도시 사업의 목적이 잘 드러나 있다. 선정기준의 기본전제는 "다양한 지
역 내 구성주체들과 전체 지역사회에 지속적인 영향을 미칠 수 있는 과학문
화 활동에 대한 포괄적인 스펙트럼 제시"이다.[18] 이러한 기본전제는 독일의
과학도시 사업이 도시 내 과학기술의 진흥을 넘어 지속적으로 지역사회의 변
화와 혁신을 추구하며, 나아가 도시발전에 기여를 추구하고 있다는 점이다.
이와 같은 전제에서 출발해 선정위원회가 제시한 보다 구체적인 선정기준 항
목은 다음과 같다.

---

18) 협회가 발간한 '2005년도 공모요강', *Stadt der Wissenschaft 2005: Rund um den
Wettbewerb* (2004) 참조. 6개의 세부항목 : 1) 콘셉트의 독창성(Originalität der Konzepte),
2) 다양한 전문영역과의 교류가능성(Interdisziplinäre Ansätze), 3) 대학과 대학 외 관련 연
구소와 협력가능성(Kooperationen zwischen Hochschulen und außeruniversitären
Partnern), 4) 과학과 경제의 협력가능성(Kooperationen zwischen Wissenschaft und
Wirtschaft), 5) 과학과 예술·문화의 협력가능성(Kooperationen von Wissenschaft mit
Kunst und Kultur), 6) 지속성(Nachhaltigkeit)

1) 행사 취지 및 추진체계의 독창성
2) 다양한 전문영역과의 교류가능성
3) 대학과 대학 외 관련 연구소와 협력가능성
4) 과학과 경제의 협력가능성
5) 과학과 예술·문화의 협력가능성
6) 지속성

그런데 초기 2005년도 과학도시 선정 시 제시되었던 선정기준은 이후에 더욱더 넓은 공공영역으로 확대된다. 즉 이제는 과학문화 활동이 도시 중심권으로부터 도시 외연으로, 즉 소외된 지역으로까지 파급되어야 한다는 것이다. 이와 같은 목적에 따라 2007년도 과학도시의 선정기준에 몇 가지 항목이 추가되거나 좀 더 구체화되었다.19) 과학도시가 전국적인 관심을 확보하고 도시 간의 경선경쟁이 치열해지자 협회는 2007년도 선정기준 세부항목에 실현가능성이 있는 활동 및 행사프로그램과 과학도시에 대한 지자체의 관심과 참여 정도를 중요한 선정기준의 하나로 제시하고 있다.

1) 네트워크화 과정에 시·읍·면·동 등 자치단체의 적극적인 참여
2) 대화의 방향제시 : 과학문화 행사 및 활동으로 지역 내 다양한 구성주체들과 준 공공부문들의 참여를 유도할 수 있는 포괄적인 스펙트럼 제시
3) 도시발전에 있어서 과학의 중요성 제고
4) 실현가능성
5) 지속적인 네트워크 작업
6) 도시의 관심

---

19) '2008년도 공모요강', *Stadt der Wissenschaft 2008: Rund um den Wettbewerb* (2006) 참조. 6개 세부항목은 1) 네트워크화 과정에 시·읍·면·동 등 자치단체의 적극적인 참여(Aktive Rolle der Kommunen bei der Netzwerkbildung), 2) 대화의 방향제시 : 과학문화 행사 및 활동에 지역 내 다양한 구성주체들과 준 공공부문들의 참여를 유도할 수 있는 포괄적인 스펙트럼 제시(Dialogorientierung, d.h. ein breites Spektrum an unterschiedlichen Aktivitäten und Formaten, mit dem möglichst viele verschiedene Zielgruppen und Teilöffentlichkeiten erreicht werden), 3) 도시발전에 있어서 과학의 중요성 제고(Bedeutung von Wissenschaft für die Stadtentwicklung), 4) 실현가능성 (Realisierbarkeit), 5) 지속적인 네트워크 작업(Nachhaltiger Aufbau des Netzwerkes), 6) 도시의 관심(Interesse der Stadt).

지금까지 최종 선정된 4개의 과학도시는 무엇보다도 경제계·정치계·학계의 광범위한 지지를 이끌어냈으며, 다양한 프로그램 아이디어를 도출했다는 점에서 탁월하다. 이러한 절차를 통해 선정된 독일의 과학도시로는 2005년도에 브레멘(Hansestadt Bremen) 주, 2006년도 드레스덴(Dresden), 2007년도 브라운슈바이크(Braunschweig), 2008년도 예나(Jena), 2009년도 올덴부르크(Oldenburg), 2010년 평가년도, 2011년도 마인츠(Mainz), 2012년도 과학도시는 현재 공모 중이다. 특히 2005년도 공모에는 전체 37개 도시가 지원하였으며, 최종심사에서 브레멘이 드레스덴·괴팅겐(Göttingen)·튀빙겐(Tübingen)을 제치고 선정되었다. 비록 아쉽게 탈락했지만 브라운슈바이크(Braunschweig)·도르트문트(Dortmund)·뮌스터(Münster)가 기획한 지원계획서는 심사위원들의 특별한 관심을 끌었다.

2006년도 과학도시 선정공모에서는 모두 6개 도시가 지원했고, 최종결심에서 드레스덴은 마그데부르크(Magdeburg)와 튀빙겐을 제치고 2006년도 과학

<사진 5> 2008년 독일 과학도시 예나(Jena) 포스터

도시에 선정되었다. 선정도시 드레스덴과 두 개의 탈락한 도시 외에도 2006년 타이틀에 도전한 도시로는 본(Bonn)·뮌스터(Münster)·포츠담(Potsdam)이 있었다. 총 13개 도시가 지원하였던 2007년도 과학도시 경선에서 브라운슈바이크는 아헨(Aachen)과 프라이부르크(Freiburg)의 지원프로젝트와 치열한 경합 후 최종 과학도시로 선정되었다. 2008년도 과학도시 경선에는 놀랍게도 구 동독지역의 포츠담과 예나 단 두 개의 도시만이 지원했으며, 양자의 경선 끝에 예나

가 과학도시로 선정되었다. 2008년도 과학도시 공모에서 나타난 이와 같은 특이한 현상은 경선의 과열에서 비롯된 것이다. 과학도시 경선에 부정적인 결과가 가져올 '정치적 책임'을 부담스러워 한 지자체 장들의 소극적 대응 때문이었지만, 이러한 현상은 다른 한편으로 독일의 과학도시사업의 위상과 성공을 대변하기도 한다.

Ⅲ. 2005년도 과학도시 브레멘 주

선정된 과학도시의 행사 및 활동에서 2005년도 과학도시 브레멘 주와 2006년도 과학도시 드레스덴은 공식적인 활동을 종료하였다. 브레멘은 '과학지식이 미래를 보장한다!'라는 기치와 '블랙박스(Black Box)'를 타이틀로 과학축전·전시·강연·포럼 등 700여 개의 행사를 개최했다. 드레스덴은 도시 건립 800주년을 기념하는 해인 2006년도에 '과학과 혁신, 삶의 질 향상, 도시의 세계화, 예술과 문화'라는 기치와 '지식깡통의 계곡(Tal der Ahnungsdosen)'[20]을 모토로 과학도시에 선정되었으며, 과학도시 기간 동안 400여 개의 행사를 개최했다.

400여 개의 과학도시 행사를 모두 종료한 드레스덴은 현재 행사기간 동안 대성공을 거두었던 '주니어닥터(Juniordoktor)' 프로그램을 지속하고 있으며, 또한 새로운 행사를 기획하고 실행하는 동

<사진 6> 주니어닥터 프로그램(드레스덴)

---

20) 드레스덴은 도시가 그동안 '무지(-losen)의 계곡'이라 무시되었던 것에 대한 반성과 자각의 의미로 '지식깡통(-dosen)의 계곡'을 타이틀로 정했다. 드레스덴은 과학에 대한 시민의 관심과 참여를 불러일으키고, 과학도시 선정을 계기로 도시의 자존심을 회복하고자 했다. 또한 시민들은 '지식깡통의 계곡'에서 과학을 중심으로 사색, 창의력, 지식을 고양하고자 한다.

안 구축된 과학문화활동주체를 중심으로 과학과 첨단산업의 연계를 지속할
수 있는 대화프로그램을 추진 중에 있다. 과학 '아이디어식단(Ideenküche)'을
모토로 2007년도 과학도시로 선정된 브라운슈바이크는 현재 활동프로그램을
구체적으로 실행하고 있는 중이다.

따라서 본 연구에서는 이미 과학도시 행사를 종료한 한자도시(Hansestadt)
브레멘·브레머하펜21)의 사례를 살펴보고자 한다. 이 중 브레멘 주의 경우
지난 2005년도 과학도시 행사기간 동안 지자체와 기업의 재정적 후원을 받아
브레멘 대학이 중심이 된 과학도시 기획단이 운영하는 소형 과학문화 공간인
'과학하우스(Haus der Wissenschaft)'를 설립했으며, 현재 이 공간을 중심으로
지속적인 과학문화 활동을 수행하고 있다.

1. 추진 배경

독일연방의 16개 주 중 하나인
한자도시 브레멘은 1980년대 후반
이래 철강·조선업·어업의 급격
한 쇠퇴로 도시경제가 침체되자
대체산업을 개발해 도시경제 회복
과 도시의 현대적인 발전을 모색
하면서 2010년까지 독일 내 대표
적인 첨단과학도시 중 하나로 부
상한다는 목표를 세우고 있다. 오
늘날 브레멘은 세계적인 수준을
갖춘 6개의 대학, 국제적인 네트

<사진 7> 2005년도 과학도시 브레멘 주

워크망을 갖춘 20여 개의 대형 연구기관, 그리고 과학과 경제가 연계된 테크

---

21) 브레멘은 독일연방공화국의 16개 주(州) 중에 하나의 자치주이자 또한 도시이며, 이러한 자
치도시국가의 형태는 12세기 이래 중세 한자도시(Hansestadt)의 전통에서 유래한다. 브레멘
주는 북해에 연안한 항구도시인 브레머하펜까지 포함하고 있기에, 지원서에는 '브레멘·브레
머하펜'이 공식지원도시로 기재되어 있다.

노파크 등 훌륭한 도시 간접자본을 보유하고 있다. 그리고 현재 도시 내 대다
수 기업들은 도시가 확보하고 있는 간접자본인 과학기술 'Think Tank'를 혁신
적인 상품과 서비스 개발을 위해 효과적으로 이용하고 있다.

　브레멘 주가 기획한 과학문화 활동 및 행사는 "과학지식이 미래를 보장한
다 : 브레멘·브레머하펜은 높은 연구열로 독일의 가장 역동적인 과학기술
현장"이라는 모토로 2003년도 말에 기획한 '2005-2010년 도시발전계획'[22]에
따라 체계적으로 진행되었다.[23] 이 계획에 따라 도시는 브레멘 주 당국—교
육학문국·경제항만국—의 주도로 2005년도 과학도시 공모에 지원하여 선정
되었으며, 과학문화 활동과 행사를 통해 도시의 다양한 구성주체를 네트워크

<사진 8> 2005년도 과학도시 수상증서

화 하고 이를 도시혁신의 동력으
로 삼고자 했다. 브레멘은 과학도
시로 선정된 후 지자체가 설립한
홍보회사(City Marketing)를 중심으
로 도시 내 학계와 연구소·기업
·시민·행정주체를　유기적으로
네트워크화한　지역과학문화협의
회를 구성하였다. 또한, 이 협의회
아래 구성된 과학도시 행사기획
팀은 주로 과학에 대한 지속적인
관심을 강조하여 과학·경제·문
화·정치를 엮는 행사프로그램을
기획하고, 이를 실행하는 과정을
통해 도시 내 다양한 주체들의 참
여를 유도하는 데에 성공했다. 또

22) *Wissenschaftsplan 2010: Wissenschaftsplan und Hochschulgesamtplan IV für das Land Bremen-Bremerhaven 2005 bis 2010* (2005-2010년 사이 브레멘 주 학술진흥
계획 2010: 브레멘과 브레머하펜 주의 학술진흥계획 및 대학종합계획 IV) 참조.
23) 2003년 12월 1일 공모지원서, *Bewerbung auf die Ausschreibung des Stiftervebands für die deutsche Wissenschaft* 참조.

한, 전국적인 관심을 확보하고 있는 과학도시 행사 및 활동을 계기로 도시이
미지를 고양하고자 했다.

2. 행사 및 활동

일반적으로 과학도시의 행사 및 활동에는 대형이벤트 행사가 개최된다.
과학도시가 외부 기관의 간섭이 없이 한 해 동안 독자적으로 기획한 이러한
활동 및 행사들은 대략 4개의 공식적인 행사를 중심으로 진행된다. 먼저 저
명인사들의 참여로 이루어지는 과학도시 개회행사, 둘째로 과학의 밤 행사,
셋째로 대형 예술프로젝트 행사, 넷째로 폐회행사 등이다. 청소년들은 대부
분 과학문화 활동 및 행사의 중심 주체가 된다.

2005년 2월 16일
과학도시 브레멘 주
에서는 한 해 동안
과학·경제·예술
·문화가 서로 연관
된 700여 개의 크고
작은 활동 및 행사
가 진행되었고, 세
부행사 프로그램은
브레멘과 브레머하

<사진 9> 브레머하펜의 '컨테이너 터미널'

펜에 소재한 90개 이상의 대학 및 연구기관의 적극적인 참여로 이루어졌다.
개막 및 폐막행사를 제외한 전체적인 세부 행사프로그램은 주로 아래 5개 꼭
지로 기획되었고, 세부 행사프로그램의 내용은 아래와 같다.

1) 과학과 대중 : 시민들을 위한 연구활동(Forschung für die Bürger)
2) 전시프로그램 : 컨테이너에서 체험하는 과학(Wissenschaft im Container)
3) 학교프로그램 : 젊은이들만을 위하여?(Young People Only?-Schulprogramm)

    4) 과학과 경제 : 강력한 이륜마차(Ein starkes Tandem—Wissenschaft und Wirtschaft)

    5) 과학과 예술 : 음향과 기호(Klänge und Zeichen—Wissenschaft und Kunst)

<사진 10> 이동과학모빌(Profmobil)

먼저 「시민들을 위한 연구 활동」 꼭지에서 '과학의 기념품들(Souvenirs der Wissenschaft)'이라는 전시회가 열렸다. 이 실험적인 전시회는 주로 과학과 고고학적 지식이 연계된 내용을 중심으로 구성되었으며, '공공사회에서 과학과 과학자들의 위상'에 대한 메시지를 전달하고자 했다. 또한, 대중매체의 협력으로 진행된 이 행사는 과학에 대한 기억의 조각들이 인간 개인의 삶과 조우(遭遇)하는 과정을 재현(再現)하였다. 이 행사는 시민들의 큰 호응으로 전시기간을 2006년 말까지 연장했다. 그리고 브레멘 미술대학 디자인학과 학생들이 준비한 '이동과학모빌(Das Profmobil)' 행사는 관객이 과학에 쉽게 접근하고 공감할 수 있는 콘셉트로 기획되었다. 사실 이 행사는 브레멘에서 처음 기획한 것이 아니라, 이미 2003년 이래로 베를린·스톡홀름·마드리드에서 실행되어 대중의 큰 호응을 이끌어내고 있는 프로그램이었다. 삼륜의 과학자전거에 간단한 장비를 설치하고 과학을 주제로 개최되는 회의장, 과학기술이해 대중강연장 등 시내 곳곳을 누비며 진행된 이 행사는 '과학을 브레멘 주에 어떻게 전할 수 있는가?'라는 모토로 진행되었다. 기동성이 뛰어나고 공간이 거의 필요치 않은 이동과학모빌은 기존의 행사형식을 벗어난 파격이었지만 대중의 관심은 지대했다. 이동과학모빌은 대략 15분 동안의 짧은 강연을 준비하고, 강연 후 과학을 주제로 30-50여 명의 일반대중과 전문가가 즉석 대화를 할 수 있도록 구성되

었다. 또한, 스피커와 모니터 등 음향·영상 장치와 각종 과학정보 데이터를 탑재한 컴퓨터로 현장에서 참가자들에게 각종 과학 지식이나 정보를 신속하게 전달했다. 그 밖에 과학의 대중화를 모토로 한 이 꼭지에는 라디오나 텔레비전 방송 등

<사진 11> 블랙박스 설치 지역

언론을 통해 각종 과학문화 활동 및 행사' 등이 마련되어 시민들에게 지속적으로 홍보되었다.

「컨테이너에서 체험하는 과학」 꼭지에서는 '블랙박스(Black Boxes)'라는 11개의 이동 전시컨테이너가 브레멘 시내 곳곳에 설치되었다. 이 블랙박스 프로그램은 과학을 도시의 각 구역으로 운송한다는 의미를 담고 있으며, 대학 및 연구소는 16개의 컨테이너에 테마를 중심으로 각종 연구 및 실험

<사진 12> 블랙박스 전시장 내부

장비를 전시했다. 이 전시공간에서는 관람객이 과학을 쉽게 이해할 수 있도록 텍스트가 마련되었고, 또한 관람객이 능동적으로 참여해 질의응답을 할 수 있도록 진행되었다.

이 행사는 2005년 5월 17일부터 브레멘에 소재한 해외박물관 앞에 설치된 컨테이너박스 안에서 시작되었다. 그리고 과학자와 예술가가 호기심 어린 관람객들에게 미생물의 세계로부터 출발하여 자력현상, 그리고 인지심리학에

이르기까지 15개의 주제를 시연과 함께 쉽게 설명(Story Telling Science)했다. 그리고 브레머하펜에서는 '컨테이너 터미널, 바다를 알자!(Container Terminal-Meer Wissen aus Bremerhaven)'[24]라는 행사가 열렸다. 이 행사는 바다에 연안한 브레머하펜이 독일과 세계를 연결하는 연환구(連環口)의 기능을 담당하고 있고, 또한, 해양과학도시라는 점에 착안해 기획되었다. 행사를 위해 남북극 및 해양연구·해양식품자원·풍력에너지 등의 과학을 중심으로 한 주제가 20피트 크기의 컨테이너에서 전시되었다. 이 행사는 방문자들에게 해양연구에 대한 생생한 체험기회를 제공하였다.

　　마지막으로 2005년 6월 17일 브레머하펜에서는 남북극 해양연구를 목적으로 설립된 알프레드 베게너 연구소(Forschungsinstitut Alfred-Wegener)의 창립 25주년을 기념한 '과학의 방파제(Pier der Wissenschaft)' 전시회가 열렸다. 이

전시행사에는 거의 1마일에 걸친 북대서양 해변에 각종 해양과학연구소의 주요 연구 분야에 대한 소개와 함께 연구소가 제공한 장비들이 전시되었다.

　　「청소년들만을 위하여? ―학교프로그램」이라는 꼭지에서는 먼저 '흥미롭고 긴장되는 세계를 발견

<사진 13> 과학의 방파제 행사

하는 것은 재미있다!'라는 모토로 'Xplain-Das Programm'이 진행되었다. 이 프로그램은 대학, 연구소, 박물관 등의 과학전문가가 일반 초·중·고등학교에서 학생들의 눈높이에 맞춘 강의와 토론을 하는 것을 중심으로 진행되었다. 이 행사는 학생들이 과학적인 지식을 일상에서 발견하고 체험할 수 있도록

---

24) 독일어에서 '바다'를 의미하는 Meer(메어)와 '보다 많이'를 의미하는 Mehr(메어)가 유사하게 발음된다. 따라서 의미상으로 '바다에 대하여 보다 많은 경험을 축적하자'는 중첩된 의미를 부여하고 있다.

유도하고 또한 이를 응용할 수 있도록 하는 것을 목적으로 진행되었다. '학생들을 위한 과학(Wissenschaft für Schülerinnen und Schüler)' 행사에서는 어린이의 눈높이에 맞는 과학적인 현상들을 자발적이고도 모험적으로 체험할 수 있는 기회를 제공함으로써, 과학이 어려운 것이 아니고 매혹적인 것임을 인식하게 하는 것을 목적으로 하였다. 이 행사의 특징은 꼭 특정 지역의 학교와 학생만을 위한 것이 아니라 연령과 출신학교라는 테두리를 벗어나 다양한 학생들이 자유롭게 참여할 수 있도록 구성되었다는 점이다. '학급 프로그램(Programm für Schulklassen)'은 과학과 학교를 자연스럽게 연계시키는 행사이다.

이 프로그램은 자연과학기술에 관심이 있는 학생들의 잠재력을 장려하는 사업은 단기적으로는 도달할 수 없다는 전제를 기반으로 기획된 일종의 영재프로그램이다. 과학 분야에 특출한 재능을 보이는 영재들에 대한 공동사회의 기대치를 충족하고자 브레멘 종합대학은 대략 100여 명의 과학자·학생·교사의 협력으로 영재프로그램을 개발했다. 이 프로그램은 주로 세미나·강연·교사와 학생들의 공동연구 등으로 구성되었고, 대학 내 연구소와 관련 학과들이 긴밀하게 협력해 대학 캠퍼스와 학교에서 순차적으로 진행되었다. 특히 한자도시 브레멘이 중점을 두고 한 해 동안 진행한 과학문화 활동 프로그램은 청소년을 대상으로 한 행사들이었다. 기타 2005년도 브레멘 과학도시 행사에서 대학과 연계해 시작했고, 현재 전 독일로 확산되고 있는 어린이 과학문화프로그램 '어린이대학(KinderUni)', '수자원 여름학교(Sommerschule Wasser)' 등 학생을 대상으로 한 수많은 행사가 개최되었다.

「강력한 이륜마차-과학과 경제」 꼭지에서 우선 과학과 경제가 상호 이해를 도모하고 교류가능성을 모색하기 위한 기초 작업으로 분기별 '과학도시 전자소식지'[25]를

<사진 14> 어린이대학(KinderUni)

발간했다. 브레멘 주 학술연구&교육국과 항만경제국이 발간한 이 전자소식지
는 우선 도시 내 대학 및 연구소와 지역경제가 상호 교류할 수 있는 장을 제공
하고자 했다. 나아가 지역 내 과학과 경제의 결합으로 인한 신상품 개발과 브
레멘 대학이 주도하는 지역경제 발전에 관한 플랜에 지역의 다양한 주체들이
참여할 수 있도록 독려하고자 하는 것이었다. 그리고 과학과 경제를 연계시킨
대중화 프로그램으로 강연이나 인터뷰 등이 진행되었다. 예컨대 브레멘 대학
교수 Martin G. Möhrle 등 도시혁신 전문가 교수들을 대상으로 하고 '경영혁
신'을 주제로 한 인터뷰행사를 개최하거나, 경제계의 성공사례 프로젝트를 소
개하는 행사 등이 경제계나 일반 대중의 큰 관심을 유도했다. 또한 과학과 경
제를 연계해 산업화의 시너지효과를 기대하는 행사 등이 개최되었는데, 예를
들어 '과학오후 프로그램(Nachmittage der Wissenschaft in Unternehmen)'이 그
중 하나이다. 8회의 포럼형태로 진행된 이 프로그램에서 브레멘과 브레머하
펜의 기업들은 과학계와의 협력이 가능한 프로젝트를 소개하였다. 아울러 6
차례에 걸쳐 경제·과학·정치계의 저명인사들이 브레멘 상공회의소와 대학,

<사진 15> 과학오후프로그램 : 과학자와 경제인의 만남(브레멘 시청)

25) 브레멘 시가 마련한 웹사이트 http://www.city-of-science.de/newsletter.jsp?lang=de
참조.

기업에서 순차적으로 '과학기술과 혁신'이나 '연계토론: 신기술 동향 (Talkreihe: Technologien Trends Transfer)' 등을 주제로 토론회를 개최하였다. 그리고 '기업들은 단지 이윤만 추구하는가?', '회사 내에서 매니저는 스스로 결정력 있는 행위나 사고를 하는가?', '기업인은 어떤 목적들을 추구하는가? 그리고 어떻게 이러한 목적을 직업현장에서 구현하고 있는가?' 등을 주제로 기업의 매니저급과 대학생들이 토론하는 '워크숍'도 개최되었다. 예컨대 주로 기업과 대학의 교류를 활성화할 목적으로 2005년 10월에는 브레머하펜 대학에 서는 '교류의 날―과학과 경제의 만남(Transfertag-Wissenschaft trifft Wirtschaft)' 행사가 열렸다. 한 달간 진행된 이 행사에는 과학과 경제에 관련된 내용을 중 심으로 한 강연프로그램, 지역의 대학생과 대학의 연구자들에게 기업을 소개 하는 프로그램, 과학적인 마인드나 과학적 지식을 주제로 한 대학생들과 신입 사원들의 토론프로그램, 대학과 기업의 연구팀들이 연구개발(R&D)과 '연구와 비즈니스 개발(R&BD: Research and Business Development)'의 융합을 통한 신 상품 개발 등을 주제로 강연・토론회・워크숍 등이 개최되었다.

「소리와 기호―과학과 예술」 꼭지에서는 과학과 예술의 만남을 시도하는 11개의 행사프로그램이 진행되었다. '발명가와 관심자를 위한 과학연극 (Theater für Entdecker und Neugierige)' 프로그램에서는 기센(Giessen) 출신의 연극학 전공 대학생들이 '무엇이 가장 작은 극(劇)적인 요소인가?', '왜 극작 가 브레히트(Bertholt Brecht)는 스탈린을 민중의 정당한 살인자라 명명했는 가?', '관객이 없는 극장에서 과연 무엇이 최고일까?' 등과 같은 과학과 예술 이 연계된 질문을 제기하고 이를 극으로 표현하였다. 또한, '열역학 함수 (Entropia)'를 주제로 하고 '관람객의 적극적인 호응 : 열역학 함수와 화학적 원리의 연관성'을 내용으로 한 연극, 램(Stanislaw Lem)과 싱어(Wolf Singer)가 쓴 소설 괴물트럭(Monster Truck)을 주제로 재구성한 '금속의 용융(熔融): 2040(Meltdown 2040)' 등의 작품이 시연되었다. 과학의 대중화를 목적으로 구성된 '예술과 과학의 만남―두 가지 시각(Art Meets Science-Zweisichten)'이 라는 표현예술 프로그램에서는 주로 대중의 일상에 영향력이 큰 과학연구가 일반적으로 과학의 본질과는 거리가 멀다는 점을 드러내고자 했다. 예컨대

<사진 16> 예술과 과학의 만남: 두 가지 시각(포스터)

'세계 곳곳에서 핸드폰으로 통화하려면 필요한 연구는?'이라는 질문 등이 표현예술의 형태로 제기되었다. 또한, 예술과 과학의 만남을 주제로 한 수많은 전시회가 열렸다. 브레멘 대학 과학자들과 브레멘 예술대학 종합디자인 연구소 출신의 예술가 베쎌(Tina Wessel)과 펜너(Nils Penner)는 과학과 예술 간의 긴장국면을 표현했다. 과학적 연구결과와 표현예술적 현상들이 텍스트로 설명된 이 전시회에서는 회화적 악상으로 작곡된 3음계의 조합에 따른 자유그래픽 추상과 일상에서 추출된 포토그래픽 추상이 과학적인 실험결과와 결합되는 모토를 중심으로 구성되었다. '과학에서 다시 예술로'라는 표제어를 중심으로 '꿀벌소풍(Bienenwanderung)'이라는 전시회도 열렸다. 특히 일반인의 큰 관심을 불러일으켰던 이 전시회에서는 먼저 꿀벌에 관심을 가진 과학자와 예술가가 과학과 예술의 혁신적인 접점과 사유를 유도하였고, '수면(Schlaf)'을 주제로 꿀벌고치와 이집트의 미라가 예술행위를 통해 비교되었으며, 꿀벌과 인간의 수면상황을 각기 과학적·예술 관점에서 촬영한 비디오영상이 배경음악과 함께 소개되었다. 또한 브레멘 셰익스피어 회사의 주도로 양자물리학을 재미있게 시연하는 '양자거품현상 서커스(Circus Quantenschaum)' 행사가 개최되었는데,[26] 행사에서 예술가들은 자연현상과 법칙들을 과학적으로 규명하려는 물리학자들의 시도를 서커스극과 놀이형태로 표현했다. '별빛이 사라진 어둠(Le noir de l'étoile)' 연주행사에서 브레멘의 세계 정상급 오케스트라(Kammerphilharmonie)는 우주공간의 소리를 채

---

26) http://www.circus-quantenschaum.de/quantenschaum-show.html

<사진 17> 양자거품현상 서커스

집하는 시도를 하고, 과학과 진보를 주제로 한 유명한 작곡가의 작품들을 연주했다. 수백 년 전에 우주공간을 떠나 인간세계로 다가오는 별들의 소리를 클래식 오케스트라에서 타악기의 음률로 재현한 연주는 관객들을 황홀한 음의 세계로 안내했다. 그 밖에 '지식이 예술이다(Wissen ist Kunst)'를 주제로 브레멘 예술대학과 브레멘 음대가 공동으로 기획한 강연회, '교환(XChange)'을 주제로 유럽·미주·중국 등에서 초청된 세계적인 소리예술가와 비디오예술가들이 실험음악의 형태로 비디오·오디오 퍼포먼스를 행하는 등 과학과 예술을 연계한 수많은 행사가 개최되었다.

2005년도 독일 과학도시 브레멘 주는 위 5개 꼭지를 중심으로 한 700여 세부행사를 성공적으로 개최하였다.

그리고 과학도시 행사 이후 과학문화 활동의 지속성을 담보하고자 2005년 가을 소형 과학문화 공간인 과학하우스(Haus der Wissenschaft)를 설립하였다. 지자체가 부지와 건물을 제공하고, 도시 내 기업이 재정을 지원하며, 대학 및 연구소가 중심이 되어 운영하고 있는 3층 정도의 브레멘의 과학하우스는 도시 내에서 하나의 종합 문화센터의 기능을 담당하고 있다. 이 과학하우스에서는 포럼·워크숍·토론회·대중강연·음악

<사진 18> 과학하우스(Haus der Wissenschaf)

·연극·미술작품전시회·과학문화카페 등의 대중화 행사들이 지속적으로 개최되어 과학이 간접적인 방식으로 대중의 일상문화에 스며들도록 유도하고 있다. 아울러 과학하우스는 시민들에게 과학기술과 관련된 각종 정보를 제공하고 기존 과학상점(Science Shop)의 기능을 대체하고 있으며, 나아가 정기적으로 사회의 다양한 구성주체들을 위한 재교육 행사를 개최하는 등 시민들의 일자리 창출에도 기여하고 있다.

3. 평가(Evaluation)

경선방식으로 시행되는 독일의 과학도시 사업은 한 해 동안 진행한 과학도시의 행사나 활동에 대한 평가나 감사를 실시하지 않는다. 주관단체인 독일 학술진흥협회가 과학도시 공모에 참여한 도시가 제출한 과학도시 공모지원계획서를 사전에 면밀하게 검토해 선정하기 때문에 선정과정 자체가 평가를 대신하고 있기 때문이다. 지원도시는 도시 내 다양한 구성주체를 모두 연계해 행사기획단을 구성하고 이 기획단을 중심으로 과학도시 지원계획서를 준비·실행한다. 그러므로 비록 지자체가 중심이 되어 활동 및 행사를 수행하고 있지만 각 구성주체들의 적극적인 참여로 상호 견제시스템이 잘 갖추어져 있다. 평가나 감사가 없기 때문에 협회가 준비한 공식적인 평가지표나 평가결과가 존재하지 않는다.

다만, 비공식적으로 브레멘 대학에서 실시한 2005년도 과학도시 브레멘 주의 과학문화 활동 및 행사에 관한 현장반응조사 결과가 대중의 반응을 살펴볼 수 있는 유일한 자료이다. 브레멘 대학은 교내 사회학과와 통계학과에 2005년 6월 행사 진행 중 일부 행사와 활동에 대한 평가를 의뢰했다.[27] 우선

---

27) 2005년도 과학도시 행사 중 6월 28일부터 7월 14일 사이에 실시된 이 조사는 과학도시 브레멘 주에서 진행된 행사에 직간접적으로 관련이 있는 방문객·참가자·시민들의 질의응답 및 설문조사 결과를 분석한 것이다. 이 평가조사보고서는 브레멘 대학 사회학과 학부생들이 사회학적인 현상분석의 방법론에 대한 실습과정의 일환으로 조사·분석되고 작성되었다. *Stadt der Wissenschaft 2005: Ergebnisse eines Evaluationsprojektes zu den Einschätzungen von Besuchern, Beteiligten und den Bürgerinnen und Bürgern aus Bremen und Bremerhaven, Abschlussbericht Herbst 2005* 참조.

'블랙박스', '과학 장면 낭송', '지구지질의 밤', '과학의 방파제' 4개의 프로젝트를 중심으로 시민들의 반응에 대한 평가가 진행되었으며, 평가방법으로 '설문지 질의응답'과 '현장 조사'가 선택되었다.

행사현장에서 진행된 설문조사에서 참가자의 30%에 해당되는 응답자의 의견과 하나의 행사에 대한 관찰내용이 분석되었다.[28] 우선 세 개의 행사장에서 시행된 설문조사에 대한 분석결과 과학도시 행사 및 활동에 참가한 대부분이 '매우 좋음(sehr gut)' 혹은 '좋음(gut)'으로 대답함으로써 시민들의 만족도가 매우 높은 것으로 평가되었다.

예컨대 '블랙박스' 행사의 전반적인 평가는 '매우 좋음(18%)', '좋음'(58%)으로 나타났고, 박스 안에 설치된 체험전시 내용의 구성, 특히 과학적 이해도 향상률과 흥미도에 관해서는 '매우 좋음'(15%), '좋음'(44%)으로 응답했다. 아울러 블랙박스와 같은 프로그램의 지속성을 요구한 응답자가 97%에 달할 만큼 행사는 성공적이었다. '과학장면 낭송'에 대해서도 전체 참가자의 3/4이 '매우 좋음'으로 평가했으며, 행사에서 제시된 주제로 인해 과학에 대한 관심과 과학적 지식을 얻게 되었다는 응답자가 2/3에 달하였다. '과학의 방파제' 행사에서는 이 전시행사가 '브레머하펜을 과학의 현장으로 알리는 데 기여했는가?'라는 질문에 '매우 그렇다'(남자 38%, 여자 53%), '그렇다'(남자 57%, 여자 43%)라고 응답해 전반적으로 매우 긍정적인 반응을 보였다. 청소년 프로그램인 '지구지질의 밤'에 대한 관찰에서 청소년들은 프로그램 기획팀이 기대한 것 이상의 반을 나타냈다고 평가했다. 한편 행사에 대한 비판의 목소리도 있었는데, 먼저 '블랙박스의 컨테이너 설치가 효과나 기능면에서 미흡', '유기적인 행사진행에 미숙', '노인과 장애자들을 위한 편의시설 미비' 등이 지적되었다. 과학문화도시의 활동 및 행사에 관한 인지도 및 정보취득 경로에 대한 설문조사에서는, 먼저 시민 전체의 2/3가 과학도시 행사에 관해 인지하고 있었다고 응답했다. 그중 69%가 신문, 37%가 텔레비전, 27%가 라디오,

---

28) 설문조사 대상인 행사와 응답자 수는 '블랙박스' - 행사 방문자 99명·행인 393명, '과학의 방파제' - 전시회 '바다를 알자!' 방문자 129명, '과학장면 낭송' - 방문자 35명이며, '지구지질의 밤'의 경우 청소년의 반응이 관찰되었다.

8%가 인터넷, 10%가 친구나 지인을 통해 정보를 취득해 홍보매체 중 신문의 역할이 가장 큰 비중을 나타냈음을 알 수 있다. 그리고 과학도시의 활동 및 행사에 대해 언론보도가 끼친 영향에 대해서 참가자들은 38%가 '거의 없거나 적다', 42%가 '약간' 그리고 17%가 '큰 역할'을 하였다고 응답했다.

시민들의 과학에 대한 관심도 표명은 시사하는 바가 크다. '과학 자체에 대한 관심'에 대한 질의에 20%가 매우 강한 관심을, 44%가 보통 정도의 관심을 나타냈다. 그리고 관심에 대한 연령층별의 통계는 18-29세와 30-41세가 강한 관심을 보였으며, 고령자층으로 갈수록 점차 관심도가 감소했다. 그리고 브레멘 주 전체 시민들 중 대략 12% 정도만이 과학도시의 활동 및 행사에 참여하였으며, 그중 과학과 문화·예술·학문이 연계된 행사에 참여한 인원이 눈에 띄게 많았다. 따라서 과학도시 행사 및 활동을 통한 시민들의 과학 자체에 대한 관심 유도는 단지 부분적인 성공으로만 평가될 수 있다. 따라서 과학문화 활동 및 행사는 과학적 지식전달을 중심으로 구성된 프로그램보다는 간접적인 방식으로 시민들의 일상적 코드에 접근할 프로그램을 개발하는 전략이 필요하다.

비록 비공식적이지만 이러한 평가를 종합하면 다음과 같은 몇 가지 결론을 도출해 낼 수 있다. 먼저 개별적인 비판도 있었지만 행사참가자의 경우 대부분 '매우 좋음(sehr gut)', 혹은 '좋음(gut)'으로 응답했기 때문에 과학도시의 행사나 활동에 대한 전체 콘셉트는 '매우 성공적'이었다고 할 수 있다. 특히 청소년을 대상으로 한 전시회나 학교와 연계된 프로그램, 과학과 경제·예술 등은 프로그램은 큰 관심과 참여를 유도했다. 둘째로 시민들은 과학에 대한 관심을 가지고 있다. 그러나 고령자 층으로 갈수록 과학에 대한 관심이 감소하기 때문에 이에 대한 적절한 프로그램이 요구된다. 셋째로 언론홍보가 시민들의 과학에 대한 관심을 불러일으키고, 또한 과학도시 활동 및 행사의 성패에 매우 중요한 역할을 한다는 점이다. 넷째로 개별 행사가 상위 콘셉트 아래 유기적으로 연관되어야 한다는 점이다. 마지막으로 과학도시의 활동 및 행사는 시민들에게 긍정적인 콘셉트로 인식되었지만, 행사장소의 선택에 있어서는 시민들의 접근성이 고려되어야 한다는 점이다.

브레멘 주가 2005년도에 진행한 700여 개의 행사프로그램 이후에도 시민들은 지속적으로 과학과 관련된 행사를 요구하고 있다. 이러한 시민들의 요구를 통해 지자체는 과학에 대한 시민들의 관심이 의외로 크다는 사실을 확인하였다. 따라서 브레멘 대학이 실시한 평가결과는 당초 브레멘 주가 과학도시 활동 및 행사를 통해 설정한 목표들이 달성되었음을 보여주고 있다.

IV. 나가는 말: 과학기술과 과학문화 공간의 창출

독일의 16개 주 중 하나인 브레멘 주는 철강·조선 등 주력 산업이 지난 1990년대 초반 이래 한국을 포함한 아시아 신흥 공업 국가들의 저렴한 노동력에 경쟁력을 상실했다. 아울러 어업의 쇠퇴가 겹치고 인구가 감소하는 등 도시경제는 급속히 추락했다. 지자체는 추락한 도시경제를 살리고 시민을 절망으로부터 이끌어내고자 1990년대 후반부터 신산업 혹은 대체산업 개발에 총력을 기울이고 있다. 지자체는 우선 도시의 미래를 열어줄 신산업의 정점에 과학기술의 진흥을 세우고, 2003년도 말에 '2005-2010년 도시발전계획'을 설정하였다. 그리고 도시발전계획을 추진하기 위한 일차적인 단계로 과학문화 활동을 통해 과학기술에 대한 시민들의 공감대 형성을 통한 잠재적인 동력 확보, 즉 사회적 자본을 확보하고자 했던 것이다. 결국, 브레멘 주는 2005년도 독일 과학도시로 선정되었으며, 한 해 동안 700여 개의 과학문화 활동 및 행사를 통해 과학기술의 붐을 형성했고, 도시 내 구성주체들을 네트워크화 하는 데에 성공했다. 또한, 구체적인 행사관련 프로그램은 시민들로 하여금 과학에 대한 관심을 넘어 과학지식에 대한 이해가 실생활의 유익함과 자신이 속한 지역의 혁신에 필수불가결하다는 사실을 인식하게 하였다. 따라서 독일의 과학도시 사례는 과학문화 활동을 매개로 특정한 도시 내에서 혁신공간의 창출에 크게 기여하고 있음을 보여주고 있다.

그런데 독일 과학도시 사업을 추진하고 있는 독일 학술진흥협회는 단지 한 해 동안의 행사 및 활동을 통해 당장 도시의 구조나 형태의 변화를 기대하고 있는 것은 아니다. 협회가 추진하고 있는 사업은 '과학도시'에 대한 공모지원이나 선정 이후의 과학문화 활동 및 행사 등 전 과정을 통해 시민의 과학에 대한 관심과 참여의식을 고양하고, 또한 통합하는 계기를 마련해 주는 것이다.

독일의 과학도시 사업은 구체적으로 다음 세 가지에 주목해 성공적으로 진행되고 있다. 먼저 협회는 도시 및 지자체에 과학도시 사업을 계기로 과학·경제·문화·정치를 유기적으로 네트워크화 할 수 있는 기회를 제공하게 된다. 또한, 도시가 과학도시를 통해 체득한 경험은 지속가능한 역동적인 과학문화운동으로 확산되어 궁극적으로 도시와 주변지역의 혁신에 필수불가결한 '사회적 자본'29)이 된다. 둘째로는 과학에 대한 관심이 사회와의 지속적인 대화로 확대될 수 있는 기반을 조성하게 된다. 이를 위해 선정된 과학도시는 과학적 지식을 대중과 공유할 수 있는 과학문화 프로그램을 기획한다. 예컨대 브레멘은 과학도시로 선정된 한 해 동안 강연회·포럼·워크숍·전시회·학교 내 과학교실·과학극장 등의 과학문화 행사를 진행했으며, 과학문화 활동의 지속성을 담보하고자 소형 과학문화공간인 「과학하우스」를 설립했다. 지자체가 건물과 부지를 제공하고 도시 소재의 기업이 재정을 지원하며, 대학 및 연구소가 중심이 되어 운영하고 있는 3층 규모의 이 과학하우스는 종합 문화센터의 기능을 담당하고 있으며, 과학이 간접적인 방식으로 대중의 일상문화에 스며들도록 유도하고 있다. 마지막으로 과학을 도시발전의 동력으로 삼고자 한다. 과학도시 사업이 소비자에게 과학적 지식을 전달하는 것을 넘어 도시민들의 제반 환경을 개선하거나 도시혁신에 동기를 제공할 수 있어야 한다는 것이다. 예컨대 독일의 과학도시들은 과학문화와 지역혁신·평생학습사회·지역경제 및 정치 등이 연계된 다양한 프로그램을 개발하고 이를 시행하고 있다.

---

29) 사회적 자본(Social Capital)은 종전의 인적·물적자본에 대응되는 개념으로 '사회구성원들이 공동의 문제를 해결하는 데 상호 신뢰·친사회적 규범·협력적 네트워크를 통해 적극적으로 참여하는 사회의 조건 또는 특성'을 지칭한다. 아울러 사회적 자본에 대한 다양한 정의 중 '개인적인 행동양식에 영향을 주고, 따라서 이는 궁극적으로 경제적 성장에 영향을 주는 사회적 관계망(Social Network)'이라는 페나(Karen Pennar, 1997)의 정의에서 '자발적 네트워크', '사회적 관계(Social Relationship)', '정치·경제발전의 윤리적 기반(ethical infrastructure)'이 결국 혁신의 중요한 기저가 된다는 점에 주목하여야 한다. Karen Pennar, "The Ties that Lead to Prosperity," *Business Week 15*(December 1997), pp. 153-155.

　과학문화도시 사업이 과학문화 확산이라는 본래의 목적을 달성하려면 아직
도 과학을 문화의 하나로 수용하지 못하고 있는 대중의 관심과 참여를 높일
수 있는 전략과 프로그램이 개발되어야 한다. 또한 과학문화가 학습이 아니라
문화로 자리 잡으려면 소비자가 정보 생산과 수집 그리고 과학문화 활동의
기획과 조직에 참여하는 기회가 많아져야 할 것이다. 한국의 '과학문화도시'
사업과 가장 유사한 독일의 '과학도시' 사업은 이와 같은 조건을 잘 갖추고
있다. 이 사업은 지난 2010년에 실시된 평가에서 당초 협회가 목표로 한 '과학
문화의 붐(Boom)' 조성과 '도시혁신'에 큰 기여를 하고 있다는 평가결과에 따
라 2011년부터 2차 5개년 계획이 시행될 만큼 큰 성공을 거두고 있다. 이와
같은 성공에는 민간단체인 독일 학술진흥협회가 설정한 명확한 사업목적과
사업전략, 선택과 집중이 전제된 과학도시 지원방식, 각 도시 행정주체의 강력
한 의지가 기저에 놓여 있다. 그리고 도시가 과학도시를 계기로 체득한 과학문
화 행사 및 활동 경험은 궁극적으로 도시와 주변지역의 혁신과 발전의 중요한
사회적 자본(Social Capital)이 되고 있다. 따라서 독일 학술진흥협회가 추진하
고 있는 과학도시 사업은 특정한 도시공간에서 과학문화의 붐을 조성하고, 이
를 도시발전의 계기로 삼고자 하는 혁신사업이라고 할 수 있다.

　2005년 과학도시 브레멘 주의 과학문화 활동을 사례로 살펴본 독일의 과학
도시 사업은 우선 '과학문화 활동'을 통해 기존에 형성된 무형의 공간을 융합
소통공간으로 치환해 내는 데에 큰 기여를 하고 있다. 둘째, 이 소통공간은
지역이나 도시에서 유형의 "혁신공간", 대중의 일상문화로서의 "과학문화 공
간"을 형성해 나가고 있다. 따라서 한국의 과학문화도시 사업도 현재 성공리
에 진행되고 있는 독일의 과학도시 사업의 구조와 형태 및 세부 시행프로그
램을 벤치마킹하고, 한국의 현실에 적합한 '과학문화 공간 창출'을 위한 사업
으로 재탄생하여야 한다.

　아울러 향후 과학기술이 과학문화 공간에서 대중들에게 일상문화의 하나
로 이해되는 과정을 미시적으로 고찰하고, 또한 과학문화 공간에서 이루어지
는 과학문화가 역으로 과학기술에 어떠한 영향을 미치는가에 대한 좀 더 활
발한 연구가 필요한 시점이다.

참고 문헌

Bremen · Bremerhaven 'Stadt der Wissenschaft 2005', *Eine Bilanz*(Bremen, 2005).

Braunschweig Stadtmarketing GmbH, ed., *Ideenküche Breaunschweig, Stadt der Wissenschaft 2007*(2006).

Braunschweig Stadtmarketing GmbH, ed., *Ideenküche Breaunschweig, Stadt der Wissenschaft 2007: Programm*(2007).

Deutsche Universitätszeitung(duz), ed., duz special: *Wo Elemente sich verbinden, Dresden Stadt der Wissenschaft 2006*(2006).

JenaKultur und Allianz für Wissen und Wachsen, ed., *Stadt der Wissenschaft 2008: Wissen & Wachsen*(2007).

Koordinationsbüro 'Stadt der Wissenschaft 2005' am DFG-Forschungszentrum Ozeanländer, ed., *Program 'Stadt der Wissenschaft 2005': Bremen · Bremerhaven*(2005).

Landeshauptstadt Dresden, 'Stadt der Wissenschaft 2006', ed., *Dresden 'Stadt der Wissenschaft 2006'-Programm*(2006).

Landeshauptstadt Dresden, Amt für Presse- und Öffentlichkeitsarbeit, ed., *Lebendige Wissenschaft : Biotechnologie in Dresden*(2005).

Landeshauptstadt Dresden, Amt für Presse- und Öffentlichkeitsarbeit, ed., *Dimension der Zukunft : Nanotechnologie in Dresden*(2005).

Stifterverband, ed., *Innovationsfaktor Kooperation: Bericht des Stifterverbandes zur Zusammenarbeit zwischen Unternehmen und Hochschulen*(Essen, 2007).

Stifterverband für die Deutsche Wissenschaft e.V. ed., *Vitaler Austausch: Bericht 2005-2006*(Essen, 2007).

Stifterverband für die Deutsche Wissenschaft e.V. ed., *Exzellenz in der Wissenschaft: Das Programmarbeit des Stifterverbandes*(Essen, 2006).

Stifterverband für die Deutsche Wissenschaft e.V. ed., *Stadt der Wissenschaft 2008: Informationen rund um den Wettbewerb*(Essen, 2007).

Stifterverband für die deutsche Wissenschaft, Stadt der Wissenschaft 2012 - Ausgezeignet durch den Stifterverband (Berlin, 2011).

웹사이트 자료

Stifterverband für die Deutsche Wissenschaft: www.stifterverband.de/

Stadt der Wissenschaft: www.stadt-der-wissenschaft.de/

Stadt der Wissenschaft 2005, Bremen · Bremerhaven:
    www.stadtderwissenschaft-2005.de/

Stadt der Wissenschaft 2006, Dresden: www.dresden-wissenschaft.de/

Stadt der Wissenschaft 2007, Braunschweig:
    www.braunschweig.de/stadt-der-wissenschaf

Stadt der Wissenschaft 2008, Jena: www.made-in-jena.de/

Stadt der Wissenschaft 2009, Oldenburg:
    www.uebermorgenstadt.de/DE/index.php

Stadt der Wissenschaft 2011, Mainz:
    www.mainz.de/WGAPublisher/online/html/default/stadt-der-wissenschaft
    -2011

과학기술의 발전에 따른 공간 변화의 문학적 인식에 관한 연구*

박상준

포항공과대학교

I. 연구의 목적과 방법

본고는 한국 근대문학 형성기의 소설작품들을 통해서, 당대에 새롭게 창출되고 있던 근대적인 공간이 사람들에게 어떻게 인식되었는지를 문학적 형상화 양상을 통해 검토하고자 한다. 본고가 포착하고자 하는 것은 두 가지이다. 하나는 소설에 형상화된 양상을 토대로 새롭게 형성된 근대적 공간의 양상과 특징을 개괄하는 것이고, 그러한 공간 및 그에 대한 사람들의 반응에 대한 문학적 인식의 특징을 검토하는 것이 다른 하나다.

형성기 한국 근대소설이 보이는 근대적 공간에 대한 형상화 양상은 아직까지 국문학 연구의 본격적인 대상으로 설정되지 못해 왔다. 이전의 연구에서 공간의 문제는 소설의 주요 요소 중 하나인 작품의 배경을 고찰하는 방식으로 검토되거나 작가가 활동하고 작품이 산출된 지역으로서 고려되었을 뿐이다. 작품론·작가론의 한 가지 구성요소로서 다루어졌던 것이다.[1] 한편,

* 본 연구는 2008년 과학문화연구센터(SCRC)의 지원에 의해 연구되었으며, 과학문화연구센터의 두 차례 워크숍(2008년 7월, 11월, 서울대)에서 발표한 내용을 수정 발전시킨 것임.

1) 김태준 편 『문학지리 – 한국인의 심상공간』 상·중·하(논형, 2005)가 이 방면의 대표적인 성과라 할 수 있다. 강진호, 『한국문학의 현장을 찾아서 – 문학사에 우뚝 선 거목의 발자취』 (문학사상사, 2002); 민족문학사연구소 편 『춘향이 살던 집에서, 구보씨 걷던 길까지 – 한국

새롭게 창출된 근대적 공간의 양상 및 특성과 그에 대한 사람들의 반응을 본격적인 검토 대상으로 설정한 성과가 근래에 왕성하게 이루어지기도 했으나, 이들은 제도론적 연구, 문화론적 연구의 맥락에서 개별적으로 진행되고 그 성과의 주요 갈래가 대중을 상대로 하는 것이기도 해서 본격적인 문학연구라고 하기는 어렵다.[2] 요컨대, 일군의 국문학자들이 이러한 연구에서 선도적인 역할을 담당했으나, 그러한 성과를 문학연구에 보다 밀접하게 연관 짓는 데까지는 이르지 못한 것이다.[3] 이러한 의미에서, 근대적인 공간의 창출이 갖는 사회문화적 의미에 대한 문학적 반응을 폭넓게 검토하는 일은 아직 본격적으로 시도되지 않았다고 할 수 있다. 본 연구의 필요성이 여기에서 찾아진다.

제도예술 상태를 벗어난 근대문학의 특징이 한편으로는 인간과 사회에 대한 진지한 탐구로 다른 한편으로는 미적 자율성의 내재적인 추구로 특징지어진다고 할 때,[4] 근대의 인간과 사회에 대한 이해에 있어서 공간의 문제는 간과될 수 없다. 특히 과학기술의 발전이 눈부실 만큼 가속화되고 그 산물이 우리의 삶의 총체뿐 아니라 개인의 사생활에까지 깊숙이 침투하고 있는 상황을 생각하면, 과학기술의 발전에 따라 새롭게 창출되고 변화된 공간의 양상과 특징, 그 인문적 의미를 조명하는 일은 한국 근대문학 연구의 폭을 넓히고 깊이를 심화시키는 데 있어서도 긴요한 일이라 하겠다.

과학의 발전이 인류의 생활환경을 급격히 변화시키고 있음은 주지의 사실이다. 주거 및 냉난방 기술의 발전이 인간의 생활공간을 거의 전지구로 확장한 한편, 자연과학 및 공학의 발전을 바탕으로 한 운송기술의 발달은 정반대

문학 산책』(창비, 2005); 김재관·장두식, 『문학 속의 서울』(생각의나무, 2007) 등도 이에 속한다.
2) 김진송, 『현대성의 형성-서울에 딴스홀을 허하라』(현실문화연구, 1999); 신명직, 『모던 뽀이, 경성을 거닐다』(현실문화연구, 2003); 김인호, 『백화점의 문화사』(살림, 2006); 김명환·김중식, 『서울의 밤 문화』(생각의나무, 2006) 등을 참조할 수 있다.
3) 본 연구의 결과에 가장 근접한 경우로 모더니즘문학연구에서의 공간 파악을 들 수 있는데, 이 경우는 모더니즘문학의 도시문학적 특성을 검토하는 방식으로 이루어진 것이지 근대 도시의 형성과 발전이 당대인들의 삶에 끼친 영향에 대한 문학적 반응 일반을 검토하는 것은 아니라고 할 수 있다. 서준섭, 『한국 모더니즘 문학 연구』(일지사, 1988)의 연구가 이 방면의 초기 성과에 해당된다.
4) 루카치, 반성완 역, 『소설의 이론』(심설당, 1985) 등의 루카치 문학론과 페터 뷔르거, 최성만 역, 『전위예술의 새로운 이해』(심설당, 1986) 등 참조.

로 그토록 넓어진 생활공간을 지구촌으로 축소시켜 놓았다. 각종 발전 기술과 그것을 이용한 조명 기술이 생활시간을 확장했음도 따로 말할 필요가 없다. 생활공간의 확장 위에서 물리적인 접촉면만이 커진 것이 아니라, 커뮤니케이션 기술 및 미디어의 발전으로 해서 인간 간의 소통 방식 자체가 본질적으로 변화했다. 미디어의 발전으로 해서, 인구의 다수인 대중이 전체 사회에 통합되고 사회의 중심부에 밀착된 대중사회가 가능해졌으며,5) 이러한 특징은 신문과 라디오, 텔레비전을 거쳐 인터넷 미디어가 등장한 오늘날 한층 강화되었다.

과학의 발전과 그것을 응용한 기술의 발달이 미치는 영향은, 이상과 같은 생활환경의 변화에 그치지 않는다. 생활환경의 변화를 매개로 해서 과학과 기술의 발달은 인간관, 세계관에서도 중요한 변화를 초래하며, 궁극적으로는 인간 자체를 변화시킨다. 대도시의 소비생활에 익숙한 인터넷 시대의 네티즌은 마차를 타고 사교모임을 드나들던 전 시대의 신사나 귀부인과 같은 종류의 인간이라고 할 수 없다.6) 인간과 세계를 바라보는 방식과 내용 자체가 판이하게 다르기 때문인데, 이러한 차이의 바탕에는 과학기술의 발달에 따른 공간의 변화가 자리 잡고 있다. 이 변화의 핵심은 질적 차이를 갖지 않는 균등한 시간과 표준화된 공간의 등장인데, 이러한 사실이야말로 현대사회의 제반 양상과 현대인의 삶의 본질을 궁극적으로 조건 짓는 요인이다.7)

사정이 이러하기 때문에, 과학기술의 발전에 따른 새로운 공간의 창출 즉 생활환경의 변화가 갖는 의미를 심도 있게 살펴볼 필요가 있다.8)

---

5) 에드워드 쉴즈, "대중사회와 대중문화", 노먼 제이콥스 편 『대중시대의 문화와 예술』 (홍성사, 1980), 42쪽.
6) 이러한 인간성의 변화를 상징적으로 잘 보여주는 작품으로 밀란 쿤데라의 『느림』을 들 수 있다. 여기서 서술자는 자동차 경적을 울려대며 길을 재촉하는 현대 젊은이들의 조급함을 마차를 타고 연애심리를 키워가는 앞 시대 귀족의 유유자적함과 대비하여 운송수단의 차이와 애정을 나누는 양상의 차이를 관련짓고 있다.
7) 앤서니 기든스, 이윤희·이현희 역, 『포스트모더니티』 (민영사, 1991), 31-35쪽 참조; 이진경, 『근대적 시·공간의 탄생』 (푸른숲, 1997) 참조.
8) 이러한 연구의 궁극적인 의의는, 현재 우리가 처한 환경의 인간적·인문학적 의미를 가늠하고, 이를 바탕으로 하여, 과학기술의 발전을 적절히 관리할 인간적 규준을 마련하는 데서 찾을 수 있다.

이러한 의미를 한국 근대소설을 대상으로 하여 살펴보고자 하는 본고에서는, 문학작품에 형상화된 새로운 공간과 그에 대한 등장인물이나 서술자·작가의 반응 양상을 확인하여, 그러한 환경 변화의 의미와 그것을 낳은 과학기술의 발달에 대한 인식 및 가치평가상의 특징을 규명하고자 한다. 과학기술의 발전에 따라 새롭게 창출된 공간이 낳은 인간관, 세계관 및 삶의 패턴 상의 변화에 주목하고자 하는 것이다. 특히 과학의 발전에 따른 공간의 변화에 대한 인문적 가치판단의 변화 및 분기 양상 즉 긍정적·낙관적인 예찬·환영 및 부정적·비관적인 비판의식의 중층적인 전개 과정을 살피고 그 의미를 드러내는 데 초점을 맞추고자 한다. 이렇게 한국 근대소설을 시금석으로 하여 과학기술의 발전에 따른 새로운 공간 창출의 양상 및 그 의미를 탐구하는 것이, 본 연구의 주된 연구방법에 해당한다.

이러한 양상과 의미를 적절히 파악하기 위해서는 역사적인 고찰이 필요하다. 선험적인 평가 기준을 내세우지 않는 한, 새롭게 창출된 공간의 특징과 의미는 통시적인 변화과정에서 명확히 확인되기 때문이다. 이에 본 연구는 한국 근현대 소설사의 주요 작품들을 통해서 과학기술의 발전에 따라 새롭게 창출된 공간들이 사람들에게 어떻게 받아들여지고 일상생활에 어떠한 변화를 낳았는지를 확인하는 방식을 취한다. 문학작품에서 확인되는 새로운 공간 인식의 고고학적 탐구라 할 문학사적인 접근이 연구방법상의 두 번째 특징이라 할 수 있다.

이를 위해서 본고는, 적은 수효나마 이와 관련된 기존의 연구들을 발판으로 삼는다. 농촌이나 도시, 외국, 가정 등을 주요 배경으로 하거나 여행, 유학, 귀국, 이주 등을 주요 모티프로 하는 작품들에 대한 연구 성과들을, 공간에 대한 인식 양상이나 공간 변화의 의미를 파악하는 맥락에서 참조할 예정이다.9) 과학과 문학이 직접 결부된 경우는 매우 드물어서 과학이나 과학자를

---

9) 이러한 맥락에서 주목해 볼 연구로는 다음을 꼽을 수 있다. 이은숙, "문학작품 속에서의 도시 경관", 『사회과학연구』 5 (1993), 1–27쪽; 서영인, "일제말기 만주담론과 만주기행", 『한민족문화연구』 23 (2007), 209–238쪽; 조남현, "한국현대작가들의 '도시' 인식 방법", 『현대소설연구』 35, (2007), 7–25쪽; 태혜숙 외, 『한국의 식민지 근대와 여성공간』 (여이연, 2004). 이 외에도 1920년대의 농촌소설 및 리얼리즘소설과 1930년대의 도시소설[모더니즘소설]에 대한 수많은 연구 성과들을 본고의 문제의식으로 변용하여 참조할 수 있다.

작품의 대상 혹은 모티프로 설정한 작품부터가 별로 없는 형편이므로,[10] 과학기술 자체는 새로운 공간 형성의 주요 요인 측면에서 고려할 생각이다.

또한, 연구방법론 측면에서 본고는, 공간에 대한 파악에 있어서는 근대적 시공간의 탄생에 대한 앤서니 기든스 등의 논의를 바탕으로 하고[11] 구체적으로는 게오르그 짐멜의 공간 이론과 도시문화론에 기대고자 한다. 짐멜의 공간 이론은 개인의 자유와 집단구조 간의 관계에 대한 변증법적인 접근방식을 보이며, 공간적 특성과 사회조직의 관계를 정식화해 놓은 선구적인 지위를 가진다. 그에 따르면 인간의 사회적 상호작용은 다음과 같은 공간의 특성에 의해 영향을 받는다. 곧 공간의 배타성, 공간의 분할, 공간의 고정화(Fixierung), 근접성, 공간적 이동이 사회 상황과 삶의 양태에 중요한 변화를 낳는 것이다. 본 연구에 있어서 특히 중요한 것은 현대성이 집약적으로 나타나는 대도시 공간의 특성에 대한 짐멜의 파악이다. 그에 따르면 대도시는, 계량화의 확산을 특징으로 하는 화폐경제와 문화적 특징들을 공유하며 세계주의의 본거지로 기능한다. 이러한 대도시는 그곳에 사는 사람들에게, 사물의 차이에 대한 마비 증세를 낳는 심리적 과부담을 줌과 동시에 개인의 자율성에 대한 가능성을 높이는 양가적인 영향을 미친다.[12]

게오르그 짐멜이 분석하는 대도시라는 새로운 공간의 기능은, 모더니즘 문학이 집중적으로 형상화한 현대사회 속 개인의 삶의 양상과 본질적으로 통한다. 모더니즘은 무엇보다도 도시의 문학이며 생산활동보다는 소비활동에 착목하여 도시 속의 분열된 개인을 대상으로 하기 때문이다. 따라서 모더니즘을 중심으로 한 현대문학의 공간 형상화 양상은, 전원과 농촌이라는 재래의 공간과 달리 과학기술 발달의 최종적인 집약체로 등장한 대도시 공간의 특성과 의미를 파악하는 데 더없이 좋은 텍스트가 된다. 대도시라는 새로운 공간과 모더니즘 및 모더니티의 관련 양상에 대해서는 19세기 이후의 파리에 대

---

10) 이러한 사정을 잘 알려주는 연구 성과로 한국현대문학회의 2005년 하계 학술발표회 〈한국현대문학과 과학〉(포항공과대학교, 2005.8.18~19) 소재의 발표문들을 참고할 수 있다.
11) 앤서니 기든스, 앞 책.
12) 서우석, "게오르그 짐멜의 공간이론과 도시문화론", 국토연구원 편 『현대 공간이론의 사상가들』(한울, 2005) 참조.

한 발터 벤야민의 일련의 연구들도 주요한 참조점을 제공한다.[13]

본 연구의 주요 내용은 크게 다음 세 가지이다. 첫째는 과학기술의 발전에 따라 새롭게 창출된 현대적 공간의 양상과 의미를 밝히는 것이다. 이는 다시 현실의 공간과 상상의 공간으로 나누어 살필 수 있다(2장). 둘째로 철도, 도로 등 공간망의 형성과 각종 통신수단 등 미디어 기술의 발전에 의해 새롭게 구성되는 공간 상황과 그에 대한 인식의 변화에 대해서 검토하고자 한다(3장). 이상의 연구 내용을 바탕으로 하여, 새로운 공간에 대한 복합적인 인식 속에서 비판적 인식이 드러나는 양상에 주목하여 과학의 발전에 따른 공간의 변화에 대한 문학인들의 가치판단 변화 양상을 살피고, 이를 과학과 인문정신의 관계 차원에서 조명하여 그 의의를 구명하는 것이 셋째이다(4장).

II. 새로운 공간의 창출과 문학적 반영

근대를 전후한 과학기술의 발전은 수많은 새로운 공간을 창출하였다. 근대 도시와 그것을 이루는 도시형 건물들 자체가 대표적인 예이며, 공장과 밀집가옥들로 구성된 산업생산 공간, 백화점·카페·다방·양식당 등과 같은 소비 및 향락 공간, 공원과 극장·음악당 등의 문화 공간 등 모두가 근대과학의 산물이다. 온천이나 명승지 같은 자연이나 문화유산 등의 휴양지화 또한 근대과학의 영향하에서 이루어졌다.

이러한 새로운 공간의 창출 양상은 한국 근대문학 작품들에서 폭넓게 확인된다. 지방 출신의 도시 상경 모티프는 한국 근대문학 100년간 부단히 지속되는 것이며, 산업현장의 양상은 1920-30년대 리얼리즘소설에서부터, 도시의 소비 향락 공간은 1930년대 이래의 모더니즘문학에서 작품의 배경으로 즐겨 그려져 왔다. 문화 공간이나 휴양지 등 또한 한국 근대문학에 흔히 등장하

---

13) Walter Benjamin, trans. by Harry Zohn, Charles Baulelaire: *A Lyric Poet in the Era of High Capitalism* (Verso, 1983); 발터 벤야민, 김영옥·윤미애·최성만 역, 『일방통행로 / 사유 이미지』(길, 2007); 수잔 벽 모스, 김정아 역, 『발터 벤야민과 아케이드 프로젝트』(문학동네, 2004) 등 참조.

는 것으로서 공간의 변화를 통시적으로 살피는 데 주요 대상이 된다.

한국 근대소설을 대상으로 하여 새로운 공간의 창출이 작품에 반영되는 양상을 검토할 때 주목할 점은, 그러한 공간이 인물과의 관계 속에서 행하는 기능이다. 달리 말하자면 단순한 소재나 개별적인 모티프 차원에서가 아니라 서사전개상의 기능 맥락에서 이들 공간의 등장 양상을 검토할 필요가 있다는 것이다. 이러할 때 공간에 대한 당대의 인식 양상을 살피고 그 의미를 파악하는 것 또한 가능하게 된다.

한국 근대문학에서 확인되는 공간의 기능은 크게 두 가지로 요약해 볼 수 있다. 첫째는 인물의 욕망이나 의지와의 관계이다. 이 맥락에서 공간은 인물들이 뜻을 펴는 발판으로 기능하거나 혹은 정반대로 극복해야 할 억압상황으로 등장한다. 둘째는 인물의 의도적인 공간 이동 행위와 관련된 양상 곧 공간 이동의 목적에 따른 기능이다. 도시로의 상경, 유학생의 출국과 귀국, 농촌으로부터의 탈향과 귀농 혹은 계몽을 위한 농촌 진입, 휴양 및 요양을 위한 이동 등이 이 맥락에서 주목된다.[14] 첫째 경우에서 공간의 의미를, 둘째 경우에서 세부 공간들에 대한 인식의 차이를 읽어냄으로써, 한국 근대소설이 보이는 공간 인식의 실제 양상을 정리할 수 있다.

이 장에서는 인물의 욕망이나 의지와의 관계 속에서 새로운 공간이 갖는 기능을, 새롭게 창출된 공간의 문학적 반영 양상을 통해 검토한다. 먼저 환경으로서의 공간을 주거공간과 공적 공간으로 나누어 살펴본다.

근대적 주거공간의 등장은 일찍이 1910년대 소설에서부터 확인된다. 1917년에 발표된 이광수의 『무정』[15]에 등장하는 김 장로의 집은 십여 간 줄행랑을 갖춘 전통적인 구조이지만 중문 안 대청에는 유리문을 달고 교의와 테이블을 갖추었으며(42-43면), 양식으로 꾸민 서재와 서양식 침상이 있어(471-472면), 전통과 신문물이 섞인 반양식의 면모를 갖추고 있다. 이러한 반양식 가옥의 형성에는 '셔양이 우리보다 우승홈'에 대한 자각 위에서 불가불 그것을

---

14) 이에 대해서는 다음 장에서 상론한다.
15) 이광수, 김철 교주『바로잡은 〈무정〉』(문학동네, 2003). 이하 문학작품을 거론할 때는, 본문에 괄호를 열어 처음 발표된 연도를 기입하고, 구체적인 장면을 인용할 경우에는 현재 구해 보기 쉬운 판본을 사용한다.

따라야 한다는 생각이 자리 잡고 있다(474면). 이를 통해서, 근대식 공간이 선 망과 지향의 대상으로 인식되고 있음을 확인할 수 있다.

근대 도시의 새로운 긍정적 면모를 잘 보여주는 것은 공적 공간에서이다. 이미륵의『압록강은 흐른다』(1946)에는 시골에서 자란 주인공이 처음 대하는 기차역과 근대식 학교 건물의 웅장함을 보고 경탄하는 장면이 나온다. 이들 건물은 너무나도 크고 웅장하며 수많은 유리창을 달고 있어서 외형만으로도 놀라움을 자아내는 것이다. 새로운 근대식 건물의 위용을 단편적으로 작품 속에 반영한 경우는 신소설 이래로 폭넓게 확인된다. 이러한 사실이 단순한 배경 묘사에 그치지 않고 나름대로 주목된 결과라는 점은, 현대적인 풍경과 대비되어 그렇지 못한 풍경이 부정적으로 그려질 때 뚜렷해진다. 박태원의『소 설가 구보씨의 일일』(1938)에는 서울 시내를 소요하는 구보가 태평동 거리에 대해 보이는 반감이 잘 드러나 있다: "그러한 것은 어떻든, 보잘것없는, 아니, 그 살풍경하고 또 어수선한 태평동 거리는 구보의 마음을 어둡게 한다. 그는 저, 불결한 고물상들을 어떻게 이 거리에서 쫓아 낼 것인가를 생각하며, 문득, 반자의 무늬가 눈에 시끄럽다고, 양지(洋紙)로 반자를 발라 버렸던 서해도 역시 신경쇠약이었음에 틀림없었다고, 이름 모를 웃음을 입가에 띠어 보았다."16) 구 보가 보이는 이러한 인식은, 새로운 건물에 대한 문학적 주목이 긍정적인 가 치판단에 입각한 것임을 명확히 해 준다.

새로운 주거 공간 및 도시환경이 긍정적으로만 인식된 것은 아니다. 도시 하층민을 그리는 작품들의 경우 그들이 속한 공간상황 특히 근대 도시의 부 정적인 양상을 여실하게 그려내고 있다. 이상의『날개』(1936)에 나오는 33번 지의 벌집 같은 밀집 주거 공간은 도시 하층민들의 생태를 확연히 보여주는 대표적인 예이다.17) 사생활이 거의 보장되지 않는 하층민들의 밀집 거주공간 은 1920년대 중기 신경향파소설에서부터 1980년대 리얼리즘소설들에 이르기 까지 지속적으로 문학작품에 반영되고 있다.18) 이들 작품에서 서술자나 등장

---

16) 박태원,『소설가 구보씨의 일일』(깊은샘, 1989), 44면.
17) 19세기 서유럽에서의 이러한 밀집 주거공간의 등장과 개선책 및 그에 따른 계급 간 알력 등 에 대해서는 이진경,『근대적 주거공간의 탄생』(그린비, 2000), 359~367쪽 참조.
18) 예컨대 한설야의『황혼』(1936)에는 신문 몇 겹으로 칸을 막은 노동자들의 방이 제시되기도

인물이 공간 상황에 대해 특별한 주의를 보이지는 않고 있지만, 이광수 등의 경우와 달리 부정적인 공간을 작품의 주요 배경으로 설정한 사실만큼은 문학사 및 정신사의 층위에서 의미 있는 일이라 할 수 있다.

다음으로, 과학기술의 발전에 힘입어 새롭게 출현한 근대적 공간의 둘째 양상으로 경제활동의 공간을 검토한다. 근대사회가 자본주의사회인 만큼, 생산과 소비의 공간에 대한 문학적 인식은 근대사회 일반의 본질적 특성 곧 모더니티에 대한 당대인들의 의식을 가늠해 볼 수 있는 주요 자료가 된다.

한국 근대소설에 있어 경제적 생산 공간은 농촌과 도시로 양분된다. 식민지시대 한국이 전 국민의 80% 정도가 농민인 농촌사회인 까닭에 전통적으로 농촌은 근대소설의 주요 무대로 등장해 왔다.

농촌이라는 공간이 작품에 등장하는 방식은 크게 보아 세 가지로 정리된다. 하나는 농촌소설에서 새로운 과학 지식에 의해 청산되어야 할 전근대적인 유산이 남아 있는 부정적인 봉건적 공간으로 그려지는 것이다. 이광수의 『흙』(1933)이나 심훈의 『상록수』(1936), 이무영의 「제1과 제1장」(1939) 등 계몽주의 소설들이 대표적인 예가 된다. 이들 소설에서 농촌은 농민에 대한 시혜자로서의 계몽주의자들이 근대적 공간으로 개량하고자 하는 대상이 된다. 다른 하나는 농촌의 궁핍상을 폭로하거나 지소갈등을 통해 농민의 계급의식을 고취시키는 농민소설에서, 경제활동과 계급투쟁의 장으로 등장하는 경우이다. 신경향파의 대표작가인 최서해의 몇몇 작품들이나 카프의 수많은 농민소설이 대표적인 예이다. 이들 작품은, 고통스러운 노동에도 불구하고 고율의 소작료 때문에 생계를 꾸리기조차 어려운 식민지반봉건근대화의 문제 상황을 고발하면서 자본의 대리인으로 기능하는 (부재) 지주에 대한 계급적 적대감을 표현함으로써, 자본에 의해 침식되는 공간으로 농촌사회를 다루고 있다. 끝으로 셋째는 이효석이나 김유정의 일부 소설로 대표되는 전원소설에서 드러나는 바, 인간의 본원적 생명력이 근거하고 있는 근대화 이전의 공간으로 제시되는 경우이다. 이를 두고 자연으로서의 농촌이라 할 수 있을 터인데, 이는 새롭게 펼쳐지는 근대적 공간에 대한 대타인식으로서 의미를 갖는다고

한다(풀빛, 1989, 81쪽).

하겠다.

생산 공간으로서의 공장은 식민지시대 문학의 경우 흔한 것이 아니어서 카프를 위시한 리얼리즘문학에서 일부 등장한다. 해방 이후의 경우도 한동안 외면되어 1970년대 이후 황석영[19]과 조세희[20]를 거쳐 1980년대 노동소설에 이르러서야 본격적으로 형상화된다. 새롭게 창출되는 근대적 생산 공간에 대한 인식을 살펴볼 수 있는 식민지시대의 경우를 보면 이기영과 한설야, 송영, 강경애 등 카프 작가의 작품이 눈에 들어온다. 예컨대 이기영의 『고향』(1934)에서는 제사공장의 작업장 모습과 '방 한 간씩에 툇마루 반 간씩을 줄행랑처럼' 붙여놓고 출입문 하나에 손바닥만 한 마당이 높은 담 아래 놓인 공장의 기숙사가 노동의 피로와 더불어 묘사되고 있다.[21] 강경애의 『인간문제』(1934)에서는 대규모의 근대적 방적 공장이 본격적으로 형상화되면서 그 속에 갇혀서 일하는 노동자들의 일상이 철저히 관리되는 상황을 확연히 보여준다.[22] 이들 작품이 당대의 현실을 계급투쟁적 관점에서 해석하는 비판적 시선을 견지하고 있음을 고려하더라도, 근대적 생산 공간으로서의 공장이 갖는 비인간적인 측면을 객관적으로 반영하고 있는 사실만큼은 간과될 수 없다.

경제활동의 다른 한 축인 소비의 공간 또한 근대성을 유감없이 보여주는 것으로서 모더니즘문학을 중심으로 폭넓게 형상화되고 있다. 박태원의 『소설가 구보씨의 일일』에는 형성기 자본주의의 최첨단 소비 공간인 백화점과 다방, 카페가 차례로 등장한다. 도시를 배회하며 피로에 지친 주인공이 마땅히 들어가 쉬어야 하는 곳이 다방인 데서 보이듯, 이 소설에서 도시의 소비 공간은 위안과 휴식의 장소로 묘사된다. 이상의 「날개」에서 경성역 대합실의 티룸이 주인공의 소외심리와 부합하는 것처럼 근대의 소비 공간이 다소 부정

---

19) 근대적 의미의 공장을 배경으로 한 것은 아니지만 근대적인 노무관계를 적실하게 파헤친 『객지』(1971)와, 일용직 노동자의 생리를 엿볼 수 있는 『삼포 가는 길』(1973)을 이 맥락에서 고려할 수 있다.

20) 후에 『난장이가 쏘아올린 작은 공』(1978)으로 묶이는 '난장이 연작'(1975-78년)은 대규모 공단의 공장을 배경으로 하여 노동현장의 문제를 모더니즘 기법으로 탁월하게 묘파한 성과이다. 1970년대 경제적인 상류층과 중산층, 하층의 삶이 그들의 생활공간에 입각하여 그려진다는 점에서도 주목할 만한 작품이다.

21) 이기영, 『고향』 (풀빛, 1989), 382-385쪽 참조.

22) 강경애, 『인간문제』 (열사람, 1988), 206-212쪽 참조.

적으로 그려지는 경우도 없지 않지만, 대부분의 경우 이러한 공간은 선망과 위안, 만족의 공간으로 받아들여진다. 이 외에 근대인의 본격적인 휴식 공간으로 애용된 온천이나 해수욕장 등도 살펴볼 수 있다. 온양온천이나 동래온천 등은 소설의 주인공들이 일상을 떠나 요양하는 장소이자 근대적 연애를 가능케 하는 새로운 공간으로 각광받고 있다. 해수욕장 또한 연애의 공간으로서 기능한다.23)

현실에 새롭게 등장한 공간의 객관적인 반영 못지않게 문학작품을 통해 확인할 수 있는 것은 그러한 공간들에 대한 사람들의 인식 및 반응이다. 사실 과학기술의 발전에 의해 창출된 공간은 그 자체로서보다 문화적인 맥락에서 바라볼 때 중요한 의미를 갖는다. 작품에서 확인되는 상상의 공간이 중요해지는 것은 이러한 맥락에서이다.

문학작품에서 확인되는 상상의 공간은 다시 둘로 나눠 살필 수 있다. 공간 상상력의 변화에 의해서 현재의 이곳과는 다른 곳, 보다 발전된 곳으로 상상이 되는 새로운 이상적인 공간이 그 하나이다. 도시화·산업화가 서구화를 모델로 했듯이, 모든 도시는 이상적 도시를 상상하며 자신을 형성해 왔다. 이 과정의 추동력이 과학기술임은 명약관화하다. 과학기술은 상상의 공간을 현실화하는 기능을 해 왔다. 한국의 근현대문학을 보면 이렇게 상상의 공간으로서의 근대 도시가 지속적으로 확인된다. 동경이나 상해, 하얼빈, 유럽이나 미국의 도시 등이 그것인데,24) 이러한 새로운 도시는 실제 도시이면서 동시에 사람들이 가고 싶고 그에 맞게 살고 싶어 하는 상상의 공간이기도 했다.

이러한 상상공간은 광협에 있어서 리얼리티와 반비례하는 양상을 보인다. 신소설이나 1930년대 말기의 국제적인 공간 상상력이 미국이나 유럽, 일본, 중국, 만주 등을 포괄하는 것이었음에 반해, 1920-30년대 리얼리즘/모더니즘의 경우 서울 중심의 국내 거점 도시나 고작해야 일본 및 중국 동북지역 등으

---

23) 박태원, 『옆집 색씨』, 1933.
24) 신소설의 여러 작품에서 전 세계를 아우르는 공간 상상력을 확인할 수 있다. 이상이나 박태원 등 모더니스트들에게 있어서 일본 특히 동경은 흔히 경성과 비교되면서 지향해야 할 이상적인 공간으로 배치된다. 이효석에게 있어서 하얼빈 등 근대 도시는 일상성을 떠난 새로운 공간으로 그려진다.

로 확장될 뿐이어서 사실상 국내 도시적 공간 설정 양상을 띠는 것이다.

상상의 공간의 또 다른 유형은, 근대 도시 내부의 상상적 공간이다. 초기 백화점의 옥상정원이나 공원, 문화 공간 등이 대표적인데, 이들은 일상적인 삶 바깥을 상상하게 해주는 공간으로 기능한다.[25] 이들 공간에서 사람들은 자신의 현실적 상황을 잊은 채 시뮬라크르[26]로서 주어진 '일상의 바깥'을 상상하게 된다.[27] 이러한 공간들은 일상 현실 너머의 지평 속에 사람들을 위치지음으로써 계급이나 계층과 같은 사회적 자아의 정체성을 무화시키고 소비자 혹은 향유자로서 그들을 동질화한다. 재래의 일상성을 넘은 새로운 일상으로 등장하는 이러한 공간은 과학기술의 발전에 따른 생산력의 증대에 의해 새롭게 등장한 것으로서, 넓은 의미에서는 소비 향락 공간도 이에 해당된다. 이들 공간이 가능케 한 '일상화된 비일상 상태'는, 현대 과학문화가 행하는 기본적인 기능의 효과로서, 현대인의 삶의 양태의 주요 특징이 된다.

III. 공간망 및 미디어의 발달에 따른 공간 인식의 변화 양상

새롭게 창출된 공간의 의미 및 기능을 한국 근대문학 작품을 통해 검토해 볼 때 초점을 맞추어야 할 또 한 가지는 공간들의 연쇄이다. 공간이 의미를 갖는 것은 고립된 하나의 공간으로서보다 공간들의 연쇄 속에서이다. 한편으로는 철도와 도로 등을 통해 물리적인 방식으로, 다른 한편으로는 편지나 전보, 전화, 인터넷 등을 통해 기능적인 방식으로 세상의 공간들은 서로 다양하

---

25) 1930년대 최대 베스트셀러였던 김말봉의 『찔레꽃』(1937)에 나오는 백화점 장면은 쇼핑센터와 고급식당, 옥상정원을 두루 갖추고 있어서 소비의 주체인 '경애'의 기분전환에 안성맞춤으로 기능한다(청화, 1983, 39~46쪽).
26) 장 보드리야르가 강조하듯이 시뮬라크르란 파생실재(hyper-reality)를 생산하는 대상이 없는 재현으로서 실제에 선행하는 것, 실제를 만들어내는 것이다. 장 보드리야르, 하태환 역, 『시뮬라시옹』(민음사, 2001), 9~18쪽 참조.
27) 박태원의 『소설가 구보씨의 일일』에서 구보가 경성의 거리와 다방, 카페 등을 옮겨 다니며 보이는 숱한 상념들이 좋은 예가 된다.

게 연결되어 있다. 과학의 발전에 근거한 운송 및 통신 기술의 발달에 의해
현대의 공간이 중층적으로 조직화되는 것이다.

공간들의 물리적 연쇄는 특정한 목적을 가지고 공간 이동을 행하는 인물
의 목적에 긴밀히 관련되어 있다. 따라서 이러한 연쇄의 의미는 두 가지 측면
에서 찾아진다. 하나는 도시로의 상경, 유학생의 출국과 귀국, 농촌으로부터
의 탈향과 귀농 혹은 계몽을 위한 농촌 진입, 휴양 및 요양을 위한 이동 등
목적의 상이함에 따른 의미의 변주이고, 다른 하나는 물리적 연쇄를 가능케
하는 운송 수단의 종류에 따른 의미의 양상이다.

물리적 공간의 연쇄를 낳는 운송 기술의 결정체들은 근현대문학이 일찍부
터 주목한 과학의 산물이다. 한국 근대문학 초창기의 신소설에서부터 철도와
기차는 각별한 주목을 받아 왔다. 경이로운 근대과학의 산물인 기차에 대해
찬탄을 금하지 못하는 경우가 일반적이지만, 이 새로운 박래품이 전통적인
심성에 가한 충격을 보여주는 사례도 있어 주의를 끈다.[28] 이후 식민지 시기
에는 기차에 더하여, 근대 도시를 달리는 자동차가 등장하고, 일본과 우리를
잇는 관부연락선 등이 의미 있게 그려진 바 있다.[29] 과학기술 발달의 총아인
이들에 의한 공간적 거리감의 변화나 시공간 세계의 단축이 주는 경이감 및
그에 따른 사회경제적 삶의 변화가 주목된 것이다.

철도와 기차의 경우 일찍이 최남선의 「경부철도가」(1908)에서부터 그 속도
와 편의 및 그것이 가져온 극적인 변화에 대한 경이가 확인된다. 기차는 내외
국민과 남녀노소를 함께 태우고 움직이는 '조그마한 딴 세상'이며 천 리 길을
하루에 주파하여 전국을 동일 생활권으로 묶어낸 과학기술의 총아로 인식된
다. 다른 한편 최남선은 철도가 놓인 주요 도시의 면모가 일본식으로 급변해
가는 것을 보고 개탄하고 있는데,[30] 이는 철도의 개설이 일본 제국의 식민정

---

28) 이미륵의 『압록강은 흐른다』(1946)를 보면, 기차가 도착하고 떠나는 상황이 너무 소란하고
　　불안스러워 타지 못하는 주인공 소년의 모습이 나온다(범우사. 1989. 112쪽).
29) 염상섭의 『만세전』(1924)에서 관부연락선은 식민국의 주민 이식의 수단이자 동시에 식민지
　　착취의 한 통로이며, 서민들 세계의 축도로서 그려져 있다. 내지와 조선이라는 두 개의 공간을
　　잇는 운송수단에 그치지 않고 식민지 수탈이 펼쳐지는 정치경제적인 통로로 포착된 것이다.
30) 이러한 점은 염상섭의 『만세전』에서도 보인다. 주인공의 시선과 상념을 통해서 일본화된 부
　　산 거리 및 김천의 도시화가 사회경제적 의미와 더불어 제시되고 있다.

책에 의한 것임을 제대로 파악한 결과라 하겠다.[31]

공간을 이동하는 인물의 의도와 목적에 따른 공간 연쇄의 문학적 형상화
는 과학기술의 확산과 근대화에 따른 공간의 재배치가 갖는 복합적인 의미를
검토할 수 있는 주요한 사례에 해당된다.

이 맥락에서 먼저 살펴볼 공간 이동은 경제적인 요인에 의한 것이다. 살기
힘든 농촌을 떠나 도회나 새로운 지역으로 몰려가는 사람들의 이야기는 1920
년대 중기의 자연주의소설에서부터 1970년대에 이르기까지 흔히 볼 수 있는
서사유형이다. 1920-30년대 유이민 소설의 경우 궁핍한 농촌을 떠나 노동의
장이 있는 도회지나 간도, 만주 등 새로운 삶의 터전을 향해 가는 탈향을 그
리는데,[32] 이 과정에서 식민지 근대화에 따른 공간의 (재)배치가 갖는 경제
적, 정치적 함의가 드러나게 된다.[33] 한편, 1970년대의 이농소설들은 저임금
저곡가 정책을 수반한 산업화에 따른 것으로서, 농촌 공동체의 붕괴와 도시
의 확대 및 빈민층의 형성, 산업지역의 발전과 노동자의 등장, 새로운 소비향
락산업 및 그 종사자의 탄생 등 현대화의 명암 양 측면을 그리고 있다.[34] 이
를 통해 현대적 공간의 재배치가 갖는 사회적·인간적 함의를 엿볼 수 있다.

인물의 유학에 따른 탈향과 귀향 모티프를 가진 근대소설 또한 흔히 볼 수
있는 유형으로서, 고향과 유학 목적지의 공간 관계가 문화·정치적인 위계로
해석된다.[35] 공간의 문화적 배치는 계몽소설의 경우에서도 확인되는 것으로

31) 식민지 조선의 철도는 '침투적이며 통합적인 효과'를 낳고 '산업의 영속성'과 '제국의 통일
성'을 상징한다. 구체적으로 철도는 농촌의 고립을 해체하여 사회적 혁명을 초래하며 철도가
깔린 지역을 세계경제의 일부로 통합하는 효과를 낳는다. 브루스 커밍스, 김자동 역, 『한국전
쟁의 기원』(일월서각, 1986), 43쪽. 대전이나 나진의 경우에서처럼, 철도는 작은 마을을 도
시로 생성시키는 실질적 주역이기도 하다(같은 책 45-46쪽).
32) 이러한 탈향 모티프는 이념상 좌파에 해당하는 최서해의 『탈출기』(1925), 『향수』(1925), 『해
돋이』(1926) 등에서뿐만 아니라, 우파 민족주의문학에 속하는 나도향의 『지형근』(1926)이
나 현진건의 『고향』(1926) 등에서도 두루 확인된다.
33) 신경향파소설의 대표작가인 최서해의 작품들이 특히 그러하다. 여기에서는 경제적 어려움과
더불어 식민지배의 부자유가 탈향의 계기로 작용한다. 공간의 재배치에 따른 농촌의 공업화
가 농민을 노동자로 변모케 하는 양상을 그린 한설야의 『과도기』(1929) 또한 같은 맥락에서
주목할 만하다. 1970년대 도시 재개발에 따른 철거민의 문제는 윤흥길의 연작장편 『아홉 켤
레의 구두로 남은 사내』(1977)에 잘 그려진 바 있다.
34) 대표적인 예로 황석영의 『삼포 가는 길』(1973)이나 『객지』(1974), 조선작의 『영자의 전성
시대』(1973) 등을 들 수 있다.

공간에 대한 근대의 문화정치적 기획을 살필 수 있는 유효한 통로가 된다. 휴양이나 요양을 위한 공간 이동 또한 현실의 문화 지리와 인물들의 심상 지리를 드러내는 것으로서 근대화에 따른 공간 변화의 한 가지 의미 있는 양상으로 파악된다.

이상 외에, 과학기술의 발전에 의해 기능적으로 연결되는 공간 상황 또한 주목할 만하다. 신문이나 전화, 인터넷 등과 같이 멀리 떨어져 있거나 특정 공간의 연장으로 직접 이어져 있지 않은 공간들을 이곳의 일상으로 끌어들이는 미디어 기술의 발달은 일상생활의 방식을 변화시키면서[36] 궁극적으로는 인간의 공간 인식 방식 자체에 중요한 변화를 가져왔다.[37] 이러한 변화 또한 과학기술의 발전에 의해 새로운 공간, 상상의 공간이 창출되는 한 가지 양상에 해당된다. 현대문학의 주요 변화 양상은 이러한 측면을 형상화하면서 이루어진다. 현대문학이 그리는 정보화시대, 소비문화시대, 시뮬라크라 시대, 인터넷 시대의 새로운 면모는 그 근본에 있어서 미디어 기술의 발달에 따른 공간 지각 방식의 변화를 반영하는 것이다.

편지나 전보를 통한 공간의 연계 양상은 한국 근대문학의 한 가지 전통으로 자리 매겨질 만큼 널리 형상화되어 왔다. 그만큼 실제 현실에서도 이러한 통신수단이 널리 사용되었던 것인데,[38] 이는 소통에 있어서의 공간의 균질화

---

35) 미국유학을 처음 선보인 이인직의 『혈의 누』(1906)에서부터 이러한 점이 확인된다. 유학지는 우리가 배워야 할 문명의 산실로서 모범적·이상적인 공간으로 설정된다.

36) 부부관계를 통해 이러한 점을 다소 희극적으로 잘 드러낸 경우로 염상섭의 『전화』(1925)를 들 수 있다.

37) 미디어의 의미와 기능 새로운 미디어의 출현이 끼치는 영향에 대해서는 일찍이 마샬 맥루한이 주목할 만한 견해를 내놓은 바 있다. 그에 따를 때 미디어는 "우리 자신의 확장"으로서 "인간의 상호 관계와 행동의 척도 및 형태를 만들어내고 제어하는 것"으로 정의된다. 따라서 새로운 미디어의 출현은 기존의 것에 자신을 덧보태는 데 그치지 않게 된다. 그 존재 자체가 인간관계의 방법, 인간이 세계를 이해하고 반응하며 행동하는 데 변화를 낳는 까닭이다. 예컨대 전기(電氣) 미디어의 출현은 선형(線形)의 연속을 마감하고 상관적 배열을 등장시키면서 현대사회의 특징을 이루었다고 한다. 마샬 맥루한, 박정규 역, 『미디어의 이해』(커뮤니케이션북스, 1997). 새로운 미디어 기술이 새로운 지각 모형을 낳고 개인 및 사회적 삶이 거기에 적응해 가면서 혁명적인 변화가 일어난다는 이러한 생각은 그의 기념비적인 저작 『구텐베르크 은하계』(임상원 역, 커뮤니케이션북스, 2001)에서 다각도로 조명되고 있다.

38) 천정환, "한국 근대 소설 독자와 소설 수용 양상에 대한 연구", 서울대 박사학위 논문(2002), 79쪽의 연구에 따르면 1935년의 경우 총 6억 2천만 통의 편지가 사용되어 연간 한 사람당 30여 통, 식자층(국민의 15-20%)의 경우 250-300통을 이용했다고 한다.

가 근대 초기부터 이루어졌으며 당대인들의 의식에 있어서도 지리적 격절감
이 상당히 완화되었음을 알려 준다.

Ⅳ. 공간의 변화에 대한 문학적 인식의 변화 양상과 의미

　과학기술의 발전에 따라 새롭게 창출된 공간에 대한 문학의 반응은 단일
하지 않으며 한 방향으로 변화하는 것도 아니다. 그것은 긍정과 부정, 선망과
비판 등 다양한 시선을 끌어안은 중층적인 복합체이다. 한편으로는 철도와
도로 및 기차와 자동차 등에 의해 이루어진 근대적 공간망과 그에 따라 형성
된 새로운 공간인 근대 도시 및 그 안의 소비 공간 등에 대한 선망이 있고, 다
른 한편으로는 새로운 공간 상황이 가져온 부정적인 측면에 대한 비판적·폭
로적인 부정의식이 있다.

　이 모두가 중층적으로 지속되는 것이지만, 근대적 공간 등의 부정성에 대
한 인식이 드러나는 시점과 계기를 명확히 하여 과학기술의 발전에 따른 공
간 창출의 메커니즘에 대한 문학적·인문적인 반성의 의미와 의의를 구명할
필요가 있다. 간단히 달리 표현하자면, 새로운 공간의 창출과 그에 대한 반응
의 양상을 모더니티와 미적 모더니티의 분화라는 거시적인 과정 속에서 일목
요연하게 분석할 필요가 있는 것이다.

　현재까지의 검토에 의할 때 우리는, 새롭게 창출된 실제 공간 자체에 대한
경탄이나 선망은 그 역사적 의미에도 불구하고 문학작품에 충분히 반영되지
않았음을 알 수 있다. 공간 자체가 주요하게 형상화되는 것은 공간의 부정성
이 삶의 문제와 긴밀히 관련되면서부터라고 할 수 있다. 근대적 경제관계가
관철되는 생산 현장으로서 농촌의 궁핍상이 주목되고 농민의 유이민화에 따
른 공간 이동이 소설의 주요 모티프가 된 것이, 한국 근현대소설에서 볼 수
있는 공간 형상화의 뚜렷한 첫째 흐름인 까닭이다.

　이러한 현상의 배면에는 근대적 공간의 창출을 낳은 근대화가 식민지시대
를 통해 이루어지기 시작한 우리 역사의 특수성이 자리 잡고 있을 터이다. 이

로부터, 식민지 근대화라는 우리 현실의 특수성을 고려하여 공간 인식의 정치학적인 분석을 끌어안을 필요가 제기된다. 과학기술에 따른 발전의 양상을 파악하는 한편 배면에서 작동하는 정치권력 및 제계급 간 갈등의 논리를 간과하지 않아야 하는 것이다.[39] 물론 이에 덧붙여서, 근대문학 특히 근대소설이란 대체로 근대사회의 문제를 비판적으로 조명하는 데서 본연의 기능을 해 왔음도 고려할 필요가 있다.

작품의 내용 면에 있어서 새로운 공간(상황)에 대한 긍정적인 인식이 없는 것은 아니다. 근대문학 초창기부터 이러한 측면이 확인되는데, 여기서 주의할 점은, 이들의 경우 실제 공간이기보다는 사실상 상상의 공간으로 작품화된다는 사실이다. 신소설들이 보여주는 세계적인 공간 설정이 대표적인 예이다.

요컨대, 과학기술의 발달에 따른 새로운 공간의 창출에 대해서 우리 문학은, 그 실제 양상의 반영에 있어서는 부정적·비판적인 인식을 바탕에 깐 반면, 근대문학 초창기부터 확인되는 긍정적인 형상화는 대체로 심상지리 차원에서의 이상적인 공간으로 이루어져 왔다고 하겠다. 이러한 사실은, 이상적인 공간상 또한 새로운 공간의 부정성을 부정성으로 볼 수 있게 하는 요소로 기능했다고 추측할 수 있게 한다.

한편, 공간들의 연쇄를 가능케 하는 운송 및 통신기술의 발달상에 대해서나 이들에 의해 형성된 공간망에 대한 인식은 약간 다른 면모를 보인다. 기차나 자동차 등은, 한편으로는 그 자체로 경이의 대상이 되고 다른 한편으로는 가치판단의 경계를 넘어 인물들의 행위 폭을 넓히는 단순한 수단으로 의식되고 있을 뿐이다. 식민지 시대 운송수단이 갖는 정치경제적인 의미가 포착되

---

39) 식민지근대화에 대한 이해가 우리 역사의 특수성에 한정되는 것만은 아니다. 한 연구에 따를 때, 20세기 유럽의 도시계획은 이중적인 발생론적 근거를 갖고 있다고 파악된다. 근대 도시계획은 19세기 이래의 도시들이 갖고 있는 병리적인 문제 등을 해결하고 새로운 질서를 부여해야 할 시대적 과제에서 촉발되었으나, 전 세계에 식민지를 개척한 제국주의의 역사와 긴밀히 관련되어 발전했다. 근대 도시계획이란 '식민지' 도시계획과 맞물려 발전한 것이어서 "과학의 문제이자 동시에 권력의 문제이고, 기법의 산물이자 동시에 정치의 산물"이며 "특정한 역사적 조건 속에서, 특정한 사회적 권력관계의 복잡하고 불투명한 동역학을 거쳐 형성되는 도시공간의 정치적 변용과정의 산물"이다. 김백영, "1920년대 '대경성 계획'을 둘러싼 식민권력의 균열과 갈등", 공제욱·정근식 편 『식민지의 일상 ─ 지배와 균열』 (문화과학사, 2006), 260─262쪽 참조.

는 경우가 대단히 미미한 반면, 소비와 향락, 유흥 등의 수단으로 작품에 들어오는 경우가 대부분인 것이다. 이러한 점은 편지나 전보 등 통신수단의 경우도 마찬가지이다.

따라서 과학기술의 발달에 의해 새롭게 창출된 공간이 갖는 인문적 의미를 한국 근현대문학을 통해 살피고자 할 때 우선적으로 주목해야 할 사항은, 작품 내 세계 일반 차원에서 복합적인 공간 상황이 어떻게 그려지고 있는가 하는 점이라 할 수 있다. 운송 및 통신수단 등이 어떻게 작품 속에 그려지는가가 아니라, 총체적인 작품 세계가 삶의 환경으로서 어떠한 의미를 갖는 것으로 설정되었는가에 더 주목해야 하는 것이다.

이러한 견지에 서면, 1920년대 중반 경부터 근대사회의 공간 상황에 대한 부정적인 인식이 문학작품에 드러나기 시작하여 한국 근현대문학의 역사 내내 대세를 이루어 왔음을 확인하게 된다. 경제적인 안정을 저해하는 생산 공간에 대한 숱한 문학적 보고뿐 아니라, 소비 공간을 형상화한 작품들 대부분 또한 그러한 공간에서 소비의 주체로 등장하는 인물들의 황폐한 내면을 그리는 데 초점을 맞추고 있는 까닭이다.

물론 사태가 단순하지는 않다. 이러한 큰 흐름과 더불어서, 지금 이곳의 현실과는 다른 이상적인 공간에 대한 선망 또한 부단히 확인되는 까닭이다. 이러한 선망이 공간 변화에 대한 비판적 인식을 가능케 하는 준거로만 기능하는 것은 아니므로, 보다 폭넓은 작품들을 대상으로 하여 본고의 결론을 정치하게 다듬는 것이 향후의 과제라 하겠다. 이와 더불어서, 이러한 공간 형상화 방식상의 특징이 무엇으로부터 유래했는가를 발생론적으로 구명하는 것 또한 차후의 과제이다.

참고 문헌

강진호, 『한국문학의 현장을 찾아서 - 문학사에 우뚝 선 거목의 발자취』, 문학사 상사, 2002.

김명환 · 김중식, 『서울의 밤 문화』, 생각의나무, 2006.

김백영, 「1920년대 '대경성 계획'을 둘러싼 식민권력의 균열과 갈등」, 공제욱 · 정근식 편, 『식민지의 일상 - 지배와 균열』, 문화과학사, 2006.

김재관 · 장두식, 『문학 속의 서울』, 생각의나무, 2007.

김인호, 『백화점의 문화사』, 살림, 2006.

김진송, 『현대성의 형성 - 서울에 딴스홀을 허하라』, 현실문화연구, 1999.

김태준 편저, 『문학지리 - 한국인의 심상 공간』 상 · 중 · 하, 논형, 2005.

민족문학사연구소 엮음, 『춘향이 살던 집에서, 구보씨 걷던 길까지 - 한국문학 산책』, 창비, 2005.

서영인, 「일제말기 만주담론과 만주기행」, 『한민족문화연구』, 2007.

서우석, 「게오르그 짐멜의 공간이론과 도시문화론」, 국토연구원 엮음, 『현대 공간이론의 사상가들』, 한울, 2005.

서준섭, 『한국 모더니즘 문학 연구』, 일지사, 1988.

신명직, 『모던쏘이, 경성을 거닐다』, 현실문화연구, 2003.

이은숙, 「문학작품 속에서의 도시 경관」, 『사회과학연구』, 1993.

이진경, 『근대적 시 · 공간의 탄생』, 푸른숲, 1997.

이진경, 『근대적 주거공간의 탄생』, 그린비, 2000.

조남현, 「한국현대작가들의 '도시' 인식 방법」, 한국현대소설학회, 『현대소설연구』, 2007.

천정환, 「한국 근대 소설 독자와 소설 수용 양상에 대한 연구」, 서울대 박사학위 논문, 2002.

태해숙 외, 『한국의 식민지 근대와 여성공간』, 여이연, 2004.

한국현대문학회, <2005년 하계 학술발표회 : 한국현대문학과 과학>, 포항공과대학교, 2005.8.18-19.

루카치, 반성완 역, 『소설의 이론』, 심설당, 1985.

마샬 맥루한, 박정규 역, 『미디어의 이해』, 커뮤니케이션북스, 1997.

마샬 맥루한, 임상원 역, 『구텐베르크 은하계』, 커뮤니케이션북스, 2001.

발터 벤야민, 김영옥 · 윤미애 · 최성만 옮김, 『일방통행로 / 사유 이미지』, 길, 2007.

브루스 커밍스, 김자동 옮김, 『한국전쟁의 기원』, 일월서각, 1986.

수잔 벅 모스, 김정아 옮김, 『발터 벤야민과 아케이드 프로젝트』, 문학동네, 2004.

앤서니 기든스, 이윤희 · 이현희 옮김, 『포스트모더니티』, 민영사, 1991.

에드워드 쉴즈, 「대중사회와 대중문화」, 노먼 제이콥스 편, 『대중시대의 문화와
　　　예술』, 홍성사, 1980.

장 보드리야르, 하태환 옮김, 『시뮬라시옹』, 민음사, 2001.

페터 뷔르거, 최성만 역, 『전위예술의 새로운 이해』, 심설당, 1986.

Walter Benjamin, trans. by Harry Zohn, *Charles Baulelaire: A Lyric Poet in
　　　the Era of High Capitalism*, Verso, 1983.

새로운 공간으로서의 디지털 매체와 문학:

라이날트 괴츠의 작품을 중심으로*

이혜자

군산대학교

I. 들어가며

과학기술의 발전과 함께 다양한 매체기술이 사용되고 있는 오늘날 우리는 신문, 잡지, 소설 등을 대량으로 출판하는 '인쇄산업화시대'를 넘어선 '후기 인쇄시대(late age of print)'[1]에 살고 있다. '후기'라는 단어에는 사물이 달라지고 세계의 양태가 변형되었다는 의미가 담겨 있듯이, 구텐베르크의 인쇄술 발명 이래 익숙해진 인쇄 테크놀로지는 월드와이드웹, 이메일, 컴퓨터 그래픽 등 디지털 테크놀로지로 대치되면서 개인과 사회를 연결하는 커뮤니케이션의 양식은 더욱 다양해졌다. 이러한 테크놀로지의 변화는 문학과 문화의 형식을 조직하고 표현하는 방법뿐만 아니라, 인간의 생각하는 방식까지도 바꾸어 놓았다. 책을 비롯한 인쇄물은 후기 인쇄시대에도 여전히 널리 유통되고 있지만 최근 디지털 매체의 등장으로, 인쇄 책은 그동안 누리던 특권의 위치를 경쟁자에게 넘겨줄 상황에 놓이게 되었다. 이제 인쇄 책자의 페이지는 디지털 방식에 영향을 받게 되었으며, 한 걸음 더 나아가 인쇄와 디지털 방식

---

* 이 논문은 2009년도 과학문화센터(SCRC)의 지원에 의해 연구되었으며, 『독일언어문학』, 제48집 (2010. 6) 207-228쪽에 게재되었음.

1) Jay David Bolter, *Writing Space. Computers, Hypertext and the Remediation of Print* (Mahwah N.J., London 2001), p. 3.

의 긴장관계가 책에 대한 기존 개념을 바꾸면서 디지털 매체가 인쇄 책을 개조하고 있다.

인쇄 책의 선형적 글쓰기는 컴퓨터에서 사용하는 하이퍼텍스트 방식을 따르면서 인쇄 책 글쓰기의 특징인 저자의 권위와 안정적인 선형성은 디지털 글쓰기의 방식인 유연성과 다매체성으로 전환되는 현상이 종이 텍스트 위에 나타나게 된 것이다. 하이퍼텍스트는 전자적 링크로 구성된 텍스트를 의미하는데, 전자적 링크로 비선형적, 즉 다중선형적(multilinear)으로 경험되는 텍스트를 만들어낸다. 그러나 다중선형적 읽기 텍스트라는 하이퍼텍스트의 기본 개념에 대해서 랜도우(George P. Landow)는 인문학 분야의 학술논문을 예로 설명하는데, 디지털 매체가 등장하기에 앞서 이미 인쇄 책에서 하이퍼텍스트 방식이 실행되었다는 것을 지적한다. 논문의 본문을 읽어 내려가면서 각주가 있다는 기호를 만나면 본문을 벗어나 주석을 읽게 되는데 이런 종류의 읽기는 하이퍼텍스트의 기본경험과 출발점을 이룬다.[2] 또한 볼터(J. David Bolter)는 하이퍼텍스트 구조를 상호지시 관계 아래 전개되는 백과사전에 비유한다. 백과사전은 독자에게 페이지의 순서와는 무관하게 원하는 토픽에 따라 자유롭게 단락을 옮겨 다니게 하는데 인쇄의 한계를 벗어나고자 시도한 책의 전형이다.[3] 이렇듯 인쇄 테크놀로지와 디지털 테크놀로지는 각각 상호작용에 영향을 받으며 발전하였으며, 이러한 변화과정은 전통적인 글쓰기에 대한 도전적 의미를 지닌다고 하겠다.

디지털 매체의 특징인 하이퍼텍스트 방식과 글쓰기의 관계에서 주목할 수 있는 것은 디지털 매체가 문학 창작에서 새로운 서사양식을 이끄는 바탕이 된다는 사실이다. 바로 이와 관련하여 최근 독일에서 활발한 문학 활동을 하는 라이날트 괴츠(Rainald Goetz, 1954)를 주목할 수 있다. 본고는 그의 작품을 통해 작가의 고유한 서사양식을 분석함으로써 문학작품의 창작과정을 새롭게 조명하고, 더 나아가 과학기술 시대의 주요 성과물인 디지털 매체가 글

---

2) Vgl. Gerorge P. Landow, *Hypertext 3.0. Critical Theory and New Media in an Era of Globalization* (The Johns Hopkins University Press, Baltimore 2006), p. 3.
3) Vgl. Jay David Bolter, *Writing Space*, p. 86.

쓰기의 공간인 문학의 영역에서 구체적으로 보여주고 있는 변화의 양상을 고찰하고자 한다. 디지털 매체와 문학작품의 관계를 언급하면 통상 인터넷문학을 떠올리게 되는데, 본 논자는 괴츠의 작품을 인터넷문학 장르의 구조에서가 아니라, 인쇄된 종이 책에서 구현되는 글쓰기의 전형이라는 관점에서 다룰 것이다.

II. 새로운 미디어 현실과 '디제이 컬처(DJ-Culture)'

현대의 다양한 커뮤니케이션 현상은 사회적, 정치적 차원의 관계망으로 이루어진 정보사회(Informationsgesellschaft)에서 비롯된다. 정보사회는 우리의 인식 방식을 새롭게 변화시키면서 또 다른 문화를 생산한다. 소프트웨어 기술, 콘텐츠 제공자의 의도, 사용자의 현실관계, 그리고 문화적 현실과 정치적, 경제적 전략에 따라 인식 방식은 다양하게 구분될 것이며 문화 또한 그 모습을 달리하게 된다.[4] 이와 함께 새로운 미디어 현실에 직면한 인간의 존재는 과다한 정보의 홍수 속에 당황해 하기보다는 오히려 이러한 혼란을 통해 미디어 현실을 종합적으로 통찰하고 또 다른 세계를 경험한다. 근대의 완전한 세계는 21세기 하이브리드 문화의 복합적 구조 안에서 산만한 형상으로 해체된다. 책, 잡지, 강연 등 전통적 매체들의 지식 유통과는 달리, 포스트모던시대에 등장하는 매체들은 탈경계화를 초래한 새로운 네트워크를 형성함으로써 상호 연결된 문서들의 시스템인 하이퍼텍스트의 연결 논리를 전개한다.

새로운 인식론의 외적 표현방식인 하이퍼텍스트 형식은 내용을 동적으로 재현하고 데이터와 정보를 사용자 중심으로 배열한다. 저자-텍스트-독자의 관계는 기술 복제시대의 재생산과정을 거쳐 예술 작품의 고유한 아우라를 벗어버리고 무수한 복제물을 생산한다. 이제 생산자-생산물-콘텐츠 수용자로 전환된 예술작품의 생산과정은 과거의 선형적 문자문화에서 전개된 구조와는 다른 상황 속에 놓인다. 상이한 미디어문화 안에서 이끌어지는 커뮤니케이션

---

4) Vgl. Frank Hartmann, *Medienphilosophie* (Wien 2000), p. 308.

현상을 하르트만(Frank Hartmann)은 그의 저서 『미디어철학Medienphilosophie』
에서 디지털 매체가 형성한 네트워크 문화의 관점에서 규정한다. 즉 언어는
단지 말로 된 언어뿐만 아니라 확장된 기호 개념이 필요하며, 또한 '읽기'는
순차적 해독에만 한정되지 않는다는 것이다. 인간 정신이 연상적으로 작동한
다는 점에서 동적인 산만한 형식으로 읽기가 진행된다. 또한, 텍스트는 폐쇄
적인 대상이 아니라 개방적 체계이며, 지식은 존재가 아니라 생성과정에 있
다는 점이다.5)

　이렇듯 디지털 매체에서 초래된 미디어 문화의 조건들은 예술창작물을 새
로운 구조에서 생산하도록 유도하는데 이를 '디제이 문화(DJ-Culture)'6)와 연
관 지을 수 있다. 다양한 미디어의 출현과 함께 등장한 새로운 문화 양식인
디제이 문화는 샘플링(Sampling), 비저작권(Non-right), 청각적 경험의 고양 등
디제이 음악패턴들의 재결합을 반영한다. 상이한 전형적인 유형들을 인식하
고 이들 유형을 일정한 맥락으로 재결합하는 방식은 문학작품의 글쓰기 공간
에서 새로운 서사적 전략으로 전개된다. 따라서 디제이 문화 양식은 현대사
회의 새로운 미디어 현실을 해석하기 위한 창조적인 접근 방식으로 제시되며
디지털 커뮤니티의 사회적 환경을 이해하기 위한 토대가 되었다.7) 새롭게 부
상한 미디어 양식을 바탕으로 예술가들은 작품 창작을 다양하게 표출하게 되
었는데 그 대표적인 작가로 평가받는 라이날트 괴츠는 디지털 매체와 문화의
상호작용에 주목하여 새로운 서사 양식을 모색한다. 문학창작의 고유한 글쓰
기 공간에서 전개되는 괴츠의 문학작품은 또 다른 실존을 탐문하는 실험공간
으로 제시된다.

---

5) Vgl. Frank Hartmann, *Medienphilosophie*, pp. 325-326.
6) Johannes Windrich, *Technotheater* (München 2007), p. 132.
7) Vgl. Frank Hartmann, *Medienphilosophie*, p. 329.

Ⅲ. 라이날트 괴츠의 작품:
아날로그 문자공간과 디지털 영상공간 사이에서

디지털 매체의 문화공간 안에서 예술가들은 다양한 인식방식을 통해 창작 활동을 전개한다. 라이날트 괴츠는 문학창작과 테크노음악, 정신의학과 역사학, 현대 사회학이론과 도시의 대중문화 사이를 가로지르며 길어 올린 체험을 통해 독자적인 예술세계를 모색하고 있다. 1954년 뮌헨에서 태어난 괴츠는 뮌헨대학과 프랑스 파리대학에서 역사학, 연극학, 의학을 공부하고, 뒤이어 베를린대학에서 사회학을 수강하면서 루만(Niklaus Luhmann)의 저서 『사회의 법Das Recht der Gesellschaft』과 『사회의 사회Die Gesellschaft der Gesellschaft』를 탐독한다. 루만의 사회학 이론과 파리대학에서 수강한 푸코(Michel Foucault)의 강의는 괴츠의 작품 집필에 큰 영향을 준다.

1978년 뮌헨의 막스 플랑크 연구소에서 역사학 박사학위를 받은 괴츠는 계속해서 『청소년 뇌기능 장애』를 연구하여 1982년 정신의학 박사 논문을 제출하는데, 간결한 건조체의 의학논문임에도 청소년의 일탈적 행동에 대해 'Punk Anarchie Okay'라는 선동적인 주석을 달며 자신의 문학적 성향을 반영한 원고를 작성한다. 뒤이어 뮌헨 의과대학의 신경정신과 의사로 활동한 임상경험과 뇌기능에 관한 의학연구를 바탕으로 괴츠는 소설 『즉시Subito』를 발표하면서 문단에 데뷔한다. 이 작품으로 잉게보르크 바하만(Ingeborg Bachmann) 문학상을 수상한 그는 1983년 오스트리아 클라겐푸르트(Klagenfurt)에서 개최된 수상기념 작가 낭독회 때, 자신의 이마에 면도날을 긋는 퍼포먼스를 진행한다. 괴츠의 극적 퍼포먼스가 오스트리아 국영방송(ORF)에 생중계되면서 그는 비평가들로부터 '대중 미디어를 향한 작가의 도발적 반항'이라는 평가를 받는다. 이와 함께 소설 『미친 사람들Irre』을 발표한 괴츠는 당시 독일문학을 대표하는 '47그룹(Gruppe 47)'의 작품 경향과는 상이한 서사세계를 구축한 작가로서 80년대 문학의 '무서운 아이(Enfant Terrible)'로 주목받는다.[8]

---

8) Vgl. Carla Spies und Thomas Doktor, "Rainald Goetz", *Deutsche Dramatiker des 20. Jahrhunderts*, Hrsg. von Allkemper und Norbert Otto Eke (Berlin 2000), pp.

　작가로서 첫 출발하는 문단 데뷔에서 나타나듯이, 라이날트 괴츠는 급변하
는 사회 속의 인간을 형상화하기 위해 지속적으로 예리한 인식방식을 계발한
다. 현대 인간의 존재를 문학작품에서 구체화하기 위해 작가 괴츠는 예술작
업을 표현해 주는 도구로서 다양한 미디어를 사용한다. 산문집 『축하
Celebration』의 서문에 제시된 작가의 사진은 작품의 형식과 사건진행의 구조
에 대한 상징적인 의미를 독자에게 전달한다〈자료 1〉.

<자료 1> (In: Rainald Goetz, *Celebration. Texte und Bilder zur Nacht* (Frankfurt
a. M. 1999), p. 5.)

　거울 앞에서 카메라로 자신을 촬영한 괴츠의 사진은 작가의 문학 텍스트
와 미디어의 밀접한 상관관계를 보여준다. 디지털 문화의 표현방식을 근간으
로 선택한 작가의 고유한 서사양식은 작품의 사건진행을 동적으로 재현해 줄
수 있는 하이퍼텍스트 형식의 서사기법을 들 수 있겠다. 괴츠의 작품을 읽는
독자는 아날로그 문자공간의 선형식 배열과 함께 디지털 영상공간에서 보여
줄 수 있는 미디어 형상물과 문장구조를 동시에 마주하게 된다. 그의 다양한
창작 방식은 작품의 상이한 주제와 함께 세 단계로 분류되는데 그중 첫 단계
는 폭력을 중심으로 형성된 사회적 담론을 다룬 작품으로 희곡 3부작 『전쟁
Krieg』(1986)과 함께 산문집 『뇌Hirn』를 들 수 있다. 두 번째 단계는 베를린

868-882, hier: p. 869.

장벽 붕괴와 독일 재통일의 역사적 사건을 소재로 대중 미디어의 폐해를 주제로 다룬 작품으로 역사소설 『통제 사회Kontrolliert』(1988)와 희곡 5부작 시리즈 『요새Festung』 등이 여기에 속한다. 세 번째 단계는 테크노 컬처의 유희정신을 통해 새로운 감각을 체험하고 또 다른 실존을 탐문하는 것인데, '오늘 아침Heute Morgen' 5부작 시리즈가 대표적인 작품이다. 이들 세 가지 주제들은 작품 창작의 여러 단계를 거치면서 독자적인 서사양식으로 변주되어 간다.[9]

1. 시각시의 형식

괴츠의 창작 방식 중 첫 단계에 속하는 희곡 3부작 『전쟁』과 산문집 『뇌』가 주르캄프(Suhrkamp)에서 출판되자, 문학평론가 풀드(W. Fuld)는 FAZ 신문에서 "드라마 작품이라는 표현조차 꺼리고 싶은, 불쾌하고 보잘것없는 텍스트"[10]라고 격렬하게 혹평한다. 괴츠가 당시 문단에서 적절한 평가를 받지 못한 근거를 들자면 우선 그의 작품이 도발적이고 전복적인 상상력을 추인으로 하여, 전통적 극작법에서 벗어나 일정한 사건진행을 거부한다는 점이다. 등장인물의 심리상태를 표출하기 위해 신음소리와 외침 등 짤막한 감탄사를 나열하거나, 거대한 사회조직 아래 파편화된 개인의 존재상황을 강조하기 위해 서술식 문장이 아닌 개개 단어만을 배치한다. 이제 등장인물의 내면세계는 종이 텍스트의 화면 위에서 하이퍼텍스트의 조각들로 재구조화되어 형상화된다.

괴츠의 희곡세계는 과거의 전통적 예술이 행하였던 고전적 미학 방식을 전개하거나 사회적 관습을 대리해 주는 장소가 더 이상 아니다. 오히려 기존 문학의 저자−텍스트−독자 관계는 괴츠의 작품에서 생산자−생산물−수용자라는 새로운 관계로 재생산되며, 사회적 커뮤니케이션을 유통하는 예술의 장소이다. 라이날트 괴츠는 독자의 상상력을 통해 중층의 인식과정을 요청하는데, 생산자로서 작가는 생산물을 독자에게 일방적으로 전달하는 서사방식을 거절한다. 대신 작가는 작품 생산물의 수많은 틈들 사이로 수용자를 적극

---

9) 라이날트 괴츠, 이혜자 역, 『제프 쿤스』(성균관대 출판부2007), 268쪽 참조.
10) Zitiert nach Carla Spies und Thomas Doktor, *Rainald Goetz*, p. 869.

적으로 개입하도록 하여 문학작품에 대한 심미적 인식을 독자적으로 체험하도록 한다. 따라서 작품생산자는 텍스트에 내재된 상상력의 공간 안으로 수용자의 능동적인 인식행위를 이끌어 들임으로써 새로운 가능세계를 다양하게 설정하도록 유도한다.

희곡 3부작 『전쟁』 중, 제3부 『대장염의 진통Kolik』은 등장인물 '남자(Mann)' 의 독백으로 진행되는 1인극이다. 첫 번째 장면 '작은 방(Kammer)에서 남자는 문장과 문장의 연결이 아닌, 낱개의 단어와 단어들을 내뱉기만 한다.

> 온 방 안을 울리는 고함소리. 계속 번쩍이는 불빛. 책상 의자. 부패한 남자 시체. 죽음의 악취. 어둠. 프레티시모의 매우 빠른 템포. 17초. 노래.
> "시간이 흐른다."
>
> 남자 :
> 뇌/ 오물/ 남자/ 미쳐/ 시작해/ 빨리/ 빨리/ 여기서 꺼져/ 제기랄/[11]

남자의 외마디 외침으로 내뱉는 단어 하나하나는 의미의 연결 없이 작품의 6쪽 분량으로 길게 나열된다. 모두 91쪽에 달하는 남자의 모놀로그는 논리적인 문장으로 연결되지 않고 오로지 단어들의 배열로 계속된다. 남자의 대사는 독자에게 내용의 의미 전달보다는 텍스트에 인쇄된 단어들의 배치에 주목하게 한다.

> (술을 마시며)
> 나
> 다시
> 하지만 왜
> 물음 왜 단어
> 대답 엄격한 질서
> 물음 왜 엄격한 단어 질서
> 대답 가장 엄격한 자료테스트규율[12]

---

11) Rainald Goetz, Krieg (Frankfurt a. M. 1986), p. 221.

　남자의 대사는 '구체시(Konkrete Poesie)' 형식인 '시각시(Visuelle Poesie)'[13] 의 형식으로 표현되는데, 절망과 좌절에 싸인 남자의 심리 상태가 증폭되어 가는 과정이 단어의 시각적인 배열을 통해 구체화된다. 등장인물의 내면세계 가 텍스트의 화면에서 시각적으로 형상화됨으로써 독자는 작품을 읽는 과정 에서 상상력의 산물인 심미적 인식을 체험한다. 문자문화에서 생산된, 눈에 보이지 않는 문학적 이미지는 영상문화의 눈에 보이는 기술적 이미지와 마주 함으로써 독자에게 문학작품의 심미적 인식을 증폭하는 효과를 만든다. 괴츠 는 문학작품의 서사양식을 시각적으로 구체화함으로써 독자의 심미적 인식 을 더욱 풍부하게 작동하도록 유도한다.

2. 콜라주 형식

　작가 괴츠의 두 번째 창작단계로 분류되는 작품은 베를린 장벽이 무너진 해인 1989년을 소재로 한다. 희곡 5부작 시리즈물은 당시의 역사적 사건을 담 론형식으로 전개하면서 대중 미디어의 폐해 속에 포획된 사회풍경을 담고 있 다. 이들 희곡작품은 텔레비전과 라디오의 생방송 진행상황을 독자에게 객관 적인 거리를 두고 전달하면서 동시에 작품의 서사적 자아는 미디어 사용자로 서 관찰한 정황을 독자에게 전달한다. 작가 괴츠는 대중 미디어가 담론을 사 용하는 실제 운영방식에 의문을 던지고, 텔레비전의 생방송 진행상황을 문학 텍스트로서의 책이라는 미디어의 형식 안에서 문자 형식을 통해 그대로 재현 한다. 그럼으로써, 대중 미디어가 조종하는 불분명한 역사의식과 극단적인 무역사성에 대한 비판적 시각을 제기한다. 이를 반영한 대표적 작품인 희곡 『1989』는 대중 미디어가 재현하는 형식을 객관적으로 관찰하고 기록하면서 동시에 문학작품으로 형상화하려는 작가의 실험 공간이다.[14]

---

12) Rainald Goetz, *Krieg*, p. 240.
13) 20세기 초, 이탈리아를 중심으로 전개된 다다이즘 예술 운동에서 시작된 '구체시'는 60년대 오스트리아 아방가르드 시인들의 작품에서 음향시(Klangpoesie)와 시각시(Visuellepoesie) 등 다양한 양식으로 발전된다.
14) Vgl. Birgit Haas, *Theater der Wende—Wendetheater* (Würzburg 2004), p. 94.

　현대 미디어가 조종하는 역사의식과 사회 담론의 상관관계는 희곡『1989』
의 서사양식에서 상징적 구도의 형태로 반영되는데, 텍스트는 TV방송 원고
모음집 양식을 취하면서 각 장면을 콜라주 형태로 전개한다. 괴츠는『1989』
에 관한 논평문『자료집 1』에서 "미디어에 나타나는 공적인 말들의 순수한
자료의 음성은 '요새'를 굳건히 받치는 외부로부터 규정된 공간"15)이라고 강
조한다. 미디어를 통해 회자되고 있는 무수한 언어들은 컴퓨터에 연결된 프
린터에서 인쇄되어 나오는 활자처럼, 텍스트에 그대로 기록된다. 이러한 창
작 방식을 통해 작가 괴츠는 미디어가 장악한 현대세계에서 대중 미디어와
경쟁할 수 있는 문학 텍스트에 잠재한 언어의 가능성을 실험한다.16)

　　　페터 이단의 시사평론 시간입니다
　　　예술. 신사 숙녀 여러분 … 그것은, 신사 숙녀 여러분, 무척 복합적인 상황입니
　　　다 … 수많은 관중들이, 나치의 피투성이 파렴치를 거부한 관중들이 … 폭력의
　　　어리석은 광란에 분노한 그들의 분노는 … 개인적인 강박감정을 지속한다는 건
　　　곧 예술품이라 하겠습니다.

　　　좋아요. 당신이 **죽음**이라는 말을 대화 속에 넣는다면 한 가지 더 말해야겠어요

　　　모스크바 특파원　　깊이　　감사드립니다.　　시청자 여러분 편안한 저녁시간 되
　　　십시오.

　　　토마스 고트샬크: 안녕하십니까. 아주 멋진 저녁입니다. 진심으로 환영합니다.
　　　독일에서는17)

　희곡『1989』에서는 다양한 미디어의 진행이 동시에 전개되는 양상을 텍스
트의 상이한 서사 양식의 중첩을 통해 보여준다. TV 방송의 시사 프로그램
진행자 페터 이단이 시작 멘트를 진행하는가 하면, 한편에서는 각기 다른 TV

---

15) Rainald Goetz: *1989. Material 1* (Frankfurt a. M. 2004), p. 2.
16) Vgl. Roger Lüdeke, Intermedialität als Medienkritik—Zum Diskurs von '1989' in
　　Rainald Goetz' Festung, 『독일문학』 제94집(2005), 101쪽.
17) Rainald Goetz, *1989. Material 1*, p. 17.

수상기의 스피커로부터 모스크바 특파원의 뉴스 보도가 들린다. 또 다른 한 편에서는 미리 녹화한 비디오 영상물이 모니터 화면 위에 나타나는데, 유명한 토크쇼 진행자 토마스 고트샬크가 독일 전국 방송망을 통해 인사하는 소리가 들린다.

비디오 영상물과 텔레비전 화면, 라디오의 생방송이 동시에 진행되는 상황은 아날로그 문자공간에서 새로운 글쓰기 방식으로 전개되는데, 선형식 문장 배치에서 벗어나 텍스트의 상단과 하단, 좌우 문장 위치가 산만하게 배열된다. 텍스트의 레이아웃이 자유롭게 변형됨으로써 인쇄 책 글쓰기가 디지털 영상공간의 하이퍼텍스트 방식으로 전환되는 과정이 종이 텍스트 위에서 콜라주 형식을 통해 구체적으로 재현된다〈자료 2〉.

<자료 2> (In: Rainald Goetz, *1989. Material 2* (Frankfurt a. M. 1993), p. 134)

작가 괴츠는 희곡 『1989』를 집필하는 과정을 작품 부록집에서 상세히 언급하면서 작가의 글쓰기 전략에 미치는 미디어의 역할을 구체적으로 시연한다. 괴츠는 집필 작업실 안에 "세 대의 TV 수상기와 두 대의 비디오 레코더를 설치하여 계속 작동시킨다. 동시에 진행되는 방송 프로그램에서 들리는 소리를 하루 종일 손으로 받아쓰는 작업에서 반복의 행위가 어리석기도 하지만 명상의 순간을 불러일으키기도 하고 더욱이 다양한 방송물의 음향은 화음을 이루기도 한다."[18] 작가는 방송물을 시청하면서 청취하고, 또 녹취하는 작업을

---

18) Rainald Goetz, *Beiheft zur Neuauflage von 『1989』*(Frankfurt a. M. 2004), p. 2.

통해 대중 미디어의 커뮤니케이션을 이끄는 생방송의 효과를 장면화한다. 상이한 미디어들이 동시에 진행되면서 언어들이 중첩되어 들리는 상황은 미디어의 수용자가 결국 반복되는 언어에 무감각해지는 인식과정으로 이끈다.[19]

작가 괴츠는 사회의 커뮤니케이션을 대리하는 미디어의 문제점을 문학 텍스트의 서사 양식에서 구체적으로 시도한다. 희곡『크로노스. 보도물』은 과거 베를린의 반제(Wannsee) 회담에서 결정한 역사적인 '유대인 말살의 나치정책'에 대한 오늘날의 비판적 견해를 다루고 있다. 헤겔, 푸코, 루만의 이론을 등장인물의 대사를 통해 간접적으로 전달하면서, 1982년에서 1991년까지 작성한 대중 미디어의 보도 기사와 칼럼을 담은 모음집이다〈자료 3〉.

<자료 3> (In: Rainald Goetz, *Kronos. Berichte* (Frankfurt a. M. 1993), p. 116)

미디어로 보도된 역사적 상황을 작가 괴츠는 신문 기사와 잡지의 칼럼 란을 오려서 콜라주 형식으로 편집한다. 희곡『크로노스. 보도물』의 텍스트는 순차적 나열에서 벗어나 연상적 작동의 비선형성으로 편집되며 독자의 선택에 따라 작품의 사건진행은 열린 방식으로 전개된다. 또한, 디지털 매체의 사이버공간에서 진행되는 동영상 장면은 종이 텍스트에서 재매개를 통해 편집되며, 독자는 반복되는 영상물 배치를 통해 당면한 시사문제를 통찰할 여지

---

19) Vgl. Thomas Betz, Lutz Hagestedt, ",Im Himmel der ruhelos ungeordneten Rede.' Text und Kontexte von Kritik in Festung," *Spectaculum* 69. pp. 265-274, hier: p. 271.

를 갖는다〈자료 4〉.

<자료 4> (In: Rainald Goetz, *Kronos. Berichte* (Frankfurt a. M. 1993), p. 285)

1993년 발표한 희곡 『요새』에서 괴츠는 현대 미디어사회에서 대중 미디어가 인간의 사고와 언어를 조종하는 양상을 보여주는데, 『요새』의 서사방식은 1989년 당시 독일에서 대중 미디어가 과거 유태인 학살을 지칭하는 홀로코스트를 보도하는 정황에 초점을 둔다.[20] 작가는 TV, 라디오, 신문, 잡지 등 미디어 보도물을 기술하면서 동시에 영상물과 문장 기호와 도식 등 하이퍼텍스트의 양식을 다양하게 사용하여 독자에게 시각적 이미지를 제공한다.

카오스

식물의 성장
V 처형에 관한 커뮤니케이션
1 원탁
  － 뮌헨 시대사 연구소
  － 거룩한 의자에 착석한 독일 대사
  － 뉘른베르크 재판소에서 증인의 진술
  － 생명으로 돌아가라 리얼리티로 돌아가라
  － 다시 호숫가에서
2 사회의 학문

---

20) Vgl. Franziska Schößler, *Augen-Blicke. Erinnerung, Zeit und Geschichte in Dramen der neunziger Jahre* (Tübingen 2004), p. 84.

- 케이블 방송 뉴욕 뉴스
- 썩은 고기
3 제3제국의 희생자
- 회상
- 독일어
- 비판
4 정의
- 몸과 피
- 법에 위배된 행동에 대해 소환
- 추상화 543 D
- 제국의 중앙 안전국에서[21]

작가 괴츠는 TV 방송의 좌담 프로에서 제시한 도표 형식의 역사적 사건을 희곡 『요새』의 텍스트로 전개한다. 기자의 보도 메모록을 보여주듯 간결한 건조체의 도식은 표면적으로는 평이한 단어의 나열 속에서 독일 제3제국이 자행한 집단의 폭력과 이를 객관화하려는 사회 커뮤니케이션의 상황이 반영된다. 작품의 초판본 서언에서 작가는 반제호수 회담의 희곡작품 『요새』는 "유태인 처형의 결정에 대한 오늘날 독일의 언론 상황을 다룬다"[22]고 기술한다. 이러한 언급에는 작가가 결국 독일 재통일 이후 부상하기 시작한 국가 자부심에 관한 토론을 작품의 주된 사건진행으로 전개한다는 의도가 드러난다. 90년대 이래 빈번히 일어나는 외국인에 대한 적대감은 다름 아닌 TV 방송의 가벼운 토크쇼 프로에서 회자하는 독일국민의 자만심에서 비롯되었으며 분단국가 독일이 하나의 국가가 된 시점에서 그 책임을 물어야 한다고 작가는 지적한다. 이주민들에게 적대적인 견고한 요새 독일은 오용된 언어를 토대로 커뮤니케이션의 능력이 파괴된 장소로 전락한다.[23]

오늘날 과학기술과 함께 기술복제의 재생산과정은 예술작품의 아우라를 벗기고 끊임없이 수많은 복제물을 제조한다. 예술가 '나(ICH)'는 박제된 한

---

21) Rainald Goetz, Festung. Stücke (Frankfurt a. M. 1993), pp. 235-236.
22) Rainald Goetz, *Festung. Stücke*, p. 2.
23) Vgl. Birgit Haas, *Theater der Wende-Wendetheater*, p. 94.

송이 장미이며, 장미꽃송이마저 기다란 줄에 묶여 잘려나가는 지금, 여기의
예술은 처형 직전의 순간에 와 있다〈자료 5〉. 이제 고전적 예술지상주의로부
터 주장된 '예술을 위한 예술'의 구호가 사라진 상황은 희곡『크로노스. 보도
물』에서 콜라주 형식의 사진 영상물로 제시된다.

<자료 5> (In: Rainald Goetz, *Kronos. Berichte*, p. 330)

3. 테크노 컬처(Techno Culture)

라이날트 괴츠는 90년대 중반 이후 독일 출신의 국제적 명성을 지닌 DJ 올
리버 리프(Oliver Lieb)와 스테비 베 쳇(Stevie B-Zet)과 함께 테크노음악을 작
곡한다. 이들과 작업한 음악을 배경으로 괴츠는 희곡『크로노스. 보도물』과
『백내장』을 낭독한 CD를 발표하는데 DJ 뮤지션과 함께 한 음악 작업은 괴츠
에게 새로운 글쓰기 양식을 전개하는 계기가 된다.

괴츠의 예술작업에서 중요한 근간이 되는 '테크노(Techno)'는 전자 작업을
배경으로 하여 개인과 사회의 커뮤니케이션을 수행한다는 모토 아래 형성되
면서 오늘날 고도의 과학 기술로 이루어진 전문화된 시대의 주요 성과물로
제시된다. 개혁적 기능 모델로서 상징되는 테크노는 예술영역에도 반영되어
문학과 영상, 음악과 미술 등 다양한 장르와 결합하여 테크노 컬처를 형성한
다.[24]『믹스, 커츠, 스크래치Mix, Cuts & Scratches』의 모토인 "테크노는 삶이

---

24) Vgl. Johannes Windrich, *Technotheater*, pp. 119-120.

다. 삶이 곧 테크노다(Techno ist Leben, Leben ist Techno)"에서 주장하듯이, 테크노 컬처는 작가의 예술정신의 토대를 이룬다. 테크노 컬처는 본고의 앞 장에서 논한 바 있는 '디제이 컬처(DJ-Cluture)'와 함께 오늘날 디지털 미디어 시대의 특징을 드러내는 문화용어로서 21세기 예술영역에 새로운 전망을 기대하게 한다〈자료 6〉. 테크노 컬처는 음악 장르에서 구체화되는데, 전자음악을 기본으로 한 DJ 음악과 하우스음악(Housemusic)의 다양한 형태로 변주되는 과정을 거치면서 테크노 댄스음악으로 연주된다. 작가 괴츠는 테크노음악을 희곡작품에서 전개되는 밤무대의 클럽 장면과 마약사용 장면의 배경으로 배치하는데 5부작 시리즈 '오늘 아침' 중 제2부 희곡 『제프 쿤스』에서 디스코 클럽을 무대로 한 장면 〈댄스 스테이지〉와 장면 〈화장실〉에서 형상화된다.[25]

<자료 6> (In: Westbam, *Mix, Cuts & Scratches mit Rainald Goetz.*, pp. 84-85)

　『제프 쿤스』는 유럽 현대극의 대표작품으로 주목받으며 런던과 파리, 뉴욕 등의 연극 무대 위에서 초청 공연되는데, 특히 '팝 동화(Ein Pop-Märchen)'라는 평가 아래 일관된 사건진행을 벗어난 '서사적 장시'의 형식을 전개한다. 희곡의 막과 장면은 순서 없이 자유롭게 배치되며, 더욱이 등장인물들은 이름과 배역이 제시되지 않은 채 대사를 진행함으로써 작품을 읽는 독자는 극중 대화 상대자를 독자 임의대로 추측하고 상상하게 된다. 전통적인 희곡양식이 파괴되고 내러티브가 무효화되면서 사건진행은 일관성을 잃는다. 이러한 산만한 극형식은 등장인물의 의식이 해체되어 가는 과정을 여실히 반영해

---

25) Rainald Goetz, *Jeff Koons, Stück* (Frankfurt a. M. 1998), pp. 18-20.

주며 동시에 현대인의 혼돈된 심리상태를 상징적으로 드러내 준다. 이로써 확고부동한 존재를 추구한 근대의식에서 탈출하여 또 다른 공간의 표면을 부유하면서 삶의 다면성을 넘나드는 탈근대의 인간이 조명되는 것이다.[26]

괴츠는 디지털 매체방식을 근간으로 전개되는 음악 패턴들의 재결합인 "디제잉 DJ-ing"[27]을 작품 창작의 새로운 글쓰기 전략으로 수용하는데, 수많은 커트업과 믹스, 스크래치로 결합된 방식의 디제잉을 통해 다양한 서사양식을 시도한다. 1997년, 괴츠는 베를린의 테크노 축제(Love Parade) 제작자이며 독일 최고의 DJ 베스트밤(Westbam)과 공동 작업한 인터뷰 모음집 『믹스, 커츠, 스크래치』를 베를린의 메르붸(Merve) 출판사에서 발표한다〈자료 7〉.

<자료 7> (In: Westbam, *Mix, Cuts & Scratches mit Rainald Goetz* (Berlin 1997), pp. 54-55)

역사학과 정신의학, 사회학을 연구한 그는 이 방면의 독서 자료뿐 아니라 디스코 클럽의 밤 문화에서 체험한 소재 등 무엇이든지 샘플링 하여 이를 작품에 의도적으로 인용한다. 커트업과 믹싱, 스크래칭의 디제잉 편집방식을 작품 제작에 사용하여 엘리트 고급문화와 청소년문화나 하위문화의 다양한 스타일들이 결합되며 이들 소재를 토대로 하여 음악, 책, 텔레비전, 라디오 등 여러 가지 문화 기술을 이용한 그의 글쓰기 전략은 테크노음악의 음향효과와 사진영상물을 혼합하여 작품텍스트에 수용한다. 이와 함께 라이날트 괴

---

26) 라이날트 괴츠, 『제프 쿤스』, 268쪽 참조
27) Frank Hartmann, *Medienphilosophie*, p. 329.

츠의 부단한 예술적 실험정신은 DJ 베스트밤과 함께 공동 작업을 통해 테크
노음악 CD『오늘 아침』을 발표하면서 구체화되는데 그는 90년대 독일 대중
문화를 지배하는 레이브와 팝음악, 테크노음악을 수용하면서 상이한 문화의
경계를 허물고 해체와 융합을 시도한다.[28] 자신의 문학작품을 낭송하는 작가
의 육성이 작가가 작곡한 테크노음악과 상치되면서 동시에 조화를 이루는 과
정은 지나간 시대의 정서와 미래예술의 병립이 CD음반에서 청각적 효과를
통해 형상화된다. 2000년 독일 바이에른 방송국에서 녹음한 이들의 공동 작
업은 21세기 미디어예술의 첫 장을 개막하는 신호음으로 평가된다〈자료 8〉.

<자료 8> (In: Rainald Goetz, *Heute Morgen. Gelesen vom Autor. Musik: Rainald Goetz und Westbam. CD* (Bayerischer Rundfunk 2000))

괴츠는 CD음반 발표를 하면서 작품시리즈 '현재의 이야기Geschichte der
Gegenwart'의 제5부작 '오늘 아침Heute Morgen'을 1998년 출간한다. 80년대
이래 발표한 괴츠의 작품들과는 상이하게 '현재의 이야기' 시리즈에서는 성
찰적이기보다는 찰나적으로, 이념적이기보다는 심리적으로, 지속적이기보다
는 일시적으로, 분석적이기보다는 감정적으로 활달하게 탈주하는 새로운 세
대의 모습이 드러난다.[29] 분열증적 유희정신을 펼쳐나가는 자율적 주체들은
90년대 삶의 기쁨을 레이브(Rave), 테크노, 팝 문화의 다양한 스펙트럼 속에
서 표출하는데 이들의 자유분방한 모습이 극작가 괴츠의 예리한 관찰 아래

---

28) Vgl. Hubert Winkels, *Gute Zeichen. Deutsche Literatur 1995-2000* (Köln 2005), p. 138.
29) Vgl. Petra Gropp, *Szenen der Schrift. Medienästhetische Reflexionen in der literarischen Avantgarde nach 1945* (Bielefeld 2006), p. 358.

조명된다. 독일 방송의 인기 있는 나이트 토크쇼 진행자인 하랄드 슈미트 (Harald Schmidt)가 한밤중 디스코텍과 칵테일바를 오가는 이들을 빗대어서 말한, "내가 이슬을 주웠던 초원에서 되돌아왔을 땐, 오늘 아침 4시 11분"이 라는 방송 대사를 괴츠는 연작물 '오늘 아침'의 모토로 인용한다.

5부작 시리즈 '오늘 아침' 제1부인 소설 『레이브』는 '밤의 내적인 삶의 이 야기(Geschichten aus dem Leben im Innern der Nacht)'라는 부제에서 나타나듯 이, 테크노댄스의 다양한 장면들로 구성되어 있다. 한순간에 도취하려는 젊 은 세대의 감성을 반영하는가 하면, 제4부 『축하』에서 부제 '밤을 위한 텍스 트와 그림 모음집'에서 보여주는 '90년대 밤의 팝(90s Nacht Pop)'을 즐기는 이들의 다양한 모습이 묘사된다. 나이트클럽 포스터, DJ들의 활동 사진, 미술 갤러리의 그림, 마약을 복용하는 젊은이의 사진 등이 텍스트와 함께 이채롭 게 편집된다.

실제 괴츠는 90년대 중반 DJ들과 함께 도쿄, 뉴욕, 샌프란시스코, 베를린에 서 개최된 테크노 축제를 돌면서 로큰롤에 심취한 감정을 기록한다. 밤의 감 각적 생활을 배경으로 순간의 몰입과 다양한 문화의 차이성에 글쓰기의 초점 을 맞추는 괴츠는 테크노 문화의 환상 속으로 침윤해 들어가서 존재의 가치 를 새롭게 발견할 수 있기를 탐문한다.[30]

제5부 『모든 이를 위한 쓰레기 Abfall für alle』는 1998년 2월부터 1년 동안 작가의 일상을 시간별로 상세히 기록하여 매일 인터넷의 작가 홈페이지 (www.rainaldgoetz.de)에 올려놓은 글이다. 연재가 끝난 1999년, '한 해의 장편 소설'이라는 부제로 주르캄프에서 인쇄 책이 출판된다.

---

30) Vgl. Moritz Bassler, "Das Zeitalter der neuen Literatur". Popkultur als literarisches Paradigma. *Chiffre 2000 – Neue Paradigmen der Gegenwartsliteratur*. Hrsg. von Corina Caduff und Ulrike Vedder (München 2005), pp. 185–199, hier: p. 191.

고속철 ICE 815
날으는 함부르크 호

1998년 4월 6일 월요일, 함부르크

5시 15분 갤러리 현재
6시 08분 함부르크–베를린행 고속철 ICE 815 안에서, 1998년 4월부터 운행

날으는 함부르크 호: 전설적인 〈날으는 함부르크 호〉는 1933년 5월 15일부터 함부르크와 베를린 구간을 규칙적으로 운행하였고, 287km의 긴 구간의 목적지를 단지 2시간 18분 만에 도달한다. 그러니까 〈날으는 함부르크 호〉는 당시 세계에서 가장 빠른 기차였다.

8시 22분 승객 여러분, 이제 몇 분 후 우리 기차의 종착역 베를린의 쵸오로기셔 가르텐 동물원 역에 도착합니다. 승객 여러분께서 편안히 여행하셨길 바랍니다. 안녕히 가십시오, 다음 승차 때 뵙겠습니다.

8시 33분 한자 플라츠 광장
8시 34분 트룸 슈트라쎄 거리
8시 36분 비르켄 슈트라쎄 거리
8시 37분 뷔스트하펜
8시 38분 암루머 슈트라쎄 거리
8시 39분 레오폴드 플라츠 광장, 지하철 6호선 쪽으로 가다.[31]

기차를 타고 가는 서사적 자아는 함부르크를 출발한 새벽 5시부터 진행된 하루 일과를 시간대별로 세밀하게 기록한다. 매일 실시간 인터넷에 접속하여 입력하는 과정은 작가 자신이 디지털 화면 속의 서사적 자아로서 순간의 존재를 살아가는 상황을 상징해 준다. 괴츠는 자극과 매력 등 외부로부터 오는 '송신'에 반응하면서 순간을 포착하여 새로운 존재의 감각을 체험하고 그 감각적 실존을 통해 가상세계를 탐색한다. 한 지식인의 일상이 복합적인 단면

---

31) Rainald Goetz, *Abfall für alle. Roman eines Jahres* (Frankfurt a. M. 1999), p. 172.

들로 구성되어 실제로 체험한 것에 가깝게 모사되는 『모든 이를 위한 쓰레기』
는 순간의 의식을 인터넷 접속을 통해 실험하는 작품이며, 출간 이후 독일의
젊은 작가들이 일상의 삶을 새로운 글쓰기 양식으로 전개하는 인터넷 문학의
모범이 된다.[32] 이렇듯 새로운 매체기술은 예술가들의 작품창작에 다양하게
활용되어 구현되는데 괴츠의 작품은 과학기술 시대의 주요 성과물인 디지털
매체와 인쇄 책의 관계에서 이끌어 온 변화과정의 구체적인 실례라 하겠다.

IV. 나오며

과학기술의 발전과 함께 디지털 매체는 다양한 문화를 이끄는 테크노커뮤
니티를 형성하며, 커뮤니티 안에서 전개되는 사회문화적 양상은 라이날트 괴
츠의 작품에서 상이한 서사양식으로 나타난다. 작가 자신이 직접 작곡한 테
크노음악과 작품 낭송, 텔레비전 화면 영상과 라디오 방송 녹음, 인터넷과 자
연에서 채취한 상이한 음향 등은 샘플링과 믹싱의 작업을 통해 작가의 텍스
트에서 재편집된다. 그의 작품에서 전개되는 언술행위는 고전문학에서 쌓아
올린 지성적 신뢰를 여지없이 무너뜨린 채 끊임없이 변형되는데, 괴츠의 예
술적 실험은 디지털공간의 전자적 환경에서 일어나는 사회적 진화과정을 상
징적으로 보여주는 시도로 평가된다. 인터넷상에서 비선형성, 다매체성, 상
호작용성의 특징이 반복과 편집의 구도 아래 전개되듯이, 디지털 매체의 이
러한 하이퍼텍스트 양식은 괴츠의 창작과정에서 작품의 서사구조에 영향을
주며, 궁극적으로 작가의 인쇄된 종이 텍스트에서 시각시, 콜라주, 테크노 컬
처의 다양한 형식으로 변주된다.

아날로그의 문자공간과 디지털의 영상공간이 혼재하는 21세기의 하이브리
드 문화시대인 오늘날, 라이날트 괴츠의 작품은 문화예술 창작이 변모하는
실제적 현상을 이해하기 위한 구체적인 텍스트라 하겠으며, 더 나아가 디지

---

32) Vgl. Volker Weidemann, *Lichtjahre. Eine kurze Geschichte der deutschen Literatur von 1945 bis heute* (Köln 2006), p. 282.

털 매체시대의 새로운 공간으로서 또 다른 실존을 탐문하는 실험 공간이며
끊임없이 도전하는 예술정신의 무대라 하겠다.

참고 문헌

1차문헌

라이날트 괴츠, 이혜자 역, 『제프 쿤스』(성균관대 출판부 2007).

Goetz, Rainald, *Abfall für alle* (Frankfurt a. M. 1999).

Goetz, Rainald, *Beiheft zur Neuauflage von 『1989』*(Frankfurt a. M. 2004).

Goetz, Rainald, *Celebration. Texte und Bilder zur Nacht* (Frankfurt a. M. 1999).

Goetz, Rainald, *Festung. Stücke* (Frankfurt a. M. 1993).

Goetz, Rainald, *Heute Morgen. Gelesen vom Autor. Musik: Rainald Goetz und Westbam. CD* (Bayerischer Rundfunk 2000).

Goetz, Rainald, *Irre. Roman* (Frankfurt a. M. 1983).

Goetz, Rainald, *Jeff Koons. Stück* (Frankfurt a. M. 1998).

Goetz, Rainald, *Kontrolliert. Roman* (Frankfurt a. M. 1988).

Goetz, Rainald, *Krieg.* (Frankfurt a. M. 1986).

Goetz, Rainald, *Kronos. Berichte* (Frankfurt a. M. 1993).

Goetz, Rainald, *Rave* (Frankfurt a. M. 1998).

Goetz, Rainald, *1989. Material 1* (Frankfurt a. M. 1993).

Westbam, *Mix, Cuts & Scratches mit Rainald Goetz* (Berlin 1997).

2차문헌

Bassler, Moritz, "Das Zeitalter der neuen Literatu". Popkultur als literarisches Paradigma. *Chiffre 2000-Neue Paradigmen der Gegenwartsliteratur.* Hrsg. von Corina Caduff und Ulrike Vedder (München 2005).

Betz, Thomas und Hagestedt, Lutz, "Im Himmel der ruhelos ungeordneten Rede. Text und Kontexte von Kritik in Festung", *Spectaculum* 69, pp. 265-274.

Bolter, Jay David, *Writing Space. Computers, Hypertext and the Remediation of Print* (Mahwah N.J., London 2001).

Gropp, Petra, *Szenen der Schrift. Medienästhetische Reflexionen in der literarischen Avantgarde nach 1945* (Bielefeld 2006).

Haas, Birgit, *Theater der Wende - Wendetheater* (Würzburg 2004).

Hartmann, Frank, *Medienphilosophie* (Wien 2000).

Landow, George P., *Hypertext 3.0. Critical Theory and New Media in an*

Era of Glabalization (The Johns Hopkins University Press, Baltimore 2006).

Lüdeke, Roger, "Intermedialität als Medienkritik. - Zum Diskurs von '1989' in Rainald Goetz' *Festung*".『독일문학』제94집 (2005), 91-104쪽.

Schößler, Franziska, *Augen-Blicke. Erinnerung, Zeit und Geschichte in Dramen der neunziger Jahre* (Tübingen 2004).

Spies, Carla und Doktor, Thomas, "Rainald Goetz," *Deutsche Dramatiker des 20. Jahrhunderts*. Hrsg. von Allkemper und Norbert Otto Eke (Berlin 2000), pp. 868-882.

Weidermann, Volker, *Lichtjahre. Eine kurze Geschichte der deutschen Literatur von 1945 bis heute* (Köln 2006).

Windrich, Johannes, *Technotheater* (München 2007).

Winkels, Hubert, *Gute Zeichen. Deutsche Literatur 1995-2005* (Köln 2005).

3. 과학기술과 공간의 융합

모더니즘 예술과 과학기술

정혜경
한양대학교

Ⅰ. 과학기술, 그리고 예술

과학기술과 예술은 일견 서로 다른 세계에 자리하고 있는 것처럼 보이며, 종종 서로 융합 불가능한 이질적인 극단에 위치한 것처럼 간주되기도 한다. 그러나 실제로는 양자 간의 상호긴밀성과 연계성, 특히 과학기술의 예술에의 투영은 역사를 통해 관찰되는 현상이기도 하다.

우선 과학기술과 예술의 발전 또는 창조 과정을 들여다보면, 양자 모두 치열한 연구의 산물이라는 점에서 커다란 공통분모를 지니고 있음을 발견할 수 있다. 과학기술과 예술의 주된 무대는 연구실과 스튜디오(작업실)라는 차이는 있지만, 이 두 공간은 모두 인간의 치열한 탐구정신이 구현되는 공간이라는 점에서는 동일하다. 과학은 자연세계와 그 안의 대상들에 대한 아이디어의 개진, 이론과 가설의 성립과 검증을 통해 발전하며, 기술은 과학을 바탕으로 할 때 그 성취를 극대화할 수 있다. 예술가들은 재료·사람·문화·역사·종교·신화 등에 대한 성찰과 시도를 통해 작품을 창조한다. 이 과정에서 과학기술과 예술은 상호 간의 경계를 넘어 서로 보완적인 존재성을 드러내기도 한다. 레오나르도 다 빈치는 르네상스 시대의 대표적 화가이자 예술가로서 더욱 유명하지만, 동시에 그의 예술 작품에는 과학적 연구의 노력이 깊이 투영되어 있다는 것은 잘 알려진 사실이다. 예를 들어 다 빈치는 인간의 형태에 대한 정확한 이미지를 만들어내기 위하여 인간생리학과 해부학을 공부하기도 했다. 또한, 다 빈치의 '태아의 형태에 관하여(Sketch of Uterus with Foetus)'[1]는 예술적·과학적 연구가 함께 어우러진 그의 수천 여 개의 그림 중의 하나였다. 과학적 기법을 예술에 도입하는 단계에서 한층 더 나아가, 다 빈치에게 있어 과학과 예술은 똑같은 목적에 이르기 위한 상이한 행보일 뿐이었다.

예술가이자 과학자였던 만능인 다 빈치의 사례만큼은 아니더라도, 전업 예술가의 작품세계에서 당대의 과학 또는 기술이 지닌 시선이 투영된 사례를 발견하기란 그리 어렵지 않다. 네덜란드의 화가 베르메르(Jan Vermeer)의 작품 '천문학자'(Astronomer, 1668년)[2]는 과학과 예술에 대한 그의 동등한 시선을 잘 보여주고 있다. 신세계 개척을 향해 타올랐던 17세기 네덜란드인의 열정은 대우주와 같은 미지의 영역에서도 마찬가지로 발휘되었다. 지리적 발견을 위한 망원경과 미시 세계의 탐구를 위한 현미경이 함께 등장했던 17세기를 그려내는 베르메르의 시선은, 과학과 예술의 연계성을 상징적으로 드러내고 있다. 천문학자가 지구의(globe)를 응시하고 있는 이 그림에서, 지도제작법·천문학과 같은 과학적 산물은 정교하고 아름다운 공예품과 자리를 나란히 함께하고 있다.

19세기 말과 20세기 초, 채색과 빛이 가져다주는 생리학적·심리학적 효과는 인상파와 후기인상파 화가들의 중요한 관심사였다. 이 예술조류를 대표하는 모네(Claude Monet)의 관점은 물리적 환경에 대한 관찰자의 감각은 불변의 것이 아니라 빛과 채색의 교차에 따라 계속적으로 변화한다는 것이었다. 모네가 그의 예술 세계를 통해 일관되게 시도한 것은 자연의 풍광이 지닌 한순간의 '인상(impression)'을 사로잡는 것이었다. 여기서 모네가 전하는 인상은 인식 전(precognitive)으로 관측된 대상이 기억으로 규정되기 전의 것으로, 지

---

1) 본문에서 언급된 건축·회화작품들을 참조하기 위해서는 각주에서 제시되는 각 URL을 참조하라. Universal Leonardo.org, "The Foetus and the Womb", http://www.universalleonardo.org/trail.php?trail=345&work=334 (2010. 6. 20 접속).
2) essentialvermeer.com, "The Astronomer", http://www.essentialvermeer.com/catalogue/astronomer.html (2010. 6. 20 접속).

각 자체의 과정을 분별하는 투시화법에 바탕을 둔 것이다. 그리고 빛과 채색에 대한 인상주의의 끊임없는 탐구 이면에는, 예술적 영감과 열정 이외에도 당시의 색채 과학과 광학의 축적된 성과가 자리하고 있었다.

20세기의 피카소(Pablo Picasso)는 입체파(cubism)를 이끌었다. 상대성이론의 발표 직후에 그린 화상(畵商) 칸바일러(Kahnweiler)의 초상화에서 보듯[3], 입체파의 요체는 형태를 조각조각 해체하여 파편화시키는 것, 다시 말해 자연의 형태를 기하학적 형상으로 환원하고 사물의 존재성을 2차원의 화면에 재구성하는 것이었다. 이는 르네상스 이래의 전통인 원근법과 명암법은 물론, 바로 전 시기의 대표적 조류였던 인상주의의 빛 색채에 의한 순간적인 현실묘사를 모두 배격하는 파격적인 것이었다. 이러한 파격적인 시도의 배경에는 바로 당시 과학의 급격한 변모 역시 자리하고 있다. 1901년에는 막스 플랑크가 〈양자이론〉을, 1905년에는 아인슈타인이 〈특수 상대성 이론〉을 발표하는 등 당시는 기존의 지적 체계를 뒤흔드는 대전환이 빈번하던 시기였다. 입체파의 시도는 바로 이러한 시대적 분위기에 부응하여, 눈에 보이는 사물의 모습 이상을 담기 위한 분석과 입체감에 대한 탐구의 노력을 회화에 도입한 것이었다. 피카소의 입체파 회화 스타일은 아인슈타인의 과학이론만큼이나 치밀하고 신중한 분석을 필요로 하지만, 지각과 이해력을 가지고 접근한다면 관찰자의 노력에 대한 충분한 보상을 제공한다.

오늘날 빛·공간 예술가인 터렐(James Turrell)은 북부 애리조나에 위치한 한 분화구에서 지상계와 천상계의 연계를 추구하는 작품활동을 펴고 있다.[4] 1972년 이후 터렐은 분화구의 형태를 미묘하게 조작하고 다시 고쳐나가기를 반복하여 이를 거대한 예술작품으로 변형시켰다. 터렐은 그의 작품에 과학·공학적 지식을 십분 활용한다는 측면에서 다 빈치와도 유사하며, 빛과 공간의 효과에 대한 지식을 활용한다는 면에서 모네의 연장선상에 있다고도 할

3) MoMA.org, "D. H. Kahnweiler III",
   http://www.moma.org/collection/browse_results.php?object_id=61383 (2010. 6. 20 접속).
4) greenmusem.org, "Roden Crater",
   http://www.greenmuseum.org/content/artist_index/artist_id-11.html (2010. 6. 20 접속).

수 있다.5)

이상의 사례들은, 과학과 예술의 연계성은 근대 이후 전 역사를 통해 관찰되는 현상임을 보여주고 있다. 당대의 많은 선구적인 예술가들은 과학에 조예가 있었거나 과학의 변모로부터 영향을 받았다. 과학과 예술의 관계는 기술과 예술의 관계에서도 비슷하게 적용된다. 과학이론을 실제 환경에 통제하여 자연의 사물을 인간생활에 유용한 변화를 견인하는 기술은 우리 일상생활의 모든 측면으로 들어오면서 예술의 세계로도 파고들어 갔다. 주변에서 볼 수 있는 근 백 년간의 모더니즘 건축물에서는 질서·체계·효율성·합리성 등 근대적 과학기술의 가치가 전통적인 장식적 가치를 압도함을 엿볼 수 있다. 한편, 또 다른 시각예술 장르의 하나인 회화는, 건축에 비해 상대적으로 실용성으로부터 자유로운 특성상 기술문명에 대한 예찬과 함께 비판까지 다양한 장르의 스타일 속에서 공존함을 보여주고 있다. 심미적 미학과 합리적 과학기술이 함께 어우러진 건축물과 회화 작품들을 통해 20세기 산업사회의 관점에서 모더니즘 예술세계를 조명해보기로 하자.

II. 모더니티, 그리고 모더니즘 예술

모더니티(modernity, 근대성)는 근대화(modernization)의 추구가 경제적·정치적 민주화를 통해 사회를 유토피아로 인도할 수 있다는 믿음으로, 멀리는 17세기, 가까이는 19세기에서 시작되어 짧게는 20세기 중반, 길게는 부분적으로 현재에 이르기까지 서구사회를 풍미한 시대정신이다. 기본적으로 합리성을 기반으로 진보를 추구하는 모더니티는 정치·경제·사회·문화·철학 등 여러 차원에서 전개된 이론 및 활동에 연관 지어 실로 다양한 방식으로 이해될 수 있으나, 과학기술의 관점에서는 대략 다음과 같이 바라볼 수 있을 것이

---

5) 과학과 기술 그리고 예술의 상호관계에 대하여 다음의 URL을 참조하라. arctic.edu, "science, art and technology",
http://www.artic.edu/aic/education/sciarttech/2a1.html (2010. 6. 20 접속).

다. 모더니티의 정신은 기본적으로 근대과학이 이성을 통해 이룩한 성과에 대한 신뢰와 그러한 성과가 가져올 미래에 대한 낙관을 바탕으로, 제 분야에서 과학기술의 정신을 반영하고 쟁취하려는 것이다. 그러나 동시에 그 노정에서 과학기술에 대한 맹신과 과욕이 인간의 삶의 질 향상에 부정적으로 작용할 경우, 복잡한 과학기술발전의 노정으로 인한 인간 행복에의 위협과 억압요소에 대한 고찰 역시 이루어지게 된다. 모더니즘(modernism)은 기본적으로 모더니티가 투영된 예술사조이자 모더니티의 하위개념인 만큼, 모더니즘 계열의 작품들에서도 근대과학기술의 급격한 발전이 끼친 짙은 영향을 발견할 수 있다.6)

19세기 중반 과학기술의 발전이 야기한 급진적 변화는 정치・경제・사회의 다방면은 물론 예술의 세계에까지 파고들어 갔다. 증기기관의 등장에 힘입은 산업화의 진전을 배경으로 철교의 주철과 화물창고의 유리・강철 등의 새로운 산업재료를 매개로 예술과 공학의 융화가 이루어졌다. 전신의 등장으로 장거리 통신이 가능해지면서 시간과 거리의 제약은 축소되었다. 무엇보다도 19세기 후반과 20세기 전반의 전환기는 낡은 전통과 사회 규범을 버리고 기존의 지식체계를 바꾸기 위한 노력이 끊이지 않았던 시기였다. 다윈의 진화론과 아인슈타인의 상대성 이론 등을 통한 지적 체계의 전환, 내연기관・전력시스템 등의 보급에 따른 시간적・공간적 활동영역의 확장, 이러한 지적・물질적 체제의 전환에 따른 사회과학의 역할 대두 등과 맞물려 예술의 양식 역시 전통과는 결별하는 새로운 변화가 일어났다.

대략 1860년대부터 1960년에 걸쳐 과학의 진보와 산업화로 인한 서구사회의 급격한 변화로부터 도출된 문화적 경향 및 그에 연관된 문화운동을 통칭하여 모더니즘이라고 부르며, 모더니즘 예술은 예술의 양식과 이데올로기를 의미하는 철학적 기반으로 생각될 수 있다. 시각예술의 경우 모더니즘은 1860년 마네(Édouard Manet)로부터 시작하여 이른바 아방가르드(avant-garde) 운동으로 나아가면서 이전의 회화풍인 원근법의 현실 묘사로부터 결별해나

---

6) 모더니즘의 개념적 성찰에 대하여 다음을 참조하라. Astradur Eysteinsson, *The Concept of Modernism* (Ithaca, NY: Cornell Univ. Press, 1992).

갔다. 건축에서는 점점 더 기능주의(functionalism)의 추구에 초점을 맞춘 건축 장르가 주류로 떠올랐다.

모더니즘 예술의 특기할 만한 특징에는 예술과 과학기술문명과의 특별한 만남이었다. 모더니즘 예술은 실용적 실험, 과학지식 또는 기술에 힘입어 삶의 환경을 향상하고 재창조하는 인간의 힘을 단언하는 사회 진보의 트렌드였으며, 다른 한편으로는 미학적 성찰에 기술문명의 가치가 반영된 다양한 모드의 표현을 의미했다. 특히, 19세기 후반부터 미국의 제2차 산업혁명의 전개 과정에서 나온 포드주의·테일러주의와 같은 대량생산철학의 기술 이데올로기는 모더니즘 예술에 지대한 영향을 끼쳤다고 할 수 있다.

III. 모더니즘 건축

모더니즘 예술에서 근대 과학기술의 발전과 관련한 가치와 그로 인한 관념의 변화가 농후하게 묻어난 분야는 한둘이 아니지만, 그중에서도 건축은 특히 우리의 흥미를 끄는 구석이 있다. 인간의 거주 및 작업 공간의 창조라는 실용적인 목적과 함께 심미적인 만족까지 고려해야 하는 특성상, 건축은 전통적으로 과학기술과 예술의 공통지대에 속해 왔으며 어느 예술 분야보다도 소재 및 시공도구와 같은 과학기술과 경제의 변화에 신속하게 반응해 왔기 때문이다.

19세기 초반까지만 해도 건축에서 과학기술, 나아가 산업계와의 연관성을 발견하기란 쉽지 않다. 궁전·교회 등의 전통적인 건축물들은 한 국가의 위상을 과시하기 위한 기념비 내지는 조형물이었고, 가장 실용적이어야 할 도시건축 역시 해당 국가의 시민의 자부심을 표현하는 의미가 강했다. 그러나 근대정신이 이루어낸 과학기술의 발전, 나아가 산업의 혁명적인 변화는 건축에서도 새로운 양식의 등장을 가져왔다.

영국에서 시작된 제1차 산업혁명(1770-1850년대)은 기술발명·혁신을 통한 생산성 향상이라는 슘페터(Joseph A. Schumpeter)식 경제성장의 전형을 보여주었다. 영국의 산업혁명은 현대사회를 여는 중요한 원동력이 되었으며, 이 과정에서 인간과 과학기술과의 새로운 관계가 정립되었다. 과학기술의 급진적 성과는 광범위한 분야에서 혁신적인 변화와 진보를 야기했으며, 건축 역시 예외는 아니었다.

팩스턴 경(Sir Joseph Paxton)이 1851년 대박람회 전시장으로 설계한 수정궁은 주철과 유리로 된 구조물로, 철과 유리라는 근대 과학기술의 발전이 낳은 대표적·상징적 재료를 활용하는 기술적 진보를 보여주었다. 비록 구조의 형태는 여전히 관습적인 장식으로 둘러싸여 있었지만, 강철과 유리는 기차 화물창고, 백화점과 시장회관의 엄청난 내부공간을 창출하고 있었다. 1889년 파리에 세워진 에펠탑은 강철 뼈대 자체로 이루어진 구조물이었는데, 이러한 전위적 양식은 그에 대한 거부반응 역시 불러와 일반대중들의 습격에 노출되기도 했다. 1890년 미국 시카고에서는 설리번(Louis H. Sullivan)의 철마천루로 대변되는, 현대적 고층건물의 발달이 시작되었다. 빽빽한 고층건축물은 새로운 건축기술의 보급과 어우러져 건축 붐을 일으킴으로써 미국 도시의 발달을 자극했다. 1906년 설리번의 카슨 피리 스콧 빌딩(Carson Pirie Scott Building)[7] 이 지닌 기둥 사이의 넓은 공간, 수직의 창, 얇은 벽면은 고층 철건축물의 장점과 스타일을 잘 표방하는 것이었다.

19세기 건축의 혁신적인 변모는 기본적으로 산업혁명이 가져다준 3종의 새로운 건축재료, 즉 강화(철근)콘크리트, 강철 프레임, 유리의 효용에 기인한다. 이러한 건축재료들은 경제적으로 비싸지 않아 대량생산될 수 있었을 뿐만 아니라 기술적으로 접근하기도 용이하여 다양한 방면으로 유연하게 활용되었다. 산업혁명의 진전과 기술공학의 발전이 건축에 가져다준 영향은 단순히 재료의 교체에 그치지 않고 보다 근본적인 패러다임을 바꾸어 놓았다. 마치 근대과학의 합리성과 유용성이 많은 면에서 인간에게 자유를 선사했던 것처럼, 새로운 재료들은 건축을 과거의 공학적 한계로부터 자유롭게 만들었으며, 이는 건축물의 설계 및 구현에서 기능적 필요성이 한층 중요하게 부상

---

7) web.mit.edu, "Louis Sullivan",
   http://web.mit.edu/museum/chicago/sullivan1.html (2010. 6. 20 접속).

되는 계기를 마련하였다. 즉, 새로운 건축의 사조는 '형태는 기능을 따른다 (Form follows function)'라는 기능주의(functionalism)의 전격적인 등장에 힘입어 보다 근원적인 패러다임의 변화가 진행되었다. 파리에서 건축가 페레 (August Perret)에 의해 '아파트'라는 파격적인 근대 건축물이 선보였으며, 철근콘크리트를 사용하는 실험적 시도는 전 도시를 뒤덮었다.[8)

이제 건축은 기술과의 융합을 통해 사회의 미래를 변화시킬 수 있다는 모더니즘과 낙관적 믿음을 전파시켰다. 건축은 인간을 기계화의 효용성과 조화되어 합리적 문화와 연계된 인류의 새로운 이상을 반영했다. 새로운 건축 재료를 발굴하고 과거의 공학적 한계를 깨트림으로써 기술이 건축에 가져온 근본적인 변화는, 바로 건축 설계를 다름 아닌 합리적 사회를 구현하기 위한 도구로 승화시켰다는 점이다. 다른 여러 분야에서 그러하듯 건축에서도, 기술이 사회문화의 개혁을 위한 도구의 역할을 충실히 수행했던 것이다.

물론 이러한 모더니즘 건축이 태동하게 된 가장 큰 배경은 근대 과학기술문명이 20세기 초 유럽사회의 대표적 가치로 부각된 데 따른 것이다. 그리고 과학기술문명의 가치에 유럽이 눈을 뜰 수 있었던 것은 대서양 건너 미국의 성공적인 산업화가 큰 자극으로 작용하였다. 콜럼버스의 신대륙 발견이 미국에 대한 첫 번째 발견이었다면, 미국 산업화 시대가 발전시킨 혁신적인 효율성의 이데올로기는 유럽 건축가들에게 있어서 또 하나의 신세계와도 같은 것이었다. 그들은 미국의 콘크리트 사일로(사료·풀 등을 보관하는 원탑형 건조물)·교량·기름탱크·공장 등 공학적 구조물의 상징적 이미지를 유럽의 건축물에 접목시켜 표현함으로써 현대 산업문화에서 기술의 역동성을 구현하였다. 이는 과학기술의 발전과 함께 포드(Ford)식 대량생산 산업체제와 테일러(Taylor)식 과학적 관리론으로 대변되는 미국의 기술 이데올로기가 서구 산업사회의 보편적인 가치체계로 자리 잡은 것을 상징적으로 보여주고 있다. 즉, 건축은 기능적인 측면에서, 그리고 양식적인 측면에서 근대 모더니즘의

---

8) 모더니즘 건축 양식 전반에 대하여 다음을 참조하라. Alan Colquhoun, *Modern Architecture* (Oxford: Oxford Univ. Press, 2002); Answers.com, "modern architecture", http://www.answers.com/topic/modern-architecture (2010. 6. 20 접속).

충실한 구현이 이루어지는 공간으로 평가할 수 있다. 나아가 과학기술의 발전과 20세기 미국의 포드식 대량생산체제의 수용을 기반으로 실용적인 가치를 건축물의 중심개념으로 추구하는 기능주의는 자연스럽게 탈전통적·탈국경적 성격을 획득하게 되어 이른바 국제주의 건축양식(International Style)을 정립시켰다. 국제주의 건축양식은 전통적 양식을 부정하고 새로운 공업화 시대에 걸맞은 기술적 편의성과 국제적 보편성을 표방하였다. 이는 소재 측면에서 철, 콘크리트, 유리 등의 근대적인 재료를 대담히 채용하는 동시에, 구조 차원에서는 기존의 벽돌조 벽구조를 대신한 기둥—보 구조에 기본적인 바탕을 두고, 양식 면에서 종래의 장식을 과감히 배제하는 등 기존의 건축양식과는 여러모로 궤를 달리하는 것이었다.

모더니즘 건축의 선구자들은 모두 유럽인들이었지만, 이들은 미국의 첨단기술을 미적인 가치가 공학적 구조물의 설계로 승화되는 건축의 주요한 모티브로 주목하였다. 이들은 흔히 예술품에 비견되던 건축물에 산업화 시대의 가치와 미적 감각이 가미된 정도를 넘어, 건축이란 기계문명을 운용하는 기본 작동체제인 합리적·효율적 논리체계의 적극적인 반영이자 그러한 체계를 구현하기 위한 수단과도 같은 것이었다.

예를 들어 독일의 베렌스(Peter Behrens)의 공장 건축은 고전적 형태의 명쾌함뿐 아니라 모더니티의 합리성이 융합된 건축의 새로운 장르를 보여주고 있다. 그가 구현한 독일 최대의 공장인 AEG(Allegemeine Elektrizitäts Gesellschaft)[9]는 전등과 주전자 등의 생활공예품에서부터 발전소와 터빈공장에 이르기까지 모든 공산품을 책임지는 업체로서 기계문명에 의한 대량생산체제의 최일선이었다. AEG 터빈공장의 설계에는 힘과 질서, 정확성과 규칙성이 중요한 요소였을 뿐 아니라, 그곳에서 제조된 생산품 역시 합리적인 포드주의 및 테일러주의의 방식을 충실히 따르고 있었다. 공장은 진보적 기술의 이상을 제품에 구현하기 위한 도구였기에, 공장의 건축 작업에서 생산성과 효율성은

---

9) greatbuildings.com, "A. E. G. High Tension Factor", http://www.greatbuildings.com/buildings/A._E._G._High_Tension_Fac.html (2010. 6. 20 접속).

예술적 심미성에 우선하는 요소가 되었다. 그러나 베렌스의 건축 세계는 여전히 심미성이라는 고전적 가치를 완전히 배제하기보다는, 고전적인 심미성의 토대 위에 근대 산업화의 합리성을 가미하였다. 예를 들어 베렌스는 건물 외벽을 따라 경첩(문짝이나 창문을 다는 데 쓰는 철물)에 의해 받쳐지는 일련의 기둥을 도입하였는데, 이는 강력하고 정확한 기계적 움직임을 나타내는 시각적 비유였다.

베렌스의 작업은 그로피우스(Walter Gropius)로 이어져 바우하우스(Bauhous) 건축물을 탄생시키는 토대가 되었다. AEG 공장 건축에서 발현된 예술성과 기술의 통합에 영향받은 독일의 건축가 그로피우스는 1919년 새로운 예술의 교육을 통해 전파하는 교육기관인 바우하우스를 설립하였다. 베렌스의 연장선상에서 그로피우스도 역시 건축의 심미성을 지켜내면서도 산업화의 가치를 통합하는 것이 관심사였지만, 그로피우스의 건축은 대량생산의 철학에 초점을 맞춘 기능주의적 가치의 추구에 베렌스보다도 더욱 가깝게 닿아 있었다. 베렌스의 작업실(아틀리에)에서 수학했던 그로피우스(Walter Gropius)는 건축에서 테일러와 포드의 대량생산 방법론의 신봉자였다. 1919년에서 1928년간 데사우(Dessau)의 바우하우스 학교의 창립자 겸 교장이었던 그로피우스의 건축에는 뚜렷한 특징이 있었다.[10] 지붕이 뾰족한 전통적인 건물과는 달리 평평한 지붕, 비대칭적인 평면 구성, 흰색으로 채색된 벽, 길 쪽으로 나 있는 수평적인 창문은 큰 관심을 불러일으켰다. 그로피우스는 건축에서 고전적 장식을 거부했을 뿐 아니라, 표피적이고 단순한 기능주의와 물질주의 역시 초월하여 현대기술의 보다 근본적인 원칙과 가치를 구현함으로써 현대문명을 보다 잘 표현하고자 했다.

그로피우스와 함께 20세기 초 유럽의 건축양식을 이끌어간 또 하나의 거인은 스위스 태생으로 파리에서 활동한 르 코르뷔지에(Le Corbusier)였다. 콘크리트 건축 방식으로 기계문명의 역동성을 예술적으로 표현했는가 하면 유리창의 투명성에 의해 동일반복의 대량생산의 이미지를 추구했던 르 코르뷔지

---

10) UNESCO.org, "Bauhaus and its Sites in Weimar and Dessau", http://whc.unesco.org/en/list/729 (2010. 6. 20 접속).

에의 건축에 대한 기본적인 아이디어는 고급예술로서의 건축 작품에서뿐 아니라 일반인의 일상적인 건물에까지 20세기 새로운 건축양식을 완성하는 것이었다. 르 코르뷔지에와 더불어, 건축의 기능주의는 미스 반 데어 로에 (Ludwig Mies van der Rohe)가 설계한 독일 슈투트가르트의 바이센호프 주거단지에서도 드러난다. 기능주의 건축의 특징은 단순한 평면구성, 일직선 복도, 효율적 구조체계, 유리를 이용한 밝은 실내 공간과 투명한 외관 이미지 등으로 압축된다. 그로피우스의 파구스 구두공장(1924) 및 바우하우스 건축과 더불어, 르 코르뷔지에의 사보이 저택(1937)[11] 등은 공히 유리와 같은 신소재의 선택과 무미건조한 기하학적 모형의 반복활용을 통해 기계적 대량생산 가치의 합리성을 표방하는 역작들이었다.

이상에서 보듯, 건축에서의 모더니티의 발현, 즉 모더니즘 건축의 요체는 기능주의, 즉 기계문명을 운용하는 기본 작동 체제인 합리적·효율적 논리체계가 종합적으로 반영된 경향이었다. 이러한 연장선상에서 모더니즘 건축은 다수의 거주자 집단을 효율적으로 수용할 수 있는 대규모 복합주거단지 건설에까지 확대되었다. 그 요체는 수직고층으로 된 공동체 건물의 집합소로, 거주자 집단은 수십 개 유형의 고층 아파트에 살도록 설계되었다. 아파트 인근에는 상점·학교·호텔 등의 부대시설이, 아파트 옥상에는 탁아소·유치원·체육관·야외극장 등이 배치되었다. 마치 포드 자동차사가 모델 T 자동차의 대량생산을 수행한 것과 같은 맥락에서, '주택은 살기 위한 기계'라고 정의한 르 코르뷔지에의 철학은 유럽의 모더니즘 건축양식의 붐을 조성하였다. 1926년 그로피우스는 독일 데사우 시(市)로부터 수주받은 토르텐(Torten) 주거단지 건설에서 미국의 포드와 테일러의 대량생산방법을 활용하여 건축물의 설계에 효용성, 규칙성, 기술적 해결책, 표준화 및 체계성과 같은 개념을 도입하였다. 그로피우스와 그의 동료들은 몇 가지 주거형의 기본을 설계하여 이를 토대로 총 300여 채 이상을 건설했으며, 각 채의 내부는 효율적인 주방, 작은 여분의 방들, 특별하게 설계된 가구 등을 강조했다.

---

11) galinsky.com, "Villa Savoye in Poissy",
http://www.galinsky.com/buildings/savoye/ (2010. 6. 20 접속).

르 코르뷔지에 역시 포드주의와 테일러주의로부터 큰 영향 아래 1920년대
에는 주택의 대량생산 철학을 설파했다. 일관작업열(Assembly line) 생산방식
과 유사한 방식으로 대량생산된 주택은 현대 기술체계의 총아라는 것이었다.
뿐만 아니라 산업사회의 주축인 노동자들의 주택 문제가 해결되지 않는다면
사회의 폭동이 일어날 수 있으며, 이를 해결할 수 있는 주택건축물은 대량생
산 모델에 의해서만 가능하다고 주장하였다. 르 코르뷔지에가 1924년 보르도
의 한 사업가의 요청으로 노동자를 위한 페사크(Pessac) 주택단지를 설계한
데에는 바로 이러한 철학이 강력하게 반영되어 있었다.

유럽의 모더니즘 건축양식은 대서양을 건너 미국에까지 건너와 자리 잡았
다. 사실, 미국에서의 모더니즘 건축양식의 정착은 유럽에서의 모더니즘 건
축의 약화와 시기를 같이한다. 유럽에서 모더니즘 건축이 점점 그 효용성을
상실해 간 것은 1930년대 초부터였다. 1920년대 말 독일 바이마르 공화국의
지지자들에게, 모더니즘 건축의 국제주의적 특성은 독일민족의 정기와는 걸
맞지 않은 것으로 비판받았으며, 대량생산철학에 내재된 물질주의적 욕망 역
시 독일답지 못한 것으로 치부되었다. 결국, 독일에서의 모더니즘 건축은
1930년대 독일 국가사회주의의 득세와 함께 비판되었다. 이로 인해 그로피우
스가 미국으로 이민하고 1933년에는 바우하우스의 폐쇄로 미스 반 데어 로에
까지 미국으로 건너오면서 유럽의 국제주의 양식은 미국사회에 영향을 주었
다. 하버드 및 시카고에서 교편을 잡았던 그들의 영향 아래, 미국의 대기업
건물과 고층 주상복합 아파트, 부촌에는 단조로운 기하학의 구조와 조립식
모형과 표준화의 가치가 반영되어 갔다.

미국은 바로 유럽의 모더니즘 건축 양식을 태동시킨 훌륭한 자극을 제공
하였던 당사자였기에, 미국으로 전파된 유럽의 국제주의 양식은 빠른 시일
내에 보편성을 획득할 수 있었다. 그러나 일각에서는 미국의 대규모 복합주
거단지 건설의 경우 모더니즘 건축의 죽음이라고 평가받는 사례에 이르게 되
었다. 미적 가치를 희생시키면서까지 추구한 실용적 가치가 당시의 사회적인
요인과 맞물려 극심한 저항에 부딪혔기 때문이었다. 복합주거단지 건설을 위
한 재건축 프로젝트를 도시의 빈민들, 특히 흑인들이 자신들을 분리, 집단 수

용하기 위한 인종차별정책의 소산으로 판단한 것이다. 이들에 의한 범죄와
반달리즘(Vandalism)적 파괴활동에 의해 건축 도중에는 부대시설의 파괴가,
완성 후에는 낮은 미분양 사태가 일어나 재건축 프로젝트는 결국 실패로 끝
나고 말았다. 비록 건축물 본연의 목적이 거주인원의 수용에 있다는 점을 고
려하더라도, 이는 대량생산시대의 실용적 가치와 현대기술의 위력에의 과신
이 부정적인 결과로 귀결된 한 사례이다. 또 이는 당시 유럽에 비하여 미국
모더니즘 건축의 설익음, 인종문제의 복잡성 등 지역적 편차에 따른 것이나,
동시에 훗날 모더니즘이 직면하게 되는 저항, 즉 인간의 윤택한 삶과 관련한
과학기술 낙관론에의 비판을 미리 엿볼 수 있는 대목이기도 하다.12)

IV. 모더니즘 회화

20세기 회화에서도 건축에서와 마찬가지로 모더니즘의 세례를 받은 조류
가 시도되었다. 모더니즘 예술 역시, 이성의 과학법칙과 합리적 사상에 강한
믿음을 가지고 삶의 의미를 표현하는 데서 시작했다. 20세기 전반 많은 유럽
의 예술가들은 회화 작품을 통해 현대기술의 가치와 형태를 표현하고자 했
다. 이들은 기술이 인간으로 하여금 물질의 환경을 창조하고 통제할 뿐 아니
라 질서·정확성·힘·운동과 변화와 같은 가치를 반영한다는 믿음을 구체
화한다고 보았다. 그 결과 이들 예술가들의 작품에서는 현대문명이 본질적으
로 기술문명임을 드러내는 주제와 스타일로 가득했다. 모더니즘 화가들의 작
품은 단순히 원거리에서 산업의 인상이나 전경을 담고 있는 것을 넘어 피스
톤과 실린더, 전동기와 전선, 탱크와 튜브와 같은 근현대 기계·전기·화학

---

12) 모더니즘 건축의 대들보격인 베렌스, 그로피우스, 르 코르뷔지에, 그리고 미스 반 데어 로에
　　각각의 건축의 주요특징에 대한 분석은 Thomas P. Hughes, *American Genesis: A
　　Century of Invention and Technological Enthusiasm, 1870-1970* (Chicago, Univ.
　　of Chicago Press, 2004), pp. 309-324, 284-294; 임석재 저, 『건축과 미술이 만나다,
　　1890-1940』 (휴머니스트, 2008), 139-177쪽; 르 코르뷔지에의 건축에 대하여 다음을
　　참조하라, Le Corbusier, *Towards a New Architecture* (BN Publishing, 2008).

의 기술적 산물을 구체화시켰다. 어떤 이들은 빠르게 움직이는 자동차와 기관차의 본질을 잡는가 하며, 다른 이들은 공학자와 건축가의 냉정한 객관성과 정확성을 표현했다. 그들은 조화와 균형 아래 움직이는, 인간과 기술시스템 간의 상호작용을 보여주고자 했다.

넓은 견지에서 모더니즘 회화의 기원은 인상주의부터라고 할 수 있지만, 본격적인 근대 산업화 사회의 시대정신의 반영으로서의 모더니즘 회화의 본격적인 대두는 20세기 초 유럽의 탈전통적 시기와 함께하였다. 1905년 러시아 혁명에서 드러난 급진적 그룹의 소요, 제1차 세계대전 직전의 긴장감과 불안감은 예술가들로 하여금 이전의 예술을 보다 급진적·근본적으로 거부하도록 이끌었다. 1913년을 예로 들면, 후설(Edmund Husserl)의 현상학, 보어(N. Bohr)의 양자론, 파운드(Ezra Pound)의 이미지즘(Imagism), 뉴욕의 아머리 쇼(Armory Show, 근대미술국제전), 성 피터즈버그(Saint Petersburg)의 최초의 미래주의 오페라(Victory Over the Sun) 공연 등 당시의 과학기술계와 예술계의 키워드들은 기존의 전통적인 관념의 탈피라는 공통점을 보여주고 있다. 회화에서도 역시 당시의 신예 화가들이었던 피카소(Pablo Picasso)와 마티스(Henri Matisse)는 전통적인 원근법과 명암법, 그리고 다채로운 색채를 이용한 현실 묘사를 거부함으로써 충격을 안겨 주었다. 모더니즘은 불연속적인 발전의 가치를 추구하였으며 과학에서 문화에 이르는 모든 활동에서 점진적인 변화가 아닌 급격한 변화(disruption)를 주장했다. 문학과 예술은 이제 단순한 실재성(reality)의 범주를 넘어, 보다 복잡한 현실을 반영하기 시작했다.[13]

이러한 변화의 추세를 드러내는 회화사의 사건은 미래주의(futurism)의 등장이었다. 20세기 초 이탈리아에서 태동한 미래주의는 구습의 타파와 근대화를 주장한, 정치색을 강하게 수반하는 일종의 예술사회운동이었다. 1909년 2월 프랑스 피가로(Le Figaro)지에 기고한 『미래주의 창립 선언문』(Manifeste de Futurisme)에서 마리네티(Filippo Tommaso Emilio Marinetti)는 과거와 완전히 단절하고 기계문명에 의한 새로운 조형세계를 연다는 모토를 내세웠다. 미래

---

13) wikipedia.com, "Modernism", http://en.wikipedia.org/wiki/Modernism (2010. 6. 20 접속).

주의가 그려내는, 병기창·조선소·기차역·공장·다리·기선·기관차·자동차·비행기 등의 근대적 산물이 선사하는 약동감과 속도감은 기계문명의 창달을 통해 전통의 질곡을 타파하고 근대화된 신세계를 건설하려는 급진적 움직임과 맞닿아 있었다. 미래주의 예술가인 보초니(Umberto Boccioni)의 『상상력의 공존』[14)]에서 기계문명이 배출하는 자동차의 속도감, 대도시의 활력은 사회적 격변의 에너지의 발현으로 표현된다. 그는 기계문명의 진척과 함께 건설되는 산업도시는 자연을 정복하는 인간의 기술의 승리를 의미하는 것이라고 주장하였다. 보초니의 사례에서 보듯 미래주의 예술가들은 기법 측면에서는 근대적 기술로부터 속도감·힘·변화·동적효과의 가치를 작품에 차용하여 시각적인 역동성을 극대화하였으며, 주제 측면에서는 기술과 예술의 접목을 과감히 시도함으로써 전통을 거부하는 급진적인 시도를 보여주었다. 나아가 이러한 시도는 작품세계의 창조뿐만 아니라 현실참여를 통한 사회변화의 모색으로까지 이어졌으며, 그 결과 새로운 정치적 이데올로기로 등장한 무솔리니의 파시즘에 편승하는 과오를 범하기도 했다.[15)]

다른 한편으로, 세계 전쟁과 기계문명은 인간의 삶의 조건을 변화시킴으로써, 파탄의 현실이라는 실재(reality)의 문제에 대한 성찰을 가능하게 했다. 1920년대 전쟁의 여파 그리고 기계문명으로 대표되는 현실에 대해 부정적 폐해를 주관적 내면세계의 심리적 문제로 표현하려 했던 허무주의적 조류인 다다주의(Dadaism)는 유럽을 넘어 미국까지 전파된 국제적 예술운동이 되었다. 다다주의자에게 기계문명이란 서구가 표방하는 소위 합리적 질서의 기치 아래 20세기의 세계를 짓누르고 있는, 부정과 타도의 대상이었다. 다다는 기계문명이 인간성과 인간적 가치, 혹은 인간 자체, 심지어 신까지도 대체·말살해가는 과정을 냉소와 역설로 고발했다. 다다의 문제의식은 보다 근본적인 측면이 있었다. 다다주의자들은 전쟁의 폐해는 참혹하지만 일시적인 것으로 본 데 반해 대량생산된 기성품의 등장은 기계문명의 폐해가 체제화되어 고착

---

14) wikipedia.com, "Umberto Boccioni: Visioni simultanee",
   http://en.wikipedia.org/wiki/File:Umberto_Boccioni_-_Visioni_simultanee.jpg (2010.
   6. 20 접속).
15) 임석재, 앞 책, 37-51쪽.

화된다는 점에서 인간성에 대한 더 큰 위협을 가져다주는 것으로 여겼다. 다다주의 예술에서 공산 기성품을 예술적 소재로 차용하는 경향은 마치 이것이 우리 생활을 지배하게 된 현실적 당위성을 인정하는 것처럼 보이지만, 그 이면에는 기계문명의 횡포에 대한 고민이 담겨 있었다.

기술과 예술과의 만남이 더뎠던 미국에서도 다다주의가 등장했다. 미국에서 다다주의는 1913년 뉴욕에서 '근대 미술 국제전(The International Exhibition of Modern Art)', 소위 '아머리 쇼(Armory Show)'가 개최되면서 뉴욕 다다로도 불리게 되었다. 미국의 다다주의에는 프랑스에서 건너온 뒤샹(Marcel Duchamp)과 피카비아(Francis Picabia)의 영향력이 컸다. 뒤샹과 피카비아는 미국이라는, 인간이 창조한 기술의 세계를 재발견한 주역들이었다. 피카비아는 전통과 역사에 무관심하며 실용성에 치중하는 미국적 정신이 기술의 내·외면적 가치를 예술에 통합시키는 새로운 예술세계를 구현할 가능성과 잠재력을 지니고 있음을 설파함으로써, 뒤샹과 함께 기술과 예술의 융화를 강조했다. 피카비아의 기계화(機械畵)는 기계와 기계부품을 전통적인 가치 체계를 뒤흔드는 새로운 미학 체계의 근원으로 파악하여, 기계를 인간의 여러 특질, 개성 본질적 욕구를 표현하는 수단으로 승화시켰다.[16]

뒤샹은 기계적으로 제작된 일상의 단조로운 공산품을 미적인 효과와 가치를 지닌 대상으로 승화시켰으며, 이를 통해 미국 사회가 19세기 후반 이래 대량생산체제하 산업사회의 전능함을 상징하는 기성품(레디메이드, ready-made) 시대를 걷고 있음을 표방하였다. 뒤샹이 남성용 변기를 떼어내 '분수(Fountain)'[17]라는 제목을 붙여 기계숭상 시대의 흥미로운 대상으로 그려 낸 것은 모두 관습적인 미적 기준을 무시하고 풍자와 역설로 기계적 레디메이드 시대를 표현한 것이라 할 수 있다. 레디메이드를 환기시킴으로써 뒤샹은 대량생산 제품의 전지전능함이야말로 미국 사회의 두드러진 전형성임을 표현하고자 했다.

---

16) 천수원, "프란시스 피카비아(Francis Picabia)의 기계화 연구", 『미술사연구』11 (1997), 199-224쪽.
17) tate.org.uk, "Marcel Duchamp: Fountain, 1917", http://www.tate.org.uk/servlet/ViewWork?workid=26850 (2010. 6. 20 접속).

　과학지식과 기술의 극한적 추구가 드센 현대사회의 격랑이 심화되어 갈수록 모더니즘 회화는 초기의 미래주의와 같은 친(親)기술·산업화주의의 표본에서 벗어나, 과학기술에 대한 부정적·비판적인 해석까지 다양하게 드러내었다. 다다주의는 통합된 형태가 아니라 어디에도 구속되지 않은 스타일과 완전한 예술적 자유를 추구한 운동이었기에 그 경향을 하나의 흐름으로 재단할 수는 없다. 다만, 앞서의 뒤샹과 피카비아를 포함한 다다주의자들 역시 기계숭배적인 미국식 강박관념에 충실하기보다는 기술발전의 부정적인 면을 표현하는 데 소홀하지 않았다.

　아울러 기계에 초점을 맞춘 채 인간의 개입을 불허한 사진이나 사실적인 그림을 통해 기술사회의 면모를 극단적으로 표현해 내는 정밀주의자(Precisionists) 그룹이 대공황이 한창이던 1930년 미국에서 등장했다. 당대 세계 최고의 산업도시의 하나인 필라델피아의 펜실베이니아 예술아카데미에서 잉태한 정밀주의는 미국 모더니즘을 기계문명과 자본주의, 구체적으로는 산업자본주의의 관점에서 정의한 사조로, 이탈리아의 미래주의자와 뒤샹으로 대변되는 다다주의의 경향은 물론, 기계예찬론의 잡지문화 등의 영향을 복합적으로 받았다. 기계문명에 대한 정밀주의의 입장을 요약하자면, 있는 그대로의 모습을 사실에 가까운 정밀묘사를 통해 표현하는 것이었다. 정밀주의는 철저하게 미국 문명의 산물이라 할 만한 것으로, 제2차 세계대전을 계기로 유럽을 추월하여 산업화의 선두자리를 차지한 미국의 약진에 대한 자긍심을 기저에 깔고 있다. 정밀주의는 기계문명의 눈부신 발전상을 미국 특유의 것 내지는 미국적인 정체성으로 간주하는 경향을 띠기에, 미국 산업자본주의의 성공을 상징하는 공장·마천루·메트로폴리스·기계 등에 대한 사실적 찬양이 작품의 주된 테마를 이루고 있다.

　실러(C. Sheeler)는 정밀주의 예술가 가운데서도 소위 공장미학을 주요 소재로 다룬 대표적인 인물이었다. 실러는 사진의 사실주의 속성과 결합시켜 기계문명의 산물이 보여주는 명쾌하고 합리적인 모습을 미래적 가능성으로 각색해내는 데 상당한 성공을 거두었다. 화가이자 사진작가인 실러의 정밀주의 작품세계의 특징은 사진과 그림의 조화이다. 실러의 세계에서 살아 있는 모든 것은(사람 혹은 심지어 나무까지) 완전히 배제되었다. 실러의 작품이 표방한 주제는 산업의 숭고함(sublime)이었으며, 전통적인 회화의 영원한 테마였던 자연의 숭고함은 실러의 세계에서는 바로 산업의 위대함으로 대체되었다. 실러가 거대 산업에 대해 지녔던 감정을 가장 극적으로 드러내는 것은 바로 1930년 작품 '미국의 전경(The American Landscape)'이었다.[18] 이 그림에서 하늘과 운하의 물을 제외하고는 자연의 산물은 찾아볼 수 없다. 이 그림에 등장하는 것은 그 종류가 무엇이든 간에 인간의 문명·산업활동의 산물뿐이었다. 이외에도 실러의 작품들은 도시지역을 배경으로 한 기술발전의 풍경을 표현하고 있는데, 인간의 활동을 배제한 채 기계의 활동만을 상세하게 표현함으로써 마치 공학의 도면이나 건축 청사진 같은 느낌마저 안겨 주고 있다.[19]

　　미국 정밀주의자 그룹에 대응하는 또 하나의 회화 그룹이 1920년대 독일 신객관성(Neue Sachlichkeit/New Objectivity) 그룹으로 나타났다. 모더니즘 예술의 출발은 이성의 과학법칙과 합리적 사상에 강한 믿음에서 비롯되었으나, 20세기 현대사회의 질곡은 모더니즘 예술의 양상 역시 보다 복잡한 방향으로 이끌었다. 모더니즘 예술가들은 소재와 스타일의 유연한 선택을 십분 활용하는 한편으로 산업사회가 본질적으로 기술문화의 집합체임을 드러내는 공통점을 지녔으나, 시대의 진행과 더불어 이들이 과학기술을 대하는 태도는 열정적인 수용으로부터 비판에 이르기까지 다양한 스펙트럼을 보여주고 있다. 회화의 중심에는 묘사의 대상 혹은 실체로서 과학기술이 뚜렷이 존재하지만 그것은 물질적 풍요의 추구라는 주제의 무비판적인 표방보다는 새로운 회화 스타일을 추구하는 혁신의 근거로서 더욱 실효성을 가지고 있었다. 이는 아마도 모더니즘 예술과 시대적으로 중첩되었던 제1차 세계대전으로 인해, 현대 문명에 대한 반성적·회의적인 시각 역시 불가피했기 때문일 것이다. 폭

---

18) About.com, "Charles Sheeler: American Landscape, 1930", http://arthistory.about.com/od/educator_parent_resources/ig/picturing_america/pa_neh_29.htm (2010. 6. 20 접속).
19) 미국 정밀주의자 실러에 대하여 다음을 참조하라. Karen Lucie, *Charles Sheeler and the Cult of the Machine* (Cambridge: Harvard Univ. Press, 1991); Hughes, pp. 338-346.

격기와 전투기가 등장했던 제1차 세계대전은 기계화된 전쟁체계가 처음으로 본격적으로 적용되었던 만큼 그 재앙의 크기 역시 미증유의 것이었으며, 감수성 예민한 화가들에게 미친 예술적 파장 역시 크고 다양했다.

제1차 세계대전에 대한 충격과 기계문명의 득세에 대항하여, 1920년대 독일에서는 전후 독일의 어지러운 사회적 현실에 대한 기록과 고발이야말로 예술이 추구해야 할 보편적 가치인 객관성이라고 생각한 이들이 바로 신객관성 그룹이었다. 그들은 시대의 사회적 난관과 현실을 직시한 뒤 이를 냉소·역설·풍자·고발·염세 등의 무거운 분위기에 담아 표현했다. 이들은 당대 독일의 어려운 시대적 현실에 대한 근원적인 원인이 바로 기계문명을 중심에 둔 유럽 열강 간의 패권경쟁에 있다고 판단하여, 기계문명에 대한 처절한 고발을 시도했다. 나아가 독일의 현실을 넘어 인류사회 전체에 대한 고찰의 차원에서, 신객관성 회화 그룹은 위협적인 기계문명 앞에서 소외된 인간의 위치에 대한 비판적 시선을 견지하였다. 신객관성 그룹의 회화 세계에서는 인간 노동자와 대도시의 군중은 존재감을 부여받지 못하는 존재로 등장한다. 이들의 작품들에서 자리를 차지하고 있는 것은 사람, 동식물, 또는 자연 등과 같은 신의 창조물들이 아니라, 도구의 제작자인 인간이 창조해 낸 사물과 세계였다.

신객관성 스타일의 화가로는 래지빌(Franz Radziwill)이 유명하다. 그의 1928년 작품인 '마을 입구(Dorfeingang, Village Entrance)'에서[20] 래지빌은 비행기나 배와 같은 기술적인 인공물이 자연현상과 부자연스럽게 공존하는 모습, 농촌에서 벌어지는 기술발전상 등을 담은 래지빌의 화폭에서 인간은 아예 묘사대상에서 제외되거나 아니면 삭막한 기술 환경에 적응하지 못하는 유약한 모습으로 그려지고 있다. 래지빌의 또 다른 작품 'Harbor with Two Great Steamers'(1930년)를 보면 엄청난 크기의 배에 의해 작은 배에 탄 사람들이 압도당하는 정경을 보여준다. 작은 배들 역시 이 괴물 같은 선박에 가로막혀 무력해질 뿐이다.[21] 이미 일부 모더니즘 회화에서 나타난, 이른바 거대기술에

20) kunstforum.net, "Franz Radziwill",
http://www.kunstforum.net/sammlungen_kunstwerk200808.php (2010. 6. 20 접속).

의한 인간성 상실의 표현은 아마 과학기술 테크노피아의 희망에 대한 훗날의 거센 비관론을 예측하고 있었던 것일까.

제2차 세계대전 이후 초강대국의 지위를 더욱 확고히 한 미국에서 전후 모더니즘 예술에서의 주요 주제는 '현실'이라는 보다 포괄적인 키워드로 진화한다. 여기서 현실이 포함하는 범주는 대중문화·인스턴트문화·소비문화 등 가정이나 사회에서 살아가는 일반인의 일상생활 전반을 포괄하는 것으로, 역으로 기계문명의 영향은 거시적이고 원근화된 존재가 아니라 보다 일상화된 대상으로 그려지고 있다.

V. 포스트모더니즘과 예술의 세계

모더니즘 건축물과 회화가 보여주는 기술문명과의 밀착성, 혹은 적어도 방법론과 스타일상에서 근대성의 농후함은 대략 제2차 세계대전 이후를 기점으로 커다란 변화를 겪게 된다. 근대성에 대한 비판·반발·무시·무관심 등 다양한 양상으로 기술문명 유토피아에 대한 회의와 평가절하에 예전보다 훨씬 힘이 실리게 된 것이다. 이는 1930년대 이후 세계 대공황과 제2차 세계대전의 참상으로 인해, 서구인들이 모더니즘 예술과 불가분의 관계인 기술문화를 유럽의 황폐화를 가속화한 장본인으로 지목하기 시작한 데 따른 것이다. 제2차 세계대전의 상대적 수혜자로서 전후 비관주의적 득세가 덜했던 미국에서조차 1960년대에 들어서 기술주의에 대한 비판은 실로 거세졌다. 설상가상으로 한국전쟁, 쿠바 미사일 위기, 베트남 전쟁과 같은 세계적 긴장의 연속타 하에서, 삶의 내적 의미와 가치에 대한 낙관은 힘을 상실하게 되었다. 이에 건축에서는 '유리와 강철벽 커튼'으로 상징되는 모더니즘 건축에 대한 반발로 전통이나 역사성에의 복귀와 함께 일상성과 대중성에 주목하는 변화를

---

21) 독일 신객관성 그룹에 대하여 다음을 참조하라. Wieland, Schmied, *Neue Sachlichkeit and German Realism of the Twenties* (London: Arts Council of Great Britain, 1978); Hughes, pp. 346-352.

보임으로써 포스트모더니즘이라 불리는 사조가 등장하게 되었다.

포스트모더니즘 건축은 기능주의·국제주의 양식을 거부했다. 모더니즘 건축의 기능주의 양식은 비난을 직면했다. 르 코르뷔지에는 건축물을 '살기 위한 기계'라고 규정지었지만, 사람은 기계가 아니며 사람은 기계에서 살고 싶지 않다는 것이다. 이제 모더니즘 건축은 소위 유기체적 모더니즘으로 이행하게 되었다. 엄격한 사각형의 단조로운 기하학의 설계로부터 탈피하여, 보다 인간적이며 편안하고 심미로운 미학의 건축을 향한 절충형으로 나아가게 되었다. 포스트모더니즘 건축의 대표격인 벤트리(Robert Venturi)는 모더니즘 현대 건축의 주자인 미스 반 데어 로에의 '간결할수록 좋다(Less is more)'라는 기조에 대해 '적을수록 지루하다(Less is a bore)'라고 맞섰다. 그 결과 벤트리는 고전적 역사성을 부활하는 장식고전주의를 기본 사조로 하는 반(反)모더니즘적 핵심원칙을 상업적 고층 건물에 적용하여 대도시 조형 환경과 스카이라인을 바꾸어놓았다. 그 결과 오늘날의 고층 마천루의 양식에는 현대성과 고전성을 아우르는 이중의 코드(double coding)가 깊게 배어 있다. 이러한 현대성과 고전성의 결합은 이후 중소규모의 공공건물·소비상업시설·개인 주택 등 모든 종류의 건축물에까지 폭넓게 확대되었다.[22]

한편, 다양한 잡음과 비판에도 불구하고 전후의 풍요를 가져온 것임에는 분명한, 소위 미국으로 상징되는 현대의 테크놀로지 문명에 대한 낙관론은 1950년대 중반 소비주의를 찬양하기 위한 새로운 미술 경향을 태동시켰다. 앨러웨이(Lawrence Alloway)가 팝아트(pop art)라 이름 붙인 미술의 경향은 물질소비문화와 대량생산주의의를 찬양한다. 워홀(Andy Warhol)·릭턴스타인(Roy Lichtenstein)과 같은 팝아티스트들의 등장에는 대량생산과 대량소비가 최고조에 달한 1950년대 미국과 영국의 경제적·사회적 상황이 배경으로 자리하고 있었다. 대량생산과 대량소비, 그리고 이들의 촉진제 역할을 한 매스미디어가 지배하는 생활 패턴 속에서 사람들은 자연물이나 환경이 아니라 광고판, 대중매체에 더욱 친숙하게 노출되게 되었는데, 바로 팝아트는 여기에

22) 포스트모더니즘 건축 양식에 대하여 다음을 참조하라. R. Venturi, *Complexity and Contradiction in Architecture* (New York: The Museum of Modern Art, 2002).

착안해 TV나 잡지, 광고에 등장하는 이미지를 작품의 재료로 채택한 것이다. 아울러 데이터 전송과 멀티미디어와 기반의 기술들(텔레비전, 비디오, 컴퓨터, 인터넷 등)은 예술이 전통적 방식을 탈피하여 새로운 시도를 할 수 있는 또 다른 기회를 제공하고 있다.

건축뿐 아니라 미술을 비롯하여 문학·음악·무용 등 모든 예술분야에서 맹위를 떨치고 있는 포스트모더니즘은 그 양식과 철학 상의 일관된 특징은커녕 종종 그 실제조차 의심을 받기도 하나 현시대를 대표하는 단어임에는 이견이 없다. 포스트모더니즘은 모더니티적 가치, 모더니즘적 원리에 대한 비판적 반작용과 단절을 보여주는 동시에 모더니즘의 기본 원리를 논리적으로 계승하여 극단적으로 발전시키는 이중성을 띠고 있다. 예를 들어 팝아트 회화는 텔레비전이나 매스미디어와 현대사회의 일상품들을 미술 속으로 끌어들임으로써 산업사회의 현실을 미술 속에 적극적으로 수용하고 있다.23)

아인슈타인 물리학의 등장에도 뉴턴 물리학이 가치를 상실하지는 않은 것처럼, 포스트모더니즘의 시대에도 여전히 모더니티의 정신과 모더니즘의 영향, 적어도 모더니즘 시대를 관통하던 대량생산 - 소비의 산업구조는 여전히 효력을 발휘하고 있으며 포스트모더니즘의 토양인 후기 산업사회 역시 결국은 새로운 과학기술문명의 소산이다. 이는 결국 모더니즘에 미친 기술문명의 영향은 그 효력을 상실하였다기보다는 지금도 예술가들의 정신적 에토스에 또 다른 방식으로 작용하고 있을 것이라고 보는 이유이며, 동시에 예술과 과학기술의 관계에 대해 생각할 거리가 여전히 산적해 있음을 일깨워주고 있는 것이다.

---

23) 포스트모더니즘 예술의 패러다임적 변화에 대하여 다음을 참조하라. Irving Sandler, *Art of the Postmodern Era: From the Late 1960s to the Early 1990s* (Westview Press, 1997); wikipedia.com, "Postmodern art", http://en.wikipedia.org/wiki/Postmodern_art (2010. 6. 20 접속); wikipedia.com, "Postmodern architecture", http://en.wikipedia.org/wiki/Postmodern_architecture (2010. 6. 20 접속).

제국주의 공간과 융합:

독일제국의 중국식민지 도시건설계획과 건축을 중심으로*

김춘식

포항공과대학교

I. 들어가는 말

최근 국내외 학술 연구는 학제 간 교류를 넘어 학문의 통섭(統攝·Consilience)과 융합(Convergency)[1]을 지향하고 있다. 이러한 경향은 우선 학문이 인문, 예술, 자연과학, 종교 등과 분리·대립되는 것이 아니라는 점을 드러냄과 동시에, 특히 산업혁명 이래 형성된 '근대' 학문구조에 대한 근본적 성찰을 반영하고 있다.[2]

---

* 이 논문은 2009년도 과학문화연구센터(SCRC)의 지원에 의하여 연구되었으며, 『독일연구』 제19호(2010. 06), 111–144쪽에 게재되었음.

1) 이러한 통섭의 최근의 연구경향은 다음을 참조: 김용식 외, 『인문학의 창으로 본 과학』 (한겨레출판, 2006); 도정일, 최재천 『인문학과 자연과학이 만나다 – 대담』 (휴머니스트, 2005); 에드워드 윌슨, 최재천 역, 『지식의 대통합』 (사이언스북스, 2007); 최민자, 『통섭의 기술』 (도서출판모시는사람들, 2010); 최재천, 주우일, 『지식의 통섭』 (이음, 2007); 이인식 『지식의 대융합』 (고즈윈, 2008); 크리스 프리스, 장호연 역, 『인문학에게 뇌과학을 말하다』 (동녘, 2009); 김광수 외, 『융합 인지과학의 프런티어』 (성균관대학교출판부, 2010); 장회익, 최종덕, 『이분법을 넘어서』 (한길사, 2009); 김경동 외, 『인문학콘서트』 (이숲, 2010); 김광웅 역, 『우리는 미래에 무엇을 공부할 것인가』 (생각의나무, 2009); 심광현 『유비쿼터스 시대의 지식생산과 문화정치』 (문화과학사, 2009); 홍성욱 외, 『예술, 과학과 만나다』 (이학사, 2007).

2) 특히 오늘날의 학문 우월주의와 이기주의는 17–18세기 계몽주의 시기와 산업혁명 이래 극도로 전문화된 학문의 분과주의적 경향에서 기인한다. 따라서 현재의 분화된 학적 경향은 변화

최근 들어 인문학 분야에서도 다소 폐쇄적이었던 이종화(異種化) 경향에 대한 교정노력이 시도되고 있다. 특히 기존 자연과학이나 인지과학, 사회과학, 기술과학, 가상공간, 행위자네트워크이론, 대중문화와 예술, 사이버스페이스와 예술, 과학과 예술, 영화와 인문학 등 예술 - 학문 - 사회의 수평적 통섭과 연계된 연구를 통해 경화된 인문학의 소통구조를 변화시키고자 한다.[3] 최근 역사학 분야 또한 융합연구의 필요성을 반영해 글로벌히스토리(Global History)[4], 변경사(Border History)[5], 공간과 네트워크(Space and Network)[6]

해야 하며, 기계적인 근대 과학경향에서 탈피해 자유롭고 창의적이며 전인적 인간상을 지향해야 한다. 비록 '이론학', '실천학', '제작학'이라는 학문의 원형은 변하지 않겠지만, 이제 학문은 소위 '근대'의 산물인 분과 간의 경계를 허물고 융합과학의 길을 모색해야 한다. 김광웅, 『국가의 미래』(매일경제신문사, 2008), 99쪽.

3) 과학사가 겔리슨은 20세기 실험물리학에 대한 역사적인 연구와 인류학의 교역지대 개념을 바탕으로 비판적 포스트모더니즘 모델이라는 새로운 과학관을 제시했다. 그의 '교역지대론(Trading Zone Theory)'은 과학기술과 인문사회과학이 연계된 융합연구의 이론적 동기를 제공하고 있다. Peter Galison, "Computer Simulation and the Trading Zone," Peter Galison and David J. Stump, eds., *The Disunity of Science; Boundaries, Contexts, and Power* (Stanford: Stanford University Press, 1996), pp. 118-157.

4) 특히 1990년대부터 MIT의 브루스 매즈리쉬(Bruce Mazlish)가 중심이 된 '새로운 글로벌히스토리 구상(New Global History Initiative)'은 역사학의 경계를 허물고 추상적 인식공간을 창출한 대표적인 사례이다. 나아가 이 구상은 학문의 경계를 넘어 보편적 가치와 실현 가능성을 새로이 재현하며, 국가와 지역에 관심을 가진 학자들과는 달리 지구를 둘러싼 생물권과 생태환경의 다양성에 깊은 관심을 갖고 있다. 이러한 인식은 역사와 지리학과의 재통합을 촉진하였고, 장기진화론적 역사에 대한 새로운 관심은 생물학자·지질학자·기후학자·고생물학자의 관심을 이끌어 내고 있다. Bruce Mazlish, *Conceptualizing global history* (Westview Press, 1993); *The uncertain sciences* (Yale University Press, 1998); *Leviathans : multinational corporations and the new global history* (Cambridge Univ. Press, 2005) 참조.

5) 경계짓기로 대변되는 영토와 국경문제는 근대 국민국가의 대표적인 산물이다. 따라서 중심지와 변경에 관한 역사학 분야의 연구는 근대의 산물인 학문의 차별화와 융합노력의 적절한 사례이다. 우선 경계가 명확하지 않았던 근대 이전 시기에 변경지역은 상호 긴장에도 불구하고, 근본적으로 교환과 교류를 중심으로 형성된 공존공간이었다는 사실에 주목할 필요가 있다. 나아가 인접한 중심지들의 외부공간이자 공통분모인 변경은 반대로 교역지대의 중심공간이자 융합공간이었다. 따라서 소속의 형태가 단일한 국민국가 개념을 폐기하는 대신 다양성과 포용성을 강조하기 위해 현재의 경계와 분계들을 초월하려는 포스트내셔널리즘적인 사고와 연구가 필요한 것이다. Steven E. Aschheim, *Beyond the border: the German-Jewish legacy abroad* (Princeton, 2007); Dennis L. Dworkin, *Views beyond the border country* (New York, 1993)와 국내 연구로는 임지현 외, 『근대의 국경, 역사의 변경 - 변경에 서서 역사를 바라보다』(휴머니스트, 2004) 참조.

6) 최근에는 '네트워크'의 개념을 통해 유기체를 이루는 기본조직인 세포에서부터 언어·문화·사회적 관습과 세계 경제에 이르기까지 분석하고 있다. 역사학에서는 공간을 조망하는 방식의 변화, 즉 네트워크를 연결망으로 규정해 그 구조, 변화 및 역동성에 주목하고 있다. 마뉴엘 카

등의 연구에 많은 관심을 기울이고 있다.

한편, 기존 역사학 연구는 시간에 보다 많은 포커스를 두었으며, 공간은 역사의 배경이나 무대로만 간주하려는 경향을 띠었다.[7] 하지만, 역사학 연구가 시간과 공간을 유기적이고 종합적으로 파악하는 노력을 기울인다면 학문의 이종화를 교정함과 동시에 융합연구의 단초까지도 제공할 수 있을 것이다. 이러한 취지에서 본 연구는 미시사적 연구방법 및 지역문화적 접근방법을 토대로 독일제국의 중국식민지였던 칭다오(Qingdao, 靑岛)에 남아 있는 제국주의의 흔적을 문화사적으로 추적하고, 건축과 예술에 주목해 도시공간에서 나타난 변화와 융합양상을 제시하고자 한다.

본 연구는 우선 19세기 후반부터 20세기 초반 독일이 자국 식민지 칭다오에서 수행한 제국주의 공간정책의 기조, 그리고 도시건설계획과 도시건축의 배경을 살펴보고, 둘째로 독일이 칭다오 식민지에 이식한 독일식 건축양식을 심층 분석해 보겠다. 셋째로 칭다오 내 독일식과 중국 전통 건축양식, 나아가 식민지 시대 종결 이후 중국 전통양식의 재현(再現), 모방(模倣), 혼합(混合)의 형태를 추적함으로써 역사, 건축, 기술, 예술이 특정한 공간에서 융합되는 과정을 파악하고자 한다. 마지막으로 제국주의적 공간이자 문화적 융합공간인 칭다오에 대한 역사적인 해석과 연구사적인 의의를 조망해 보고자 한다.[8]

스텔, 김묵한 외 역, 『네트워크 사회의 도래』(한울아카데미, 2003); 김춘식, "독일제국과 바다 – 독일의 동아시아 해양정책과 식민지 건설계획을 중심으로", 『대구사학』 91집(2005), 158–159쪽 참조.

7) 도시사 연구는 시간에 비해 상대적으로 간과되었던 공간의 문제를 강조하면서 역사이해의 범위를 넓히는 데 이바지한다.

8) 도시사 연구는 도시라는 분석단위 안에 정치사, 경제사, 사회사, 문화사, 여성사 등 역사학의 하부영역이나 방법론이 지닌 다양한 시각들을 유기적으로 결합시킨다. 도시 공간에서는 계급계층, 인종, 젠더, 상이한 문화적 가치 등이 경계를 넘나들고 '충돌' 혹은 '공존'하면서 지속적으로 새로운 문화를 창출하기 때문이다. 도시사가들은 도시를 연구하는 다양한 학문분과와 상호소통하면서 사회학, 인류학, 지리학, 도시설계와 계획학, 지방행정학, 지역개발학 분야에 역사적 시각을 제시한다. 도시사 연구에서는 문헌사료뿐 아니라 다양한 시각적 사료분석이 필수적이다. 주요 건축물 및 도시계획 설계도면, 지적도, 사진, 지도, 삽화, 축제나 행사 안내서, 도시문화를 다룬 화가들의 그림, 오늘날의 모습을 담은 현장 사진 등이 주요 사료로 활용된다. 민유기, 「도시공간, 역사행위 주체·구조로 바라보기」(교수신문, 2007년 06월 18일, 인터넷판) http://www.kyosu.net/news/articleView.html?idxno=13883

II. 독일의 해양식민도시 칭다오(靑島)

　국내정치적인 사정으로 뒤늦게 1871년에 통일국가를 형성했던 독일은 이미 1884년 토고와 카메룬 등 아프리카 지역에 보호령을 확보함으로써 명백히 제국주의 국가가 되었지만, 아직까지 독일 외교정책은 유럽 내 세력안정(Balance of Power)과 균형에 방점이 놓여 있었다.[9] 한편, 독일의 동아시아에 대한 관심은 이미 1860년대부터 시작되었지만 동아시아 지역에서 치열했던 영국과 러시아의 각축과 해군력 열세로 인해 1890년대까지는 끼어들 여지가 많지 않았다.[10]

　그러나 독일제국은 비스마르크가 실각한 이후인 1890년부터 '세계정책(Weltpolitik)'을 내걸고 본격적으로 제국주의 정책을 실행하게 된다. 그리고 1890년 세계정책의 추진동력인 함대정책(Flottenpolitik)을 시작으로 우선 동아시아 지역에 군사교두보(Militärischer Stützpunkt)를 확보하는 데에 심혈을 기울였다. 한편, 1890년대에

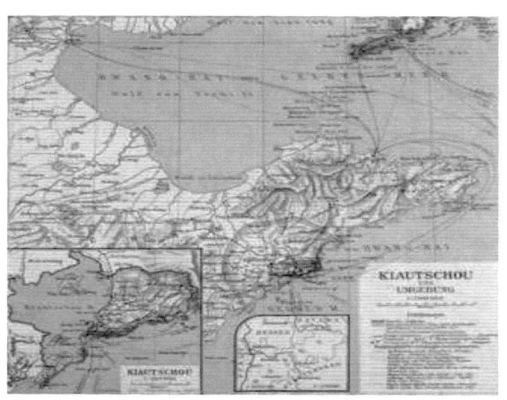

들어서 중국은 열강의 치열한 각축장이자 '반식민지' 상태에 놓여 있었다. 특히 중국에 대한 열강의 정치경제적 이해가 심화되어 가는 것을 주시하고 있었던 후발주자 독일은 이제 세계정책의 첫 번째 시험무대로써 중국침탈에 착수하게 된다.

<그림 1> 독일 조차지 교주만과 칭다오

---

9) 김춘식, "독일제국의 중국 교주만 식민지 문화정책 1898-1914", 『역사학연구』 32집 (2008), 385쪽.
10) 이 지역에서의 독일의 관심은 일본 홋카이도, 한국, 중국 동부지역 등을 포함해 동아시아 지역에서 자국식민지 혹은 영향권을 확보하려는 '홋카이도 프로젝트'(Max von Brand)를 구상하기도 했었다. Rolf-Harald Wippich, *Japan als Kolonie? Max von Brandts Hokkaidō-Projekt 1865/67* (Hamburg, 1997) 참조.

독일이 이처럼 동아시아 내 교두보 마련에 몰두하던 시기에 산둥성에서
두 명의 독일 가톨릭 선교사가 피살된 사건은 때마침 찾아온 절호의 기회였
다. 따라서 독일은 이 사건을 구실로 1898년 중국의 황해에 연안한 산둥성 교
주만을 신속히 점령했다. 교주만 점령 후 독일은 중국과 1898년 3월 교주만에
서 50km 반경, 99년을 조차기간으로 정한 '교주만 조차조약'을 체결했다. 이
조약은 단순히 상기한 교주만에 대한 조차권뿐만 아니라 산둥성 철도부설권
과 철도부지 주변지역의 광산채굴권을 독일이 획득하는 것을 주요 골자로 하
고 있다.[11] 이후 독일은 1914년 제1차 세계대전의 발발 직후 교주만이 일본에
의해 점령될 때까지 이곳을 17년 동안 지배했다.[12]

당시 이곳의 중심지는 인구 7만의 칭다오(靑島)였으며, 뒤늦게 중국분할 경
쟁에 참여한 독일제국은 기존 열강과는 차별화된 제국주의 정책을 수행했다.
문화를 코드로 한 '문화정책(Kulturpolitik)'이 그것인데, 강압통치가 아닌 '평
화적인 침투'를 모토로 독일은 '해양모델도시(Marinemodelstadt)', 즉, 독일의
과학기술·학문·교육·문화·건축 등을 홍보전시할 독일식 도시공간을 건
설하고자 했던 것이다. 그리고 이 계획은 '독일의 홍콩건설'이라는 슬로건 아
래 체계적으로 진행되었다.[13]

이러한 식민지 건설계획의 재정은 제국의회의 중국식민지 건설예산 승인
과 더불어 독일 외무성과 해군청의 재정지원이 중심이었다. 기타 중국 현지

---

11) Torsten Warner, *Deutsche Arckitektur in China − Architekturtransfer* (Berlin, 1995), p. 196.
12) 원래 칭다오는 산둥성(山東省) 청도만(靑島灣) 앞에 있는 작은 섬의 이름이었지만, 후일 도시 이름이 되었다. 현재는 위에 언급한 작은 섬은 소청도(小靑島)라 불리며, 1891년 청조 말의 정치가 이홍장에 의해 칭다오에 병영이 설치됨으로써 이곳에 대한 군사적 중요성이 인식되었 다. 1914년 8월 제1차 세계대전 발발 직후 청도는 일본에 의해 점령되고 이곳은 일본에 의 해 '아오시마', '세이도우' 등으로 불렸으며, 1922년 12월까지 8년 동안 일본의 지배를 받 는다. 청도는 이후 다시 중국으로 반환되었으나 일본은 1938년 청도를 재차 점령하고 1945 년까지 지배하게 된다.
13) 독일의 아프리카 등 다른 식민지가 모두 제국식민청(Reichskolonialamt) 관할인 것과는 달 리 교주만 식민지는 해군청(Reichesmarineamt)의 관할구역에 속했다. 따라서 식민지 교주 에는 독일 해군청 제독이 총독(Generalgouveneur)으로 임명되었다. 또한 교주만 식민지는 1914년 일본에 점령되기 전까지 인구 20만의 도시로 성장했으며, 그 중 56,000명이 칭다 오에 거주했었다. 그리고 1914년 통계에 의하면 교주만에는 2,400명의 독일해군과 2,000 여 명의 독일민간인이 거주했었다.

에 상업적 이익을 위해 진출한 지멘스(Siemens), 게르마니아(Germania), 독아
은행(Deutsch-Asiatische Bank) 등 독일기업 등의 기금후원, 그리고 독일 내 대
독일주의를 표방한 보수우익 단체들의 성금 등이 추가되었다. 이와 같이 확
충된 재정으로 교주총독부(Gouvernamant Kiautschou)는 인구 7만의 작은 어촌
에 불과했던 교주만의 중심지인 칭다오를 당시로써는 가장 근대적인 '독일
식' 도시공간으로 변화시키고자 했던 것이다.

  이와 같은 목적에 따라 칭다오 식민지 도시공간은 먼저 장기적으로 독일
의 상업경제적 이익을 담보하고자 항만과 교통을 최우선으로 하는 '해양요충
도시'로 설계되었다. 둘째로 독일의 학문과 과학기술, 건축물을 전시할 독일
홍보박물관의 기능을 담당할 수 있도록 '문화도시'로, 셋째로 도로정비와 상
하수도 시설 등 생활환경 개선을 목표로 한 '위생도시'로, 그리고 마지막으로
교주만의 포근한 기후를 이용한 '하계휴양도시'(Stadt der Sommerfrische)로 기
획했다.

  그러나 독일이 칭다오에 형성한 이 '근대적' 식민지 도시공간은 친독 중국
인엘리트를 확보함으로써 독일의 정치적·문화적 지배를 중국 본토로 확장
하려는 의도에 기저하고 있다는 점이 간과되어서는 안 된다. 그리고 이러한
식민지 도시공간계획은 자국의 위상과 영향력을 중국을 넘어 장차 동아시아
전체로 확대하려는 독일식 문화제국주의적 의도가 작동하고 있었다.

III. 식민지 도시공간의 형성

  1870년대를 전후한 시기에 닥친 독일 내 경제위기로 인해 자유주의가 서서
히 종언을 고하게 되며, 이후부터 국가의 정치경제적인 역할이 크게 확대되
는 개입주의적 정책들이 시행된다. 또한, 이 시기에는 산업화의 영향으로 도
시의 과밀집중에 따른 교통, 수급, 보건위생 문제와 농촌의 인구 이출 등이
심각한 문제였다. 이와 같은 문제를 해결하기 위해 1900년을 전후한 시기 독
일에서는 도시계획제도를 개선하고 도심확대 및 도시외곽지역의 개발을 엄

격하게 관리했다. 이러한 제도는 도시의 과밀집중을 해소하기 위한 교외도시 건설보다는 기존 도시의 주택, 도로, 각종 급양시설 등을 계획적으로 건설하고 생활환경을 개선하는 데에 중점을 둔 '전원도시론'의 등장을 가능하게 했다. 비록 이와 같

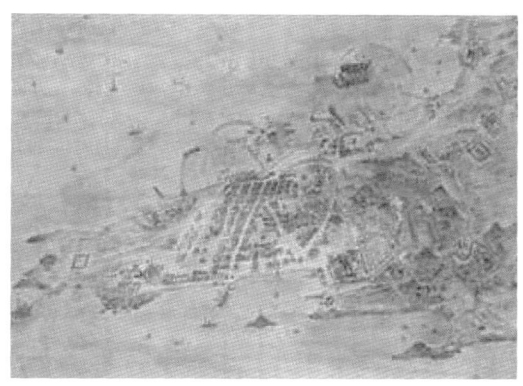

<그림 2> 1909년 칭다오 스케치

은 도시공간 구성이론은 아직 도시와 도시, 도시와 농촌 사이의 상호관계라는 측면에서 새롭게 이해하려는 단계까지 진전되지 못하고 단지 도시계획론의 틀에 머물렀지만, 전원도시론을 중심으로 독일에서는 근대적인 공간정책에 관한 논의가 확산되었다.[14]

그리고 독일이 중국 청도에 구상했던 식민지 도시공간계획은 바로 1900년을 전후한 독일 내 공간정책의 영향에 따른 것이다. 독일은 우선 칭다오 식민지에서 최우선 과제인 항만과 교통기능을 유지하면서 기존에 형성된 중국인 거주공간을 근대적 도시로 재구획하는 거시적 계획을 수립했다. 그럼에도 불구하고 하계일광욕 등 전원휴양지로서의 기능을 강조한 것이나, 또는 주택과 도로, 상하수도 시설 등 생활환경 개선을 목표로 위생도시의 건설을 목표한 것 등이 바로 전원도시론의 영향에서 비롯된 것이라 할 수 있다.

---

14) 특히 독일의 전원도시운동은 1896년 테오도르 프리취(Theodor Fritsch)의 '미래도시구상'과 1898년 에베네즈 하워드(E. Howard)의 '전원도시'로부터 큰 영향을 받았으나, 영국과 달리 이미 독일 특유의 반도시－지방분산의 소농이념을 기반으로 시민적 발의와 국적 차원의 생활환경개선 활동으로 전개되었다. 안영진, "독일 공간정책의 변화과정과 이념상에 관한 연구", 『지리학연구』 33권 (1999), 122–123쪽.

1. 토지정책

식민지 해양도시 칭다오 건설에는 토지법 제정, 도시발전계획 수립, 건축법 제정이라는 세 가지 요소가 가장 중요한 것이었다. 독일 총독부는 우선적으로 영국의 홍콩정책을 모델로 '토지정책(Bodenpolitik)'을 시행했는데, 이 정책은 총독부로 하여금 근대적인 도시건설에 필수적인 토지매입을 용이하게 하기 위한 법규정 마련을 근간으로 하고 있다.

독일이 칭다오를 점령한 뒤 1897년 11월 초 점령군 사령관이자 해군함대 부제독인 디더릭스(Otto von Diederichs)는 조차지 내의 안녕과 질서뿐만 아니라 "독일 총독부의 허가 없는 식민지 내 모든 토지의 소유자 변경 불허" 방침을 중국어로 공포했다.[15] 그리고 점령지 안정화를 위한 충분한 지원금이 확보되지 않았던 총독부는 식민도시 건설에 필요한 부지확보를 위해 우선 총독부에 토지우선매입을 보장하는 선매권(先買權)을 공포했다. 비록 현지 중국인 토지소유자가 토지를 사용하는 데는 특별한 제한을 받지 않았지만, 총독부는 또한, 중국인 소유자로부터 저가로 토지를 매입하고자 토지세를 점령 이전에 비해 두 배로 인상했다. 이러한 조치는 중국인 토지소유자들의 저항을 불러일으켰다. 또한 선교사들의 예를 통해 중국에서 외국인 토지매입은 매우 민감한 사안임을 알고 있는 제국해군청은 제국외무성의 도움으로 중국어에 능통하고 소유권, 매매권, 임대권 등 중국의 법률에 관한 전문가인 슈라마이어(Wilhelm Schrameier)를 특별위원으로 위촉했다.[16]

중국 내 독일공관 통역으로 재임하면서 상하이 등 중국 내 외국인 조차지의 투기가 성행했던 것을 목격한 슈라마이어는 투기억제와 총독부의 도시계획에 필요한 토지의 저가매입을 목적으로 토지법 제정안을 신속하게 마련했다. 슈라마이어의 제정안에 따라 토지공시가를 공표하거나, 지가상승세를 부과하는 등 총독부의 토지매매 독점권 행사를 골자로 한 '칭다오토지법(Die

---

15) Nachlaß Truppels, BA-MA, N224/46; Fu-teh Huang, *Qingdao – Chinesen unter deutscher Herrschaft 1897-1914* (Bochum, 1999), p. 80.

16) 슈라마이어는 북경, 홍콩, 광저우 등 독일 외무성 소속 전문통역관이었으며, 칭다오 토지매입 특별위원으로 위촉될 당시에는 상하이 독일 총영사관에서 통역으로 근무하고 있었다.

Landordnung von Kiautschou)'은 1898년 9월 2일 공포되었다.[17] 공포된 토지법
에 따라 독일 자본가들은 칭다오 중심지에 중국인 토지소유자로부터 대지를
매입하고 건축을 하게 되는 것이다. 토지법은 매입된 토지는 3년 이내에 반
드시 건축부지로 활용되어 건축물이 세워져야 하며, 이를 위반할 경우 투기
로 간주해 중과세가 부가되었다. 따라서 이처럼 투기를 방지하고 건축을 활
성화했던 '칭다오토지법'은 당시로써는 세계 최초의 토지규제법이었다.[18] 이
로써 교주총독부는 향후 칭다오 도로 및 항만부지, 총독부 관련 건축부지, 독
일인 거주단지 조성부지 등 칭다오 중심지와 항만부지를 저가에 매입하고 도
시건설계획을 실행할 수 있었다.

2. 칭다오 도시건설 계획

군사적, 상업적, 문
화적 요소를 두루 갖
춘 '해양도시' 건설에
초점을 맞춘 칭다오의
도시개발계획은 현지
에 주둔한 해군 소속
공무원들에 의해서 설
계되었다. 그러나 이
미 점령 이전 1866년
에 해군제독 크노르

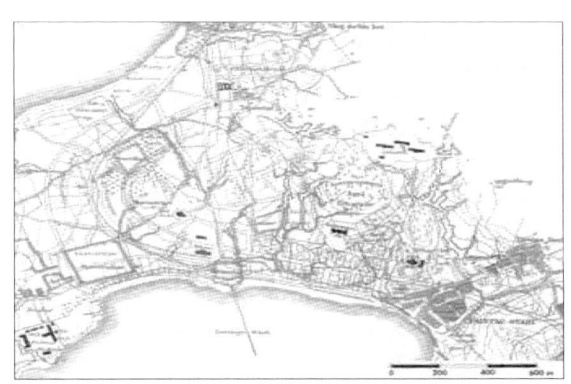

<그림 3> 1898년 1차 도시계획안

(Admiral Eduard von Knorr),[19] 그리고 뒤이어 1897년에 이 지역을 탐사한 해군

---

17) Gustav Bohnsack, "Vor 100 Jahren: Landordnung von Kiautschou(Tsingtau),"
   Allgemeine Vermessungs-Nachrichten(AVN), 1/2000, p. 10.
18) Christian Stichler, *Das Gouvernement Jiauzhou und die deutsche Kolonialpolitik*
   (Diss, Berlin, 1989), pp. 109-110.
19) 칭다오 점령 이전 1896년 빌헬름 2세는 당시 독일 빌헬름스하펜 부두건설총괄책임자인 크
   노르에게 교주지역 접수계획안을 명령했다. 이는 독일제국이 이미 칭다오점령을 기정사실화
   했으며, 단지 점령의 적절한 구실만 노리고 있었다는 명백한 증거가 된다. Ingo Sommer,

항만건설과장 프란치우
스(Georg Franzius) 등에
의해 이 지역에 해양식
민도시 건설의 필요성
을 강조한 보고서가 제
국정부에 제출된 적이
있었다.[20]

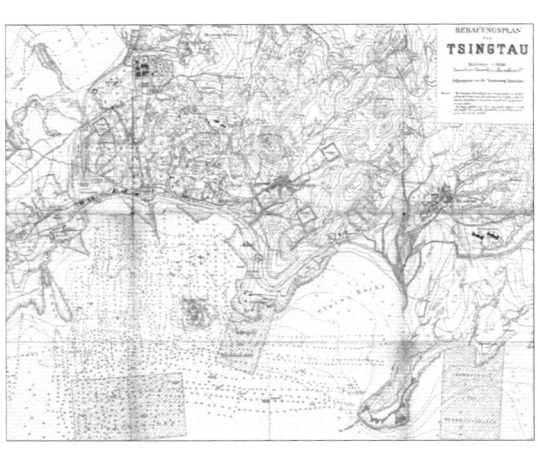

특히   프란치우스는
교주만이 지질, 수심, 폭
풍우방벽설치 조건 등
대형항만도시   건설에

<그림 4> 1898년 2차 도시계획안

적합한 조건을 모두 갖추고 있다고 보고서에 기술하고 있다. 또한, 항구에서
배면도시와 직접 철도로 연결할 수 있는 천혜의 지리적 조건을 갖추고 있으
며, 나아가 선박의 급탄기지 및 석탄수송기능 등 상업항구도시로서의 수입원
을 창출할 수 있음을 강조했다. 결국 프란치우스의 주장에 의하면 신도시 계
획에 있어 가장 중요한 것은 '항구'와 '철도'의 건설에 있다는 것이며, 후일
프란치우스의 도시계획 콘셉트는 현지 총독부 건설분야 관료들에 의해 적극
적으로 추진되었다.[21]

예컨대 1898년에는 해군항만건설과장 레히턴(Balduin Emil Rechtern)에 의해
〈그림 3〉와 같은 1차 세부 도시계획안이 설계되었다. 이후 레히턴의 세부계
획안은 칭다오총독부 산하 건설분야를 총괄했던 해군항만건설과장 그롬쉬
(George Gromsch)와 롤만(Julius Rollmann)에 의해 수정·보완되었다. 또한,
1903-1906년 사이 해군고등건설위원회 소속이었던 트로쉘(Ernst Troschel)은
항만건설을 총괄했으며, 1910년 그의 후임자인 리케르트(Fritz Riekert)는 전임

"Tsingtau, eine deutsche Marinestadt in China 1897−1914," *Kleine Schriftenreihe zur Militär− und Marinegeschichte* (Bochum, 2007), p. 145.

20) Sommer, *ibid.*, p. 146.

21) Torsten Warner, "Der Aufbau der Kolonialstadt Tsingtau: Landordnung, Stadtplanung und Entwicklung," *Tsingtau − Ein Kapitel deutscher Kolonialgeschichte in China 1898−1914* (Berlin, 1998), p. 87.

자의 항만건설계획을 토대로 도로, 상하수도, 수리, 제방 등의 건설을 추진했던 것이 다.[22]

이 2차 도시계획안에 따라 칭다오 도시계획은 구체화된 다. 1차 계획안에 비해 2차 계획안은 항구에서 동남쪽 방향, 즉 칭다오 중앙역으로 이어지는 선로가 곡선에서 직선으로 수정되어 중앙역

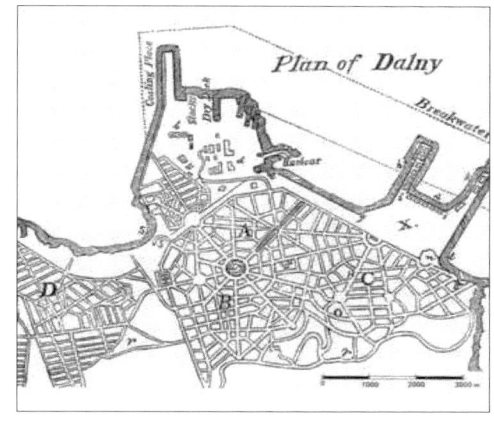

<그림 5> 러시아 식민지 달리안의 도시구획

우측에 독일인을 포함한 유럽인들의 주거지역이 방사선형 도시구획에서 직선형으로 바뀌게 되었다. 비록 초기에는 항만의 기능을 고려해 방사선형으로 계획했지만, 결국 독일식 도시계획으로 변경된다. 이러한 직선형 도시구획은 방사선형인 근처 러시아 조차지인 달리안(大連)이나 여타 프랑스 식민지 도로구획과는 다른 형태이다.[23] 프란치우스의 콘셉트에 따라 총독부의 건설 분야 관료들은 '세부 도시 구획안'을 마련하고 도로건설계획을 추진하게 된다. 항만계획도 함께 시행되지만 전형적인 독일식 형태가 드러나는 지역은 칭다오 서남부 유럽인 구역이며, 이곳에서 전형적인 독일식 건축물이 재현되었다.

---

22) Sommer, *ibid.*, p. 149.
23) 러시아 조차지역인 달리안이나 기타 열강들의 식민지 도시계획에 관한 참고서적. David Tucker, "City Planning without Cities: Order and Chaos in Utopian Manchukuo," Mariko Asano Tamanoi ed., *Crossed Histories: Manchuria in the Age of Empire* (University of Hawai'i Press, 2005), pp. 53–81; Madeleine Yue Dong, "Defining Beiping: Urban Reconstruction and National Identity, 1928–1936," Joseph W. Esherick ed., *Remaking the Chinese City: Modernity and National identity, 1900–1950* (University of Hawai'i Press, 2000), pp. 121–138; Gwendolyn Wright, "Tradition in the Service of Modernity: Architecture and Urbanism in French Colonial Policy, 1900–1930," Frederick Cooper and Ann Laura Stoler eds., *Tension of Empire: Colonial Cultures in a Bourgeois World* (Berkeley, LA, and London: University of California Press, 1997), pp. 322–345.

3. 칭다오 건축

칭다오를 점령하자마자 1898년에 공표된 '칭다오 도시건설계획'[24)에 따라 칭다오는 유럽인구역(Europäerviertel),[25) 주거지구역(Villenviertel), 중국상인 및 상업구역(Chinesische Händler- u. Geschäftsstadt), 그리고 몇 개의 노동자주거구역(Arbeitervierteln)으로 구성되었다. 또한 칭다오 항만구역과 중심구역에 새로 마련된 도로명을 포함한 거의 대부분의 지명(地名)에 모두 독일의 영웅, 귀족, 독일의 해양도시 등 독일적인 명칭이 부여되었다.[26)

칭다오의 항만구역, 유럽과 중국의 상업구역 건축물들은 부분적으로 확장되어 독일이 이곳을 떠나는 1914년까지 지속적으로 건설되었다. 주로 총독부 건물을 포함한 독일인과 유럽인 주거지역, 유럽 회사건물, 호텔, 학교, 기타 주거지 등이 들어서게 되는 유럽인 주거지역은 계절과 기온변화를 고려해 칭다오 동남쪽 중심부에 배치되었다.[27) 동서 양쪽에 바다를 끼고 있는 이 구역은 동계에 차가운 북풍을 1,100미터 이상의 라오산(崂山)이 막아 주며, 하계에는 남동쪽에서 부는 바람이 더위를 식혀 주는 최고의 입지에 위치하고 있다.

한편 콜레라, 장티푸스 등 질병 감염의 위험과 중국인 거주지역의 '불결한' 환경으로 시내 중심부 유럽인 구역 — 다바오다오(Dabaodo) — 과 항구의 북쪽에 위치한 중국인 거주지역 — 다이동첸(Taidongzhen)과 다이시첸(Taixizhen) — 은 엄격하게 분리되었다.[28) 예외적으로 신도시 건설에 필요한 중국인 노동력

---

24) Friedrich Wilhelm Mohr, *Handbuch für das Schutzgebiet Kiautschou* (Tsingtau, 1911), p. 206.
25) 중국인들은 유럽인구역의 토지를 매입할 수 있었으나 거주는 허용되지 않았다. 반면 칭다오의 동쪽 끝과 북쪽 끝 – 항구 북쪽 – 에 위치한 중국인 노동자 거주지역에서는 중국인과 비중국인의 거주권이 허용되었다. Wilhelm Schrameier, *Aus Kiautschous Verwaltung. Die Land-, Steuer- und Zollpolitik des Kiautschougebietes* (Jena, 1914), p. 32.
26) 칭다오에 건설되었던 신시가지에 Prinz-Heinrich-Straße, Wilhelm-Straße, Kieler-Straße, Lübecker-Straße, Danziger-Straße, Bremer-Straße, Berliner-Straße, Bismarck -Straße, Hamburger-Straße, Prinz-Adalberg- Straße, Kaiser-Straße, Bülow -Straße, Wilhelmshvener-Straße 등의 도로명이 있었다. Sommer, *ibid.*, p. 150.
27) Georg Maercker, *Die Entwicklung des Kiautschougebietes* (Berlim 1902), p. 23.
28) 당시 독일인들은, 홍콩과 싱가포르에서 유행했던 페스트 등 전염병이 주로 인구밀도가 높았던 중국인 거주지역에서 발생했으며, 상하이에서는 '위생상 불결하고 악취가 나는 중국인'들로부터 장티푸스가 유행했다는 보도를 접하고 이러한 엄격한 주거공간 분리정책을 고수했다.

공급을 위해 유럽인 주거구역에 400㎡의 노동자구역을 설치했다. 그러나 양 구역을 가르는 도로에 직선펜스를 설치하는 등 총독부는 철저한 분리정책을 수행했다.[29] 따라서 독일식 건축물은 거의 대부분 유럽인구역에서 볼 수가 있다.

당시 대부분 칭다오와 톈진을 중심으로 건설된 중국 내 독일식 건축물은 칭다오에서 가장 뚜렷하게 볼 수 있다. 독일은 동아시아에서 유일한 모델도 시이자 '독일문화와 도시건축예술의 전시관'으로써 칭다오를 설계했었다. 신 도시는 '마땅히 독일의 민족적 특징을 살리고 중국의 도시와 차별되어야 한 다'고 주장한 독일 총독 트루펠(Oscar Truppel)의 계획에 따라 칭다오는 당시 아시아에서 인기가 높았던 영국식 건축과 다른 독특한 독일풍을 띠게 되었던 것이다.[30]

 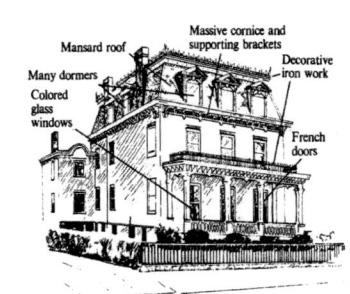

<그림 6> 스텝 게이블과 만사드지붕 형태

총독부의 도시건설계 획에 따라 유럽인 주거 지역과 상업지역에 축 조된 주요 건축물들은 19세기, 특히 1890년대 독일에 유행했던 네오 바로크(neo baroque),[31] 유겐트슈틸(Jugendstill),[32]

Maercker, *ibid*, p. 33; Stichler, *ibid*., pp. 112–113.

29) 1898년 10월 11일에 공표된 '칭다오 건설경찰국 법규'에 따르면 우선적으로 위생, 통로, 견고성, 소방안전 등 건축물과 건축 재료에 관한 규정이 명확히 고지되었다. 하지만 유럽인 주거구역과는 달리 중국인 거주구역은 다양한 제약조건이 있었다. 예컨대 유럽인 주거구역의 경우 40%의 건축용적률, 18m 도로, 건축물 간 4m 공지 유지 등 쾌적한 환경을 보장했다. 하지만 중국인 거주구역은 2층 이상의 건축물 불허, 75%의 용적률 허용 등 차등화된 조건 을 제시해 열악한 환경을 피할 수 없었다. Torsten Warner, 앞의 논문, pp. 89–93.

30) 백지운, "식민지의 기억, 그 재영토화를 위하여 – 존스턴별장을 통해 본 동아시아 조계(租界) 네트워크",『중국현대문학』 42(2007), 232쪽.

31) 19세기 후반 엄격한 구성을 강조하는 신고전주의적 건축양식에 벗어나 동적이며 풍요로운 형태와 공간을 추구하는 건축양식이며, 베를린의 독일연방의사당(Reichstag)이 대표적이다.

32) 유겐트슈틸은 벨기에의 앙리 반 데 벨데(Henry van de Velde) 등으로 대표되는 '아르누 보'(art nouveau) 양식에 대한 독일식 명칭이며, 프랑스에서는 '기마르양식'(Style Guimard), 이탈리아에서는 '리버티양식'(Stile Liberty)으로 불린다. 과거로부터의 이탈, 새로

네오로마네스크(Neo
Romanik),33) 네오르네상
스(Neo Renaissance)34) 양
식이 주류를 이루었다.
특히 유겐트슈틸 건축물
의 경우 파사드(벽면)에
식물문양의 장식을 넣고
직선적 패턴으로 구성되

Tsingtau: Gouvernementsgebäude, Sitz der deutschen Kolonialverwaltung, um 1906
<그림 7> 총독부 청사

었다. 그리고 전면을 개
방하고 통풍을 고려한
베란다 양식도 적용되었다. 지붕은 좌우대칭 계단식인 스텝 게이블(Steb
Gable), 혹은 만사드(Mansard)35)형태로 설계했다.

주요건축물 중 칭다오의 상징적 건물이자 현재에도 칭다오 시청사로 사용
되고 있는 총독부청사(Gouvernementsgebäude)는 1899년 '청도 도시건설계획'
에 최우선 과제로 이미 예정되어 있었다.36) 그러나 토지매입과 도시계획 변
경 등으로 1904년에 와서야 건축가 말케(Friedrich Mahlke)가 설계해 2년 후인

운 기술적 완전을 이상으로 추구했던 아르누보 양식은 벨기에를 시초로 10년간 유럽에서 성
행했으며, 건축과 공예분야에 두드러진다. 이 양식은 1895년 종래의 건축·공예가 그 전형
을 그리스, 로마 또는 고딕에서 구한 데 반해, 모든 역사적인 양식을 부정하고 자연형태에서
모티프를 빌려 새로운 표현을 얻고자 했다. 18C 후반 독일의 뮌헨, 다름슈타트, 베를린을 중
심으로 발달한 유겐트슈틸은 식물의 꽃과 잎에서 볼 수 있는 율동감 넘치는 곡선 형태를 추
상화하고 양식화한 것이 특징이다. 조숙경, "작가연구를 통한 유겐트슈탈", 『한국가구학회지』
15집 (2005), 65~66쪽; 임석제, "19세기말 자연해석 경향과 비엔나 아르누보 건축", 『건
축역사연구』 5집 (1994) 참조.
33) 2,000년 전 로마에서 유행하던 로만틱 건축양식이 부활해 19세기 후반 경 유럽에서 유행했
다. 독일 베를린의 '빌헬름황제 기념교회'나 서울 중구 정동에 위치한 '성공회 주교좌 성당'
등이 로만틱 건축양식이 적용된 건물이다.
34) 16세기 북부르네상스식 건축양식이 19세기 후반에 다시 부활한 형태를 말한다. 비엔나의 오
페라장이나 독일 함부르크 시청사가 대표적이다.
35) 프랑스 건축에 기원을 두고 있으며, 오늘날에도 파리 구시가지 석회암 건물들의 대부분이 만
사드지붕이다. 지붕 전체의 구배가 완급단으로 되어 있고, 지붕에 창문이 돌출되는 형태가 그
특징이다.
36) Deutsch-Asiatische Warte, Amtlicher Anzeiger des Kiautschou-Gebietes, Tsingtao,
20 April 1899, vol.1., p. 1.

1906년 4월에 준공되었다. 이
건물은 네오바로크 양식이며,
평면은 'E'자 형으로 중앙부
와 양 날개 부분이 튀어나왔
으며, 만사드(Mansard)지붕으
로 위풍당당한 느낌을 준다.
그리고 총독부청사의 시공회
사는 함부르크에 소재한 'F.
H. Schmidt, Altona'였으며, 총

Tsingtau: Residenz des Gouverneurs, Ansicht von Westen, um 1907
<그림 8> 총독관저

건축비는 85만 마르크(금화)에 달했다. 칭다오 남부 산비탈 언덕에 자리한 이
건물은 칭다오에서 쉽게 구할 수 있는 화강암으로 가공한 직방형 벽돌로 건
축되었다. 화강암 가공에는 240여 명의 중국인 석공들이 동원되었다. 한편,
당초 U자형 총독부건물은 1989년에 중국인 건축가들에 의해 건물 북쪽부분
이 증축됨으로써 'E'자 형태가 되었다.[37]

총 시공비용이 45만 마르크(금화)에 달하며, 칭다오 시 남구의 높은 언덕에
자리한 독일 총독관저(Gouvernementsresidenz)는 칭다오에서 가장 훌륭한 건
물로 평가되고 있다. 총독관저는 1905년 총독부 토목건축국 건축국장이자 건
축가 슈트라서(Strasser)와 말케(Mahlke), 라짜로비치(Werner Lazarowicz)가 설
계해, 2년 동안의 건축기간을 거쳐 1907에 준공되었다. 현재에는 내부를 개조
해 칭다오 시(市) 영빈관(迎賓館) 겸 박물관으로 사용되고 있는 건물내부는 전
형적인 독일식 주거지 양식으로 설계되었고, 외부는 부분적으로 유겐트슈틸
풍이 보여 한 점의 조각품을 보는 듯하다. 전체 3층으로 구성된 건물의 화강
암 외벽은 간결한 루스티카풍(Rustika)[38]이다. 19세기 빌헬름시대 유행했던 전
형적인 유겐트슈틸 건축형태와 건축자재를 사용한 벽면과 중앙 현관 입구 또
한 매우 아름답다. 건물 내부의 중앙에는 2층 홀이 있으며, 이 홀을 가로질러
집무실과 식당이 자리하고 있다. 1층은 총독가족이 주거하였으며, 2층은 방

---

37) Warner, *Deutsche Architektur in China-Architekturtransfer*, pp. 210-211.
38) 르네상스시기에 유행했던 네모돌 형태의 꾸밈없는 벽면 건축양식을 말한다.

문객과 관리인들을 위한 공간으로 구
성되었다. 조명기구, 목재 벽면장식
품, 바닥 등은 오늘날까지 파손되지
않고 온전히 보존되어 있다. 또한, 당
시의 가구나 당구대 등은 오늘날에도
그대로 사용되고 있다.[39]

미카엘 성인에게 봉헌된 중국 내
유일한 축성성당(祝聖聖堂)인 칭다오
천주교회당은 당시 산동성을 관할했
던 가톨릭 주교 헨닝하우스(Augustin
Henninghaus)의 위탁으로 건축가이자
신부인 프뢰벨(Alfred Fröbel)에 의해

<그림 9> 성미카엘 성당

1900년에 설계되었다.[40] 당초 신고딕양식으로 설계된 교회는 수차의 설계수
정과 자금부족으로 완공이 지연되었으며, 초기의 로마네스크 풍의 양식들이
축소 혹은 삭제된 상태로 1934년에 와서 철근과 콘크리트 구조로 된 네오로
마네스크 양식으로 완공되었다. 3년 동안 이 성당의 건축을 지휘했던 건축가
는 비아루차(Arthur Bialucha)이다. 성당은 시내에서 가장 중심부에 위치하고
있으며, 높이는 무려 65미터에 이른다. 십자형으로 준공된 교회의 익당(翼堂)
의 길이만 34미터에 이르며, 지붕의 높이는 18미터, 탑의 높이가 54미터나 되
어 당시 중국 북부-텐진, 북경, 대련, 진안 등-에서 가장 높은 건축물이었
다. 성당의 평면형식은 라틴 십자형이며, 다른 성당들과 달리 동서축이 아닌
남북축을 이루고 있어 주 출입구가 남쪽에 있다.[41]

유럽인 거주구역 동편에 세워진 신교인 예수교회(Christuskirche)는 1908년
현상설계에 당선되어 1910년에 준공되었다. 당초 총독교당(總督敎堂)이라 명

39) 'Alte Deutschen Bauwerke in Qingdao' aus CCPIT(China Chamber for the Promotion
   of International Trade) vom 3. 6. 2006. p. 5.
40) Warner, *Deutsche Arckitektur in China - Architekturtransfer* (Berlin, 1995), p. 199.
41) 김승배 외, "근대 중국 개항기 교회건축양식에 관한 기초연구", 『대한건축학회논문집』 12집
   (1996), 152-153쪽; 최소자, 『동서문화교류사연구』 (삼영사, 1990) 참고.

명된 이 교회는 지형조건을
가장 잘 이용했으며, 27미
터나 되는 첨탑에서 칭다오
시내와 교주만 바다의 아름
다운 정경을 한눈에 볼 수 있
을 만큼 요지에 위치하고 있
다. 총독부 건축국 소속 건축
가 로트케겔(Curt Rothkegel)[42]
이 설계한 이 건물은 전반

<그림 10> 예수교회

적으로 흙색이 나는 외관에 화강석 모자이크로 처리해 비잔틴양식이 혼합된
독일풍의 면모를 보여주고 있다. 유겐트슈틸 벽명 양식으로 축조된 이 교회
는 바로크나 로마네스크 풍과 달리 평면, 입면 어느 부분에서 보아도 자유로
운 건축미를 보여주고 있다. 또한, 시계탑이 있는 탑부분과 'ㅅ'자 교회건물
이 조화를 이루고 있으며, 루스티카풍의 벽면 마감처리가 특징이다. 아쉽게
도 1980년대 초 교회 남쪽에 세워진 고층빌딩은 예전의 수려한 조망을 방해
하고 있다.[43]

급경사의 계단형 지붕과 시계탑으로 장식된 칭다오 중앙역사(中央驛舍,
Hauptbahnhof)는 1870년대부터 독일에서 유행했던 네오르네상스 양식으로 축
조되었다. 20개월 동안의 건축기간이 걸린 이 건물은 바일러(Louis Weiler), 힐
데브란트(Heinrich Hildebrand), 게데르쯔(Alfred Gaedertz) 3인이 공동으로 설
계했으며, 산둥철도회사(Schantung-Eisenbahn-Gesellschaft)가 시공했다. 이 역

42) 1905년 로트케겔은 영국인 존스턴(James Johnston)의 여름별장이자, 한국전쟁으로 소실된
석조건물 '인천각(仁川閣)'을 건축한 바 있다. 현재 한미수교 100주년 기념탑 자리에 있었던
인천각은 1903년에 네오도이치르네상스 양식으로 설계되었으며, 1905년 준공되었다. 최성
연의 『개항과 양관역정』에 수록된 인천 세창양행의 파울 쉬르바움(Paul Schirbaum)의 일기
에 의하면 러일전쟁의 외중에 어려움에도 불구하고 타일, 기와 등 건축자재는 모두 칭다오에
서 직접 운반해 왔다고 한다. 아쉽게도 인천각은 1950년 9월 15일 인천상륙작전 당시 연합
군의 포격으로 소실되었다. 신태범, 『인천한세기』(한송, 1996) 참조; 김창동, "아시아의 작
은 독일, 칭다오에서 건축가 로트케겔의 건축을 찾는다", 『건축』 45권 (2001), 61-62쪽;
백지운, 앞의 논문, 26쪽.
43) CCPIT, ibid., p.6.

<그림 11> 칭다오역사

사는 1991년에 시행된 철거작업으로 해체되었다가, 신역사(新驛舍) 건축이 시작된 1993년에 전면부가 원형에 가깝게 복원되었다. 그리고 신역사의 정문은 1901년에 완성된 원형 건물의 동쪽 벽면을 그대로 복사한 것이며, 오늘날에도 역사 전면부에 복원된 철재기둥들에 새겨진 크룹(KRUPP 1902), 쾨닉스휘테(KÖNIGSHÜTTE 1900 B), B.V.C. 보쿰(B.V.C. BOCHUM 1902) 등 독일 철강회사의 이름들을 통해 100년 전 독일 식민지의 흔적을 추적할 수 있다.

1905년에 건축된 높이 18m/4층으로 축조된 약국건물(Apotheke)은 건축가 로트케겔이 설계했으며, 칭다오 시에서 가장 아름다운 유겐트슈틸 벽장식으로 유명하다. 이 건물의 붉은 기와의 지붕, 색채가 화려한 정방형 무늬의 벽면타일에 밝은 빛깔의 회칠로 새긴 세로선 문양으로 장식되어 있어 매우 아름답다. 특히 활처럼 휜 모양의 선으로 장식된 남쪽 2층과 3층의 벽면은 유겐트슈틸의 자유로움을 잘 나타내고 있다.

이외에도 칭다오 시내에는 수십여 개의 독일식 건축물들이 보존되어 있으며,44) 현재에도 이 건축물들은

<그림 12> 칭다오 약국건물

---

44) 게르마니아 맥주공장(Germania Brauerei, 1904), 기상천문대(Observatorium, 1910-1912), 총독부병원 건물(Gouvernements-Lazarett, 1899-1905), 총독부 소학교(Gouvernementsschule

본래의 기능에 근접한 용도로 사용되고 있다. 이처럼 식민지배 기간 동안 독일 건축가들은 총독부가 설계한 '모델도시계획'에 따라 그들의 예술적, 기술적 역량을 발휘했으며, 신도시에서 철저히 독일식 건축을 구현하고자 했다. 1913년 홍콩에서 발간된 『Hongkong Daily Press』는 칭다오의 독일적인 특성을 다음과 같이 보도했다.

> "교주만 바다에서 칭다오를 바라보면 정말 훌륭한 위치에 단아하게 자리하고 있는 도시의 아름다움에 크게 매료될 것이다. 푸른 정원에 세워진 붉은 벽돌지붕 건물들, 그리고 그 건물을 치장하고 있는 아름다운 장식들… 이건 정말 독일의 어느 도시의 한 구역을 그대로 '이식(transplanted)'한 것과 꼭 같다."[45]

한편, 독일 건축가들이 모국에서 익혔던 건축기술을 칭다오 신도시에서 자유롭게 재현할 수 있었던 것은 칭다오의 자연조건에서 기인했다. 상하이나 홍콩과는 달리 습도가 높지 않은 칭다오의 기후조건은 독일 본국의 그것과 유사했으며, 이는 독일식 건축물을 이식하는 데에 최적의 조건이었다.[46] 나아가 칭다오 내 라오샨(蘆山)은 당시 독일에서 유행하고 있던 건축양식에 필수 불가결한 화강석(granite)을 풍부하게 제공하고 있었다. 이 화강석은 가파르게 경사진 지붕과 우뚝 솟은 탑루(塔樓), 적벽돌기와[47], 돔형 지붕 등이 주요한 특징이었던 독일 건축물을 형상화하는 데에 최적의 건축재료였다.[48] 즉, 격자

---

für Jungen, 1900–1901), 독중청도대학 건물(Deutsch–Chinesische Hochschule, 1910–1912), 슈타일러선교회 수도원 건물(Residenz Steyler Missionsgesellschaft, 1899–1902), 프란치스코회수녀원 건물(Heilig–Geist–Kloster Franziskanerinnen, 1901–1902), 베를린선교회 건물(Berliner Missions, Missionswohnhaus, 1899–1900), 바이마르선교회 건물(Weimarer Mission–Richasrd Wilhelm, 1899–1900), 해변호텔 (Strandhotel, 1903–1904), 하인리히왕자호텔(Prinz–Heinrich–Hotel, 1899), 독아은행 (Deutsch–Asiatische Bank, 1899–1901), 제국체신국건물(Kaiserlich Deutsches Postamt, 1900–1901) 등과 다수의 총독부 관료 및 상공인들의 주거건물들이 있다. Warner, *Deutsche Arckitektur in China – Architekturtransfer*, pp. 223–303.

45) Tsingtauer Neueste Nachrichten, 1913. 9. 5. [Hongkong Daily Press에서 번역해서 게재]

46) Torsten Warner, "Unter roten Dächern," *Deutsche Bauzeitung*, Jg.131, Nr.9, 1997, p. 116.

47) 유난히 붉은색을 선호하는 중국인들이지만, 당시까지 중국에서 적색 지붕의 건축물은 거의 찾아볼 수 없었다.

선 창의 외각 장식, 외벽 장식, 타일식 구형(構衍) 벽면 효과 등 화강석은 19세기 후반 독일에서 크게 유행했던 네오르네상스, 네오로만틱, 네오바로크 양식의 건축물들을 칭다오에 이식하는 데에 결정적이었던 것이다.[49] 1913년 청도를 방문했었던 독일 공예가연맹 회장 파쿠엣(Alfons Paquet)은 "아카시아 나무로 둘러싸여 있으며, 대부분 적벽돌 지붕들과 백색 빌라들로 형성된 이 독일 신도시(Neue Deutsche Stadt)는 킬(Kiel)이나 베를린(Berlin)의 교외지역을 그대로 이식해 놓았다"라고 회고하고 있다.[50]

독일 건축가들이 칭다오라는 식민지에서 누렸던 이러한 자유는 '제국주의 공간'이라는 제약 없는 조건에서 가능했다. 그리고 이 공간에서 건축가들은 독일식 건축기술과 건축예술을 구현하는 데에 심혈을 기울였으며, 이들은 건축물을 매개로 한 '독일문화의 전달자(Vermittler der deutschen Kultur)'의 역할을 충실이 수행했던 것이다.

IV. 식민지 도시공간의 변화

이러한 독일식 건축양식과 건축예술은 독일의 식민지배가 종결된 1914년 이후부터 오늘날까지 잘 보존되어 오고 있다. 칭다오 도시공간의 변화는, 먼저 독일이 칭다오를 지배했었던 1898-1914까지 17년 동안, 둘째로는 일본의 점령기였던 1914-1921년까지 7년 동안, 셋째로 중국으로 반환된 1922년부터 개혁개방을 시작했던 1990년까지 70여 년 동안, 마지막으로 개혁이 시작된 1990년도부터 오늘날까지 네 시기로 나누어서 살펴볼 수 있다. 그중 특히 1990년대 초 중국이 개방을 시작하던 시기에 가장 많은 건축양식의 혼합사례가 나타나고 있다.

---

48) 예컨대 1906년에 완공된 총독부 건물, 1907년에 완공된 총독관저, 1910년 기독교예배당의 벽면들을 포함한 대부분의 이 시기 건축물들은 화강석의 표면처리로 치장한 것이었다.
49) 백지운, 앞의 논문, p. 232.
50) Alfons Paquel, *Li oder im Neuen Osten*(Frankfurt a. M., 1913); Warner, 앞의 논문에서 재인용.

칭다오는 제1차 세계대전이 발발한 1914년 8월 연합국 측에 가담한 일본에 의해 점령된다. 그러나 8년 동안의 점령기간 동안에도 독일식 근대 건축물은 파괴되지 않고 보존되었으며, 일본식 신건축을 찾기도 어렵다. 이는 우선 당시 일본이 독일 건축물을 점령지 통치 및 군사시설로 그대로 사용하고자 했기 때문이다. 구독일 총독부 건물을 점령군 사령부 건물로, 그리고 독중칭다오대학은 내부 개조를 거쳐 군대의 막사로 이용하는 등 일본 점령당국은 독일 건축물들을 필요에 따라 사용했다. 둘째로 일본이 칭다오를 점령한 시점은 이미 17년 동안 5천만 마르크(금화)를 투자한 독일 총독부의 신도시 건설 계획이 마무리되는 시점이었으며, 특히 유럽인 거주지역의 건축물들이 거의 다 완공되어 있었다. 즉, 일본으로서는 '완벽하고 아름다운 도시 칭다오'를 누리는 것 외에 새로운 건축물을 준공할 이유가 없었던 것이다. 또한 ,당시 일본 내에 지어진 근대 건축물들의 거의 대부분이 유럽식 건축물이었기 때문에 일본인들에게 칭다오의 독일식 건축물들은 생소한 것이 아니었다. 셋째로 비록 일본은 1918년 중국인이 거주했던 다이동첸 지역과 항구 일부에 건축을 계획(그림 13)했지만 당시 산둥성에 팽배했던 반일감정의 고조로 이를 포기해야만 했었다. 또한, 반일감정은 일본의 점령기간 동안 칭다오 내 유럽인들과 중국인들의 인구가 전반적으로 감소하는 결과를 초래했으며, 이는 곧 신건축물에 대한 전반적인 수요가 현저히 줄어든 원인이었다. 따라서 일본 점령기간에 특별한 도시공간의 변화, 혹은 독일식 건축물과 일본식 건축물, 혹은 독일식/중국식/일본식의 혼합 형태는 드러나지 않는다.

한편, 일본이 칭다오를 중국으로 반환한 1922년 이후에도 칭다오에서는 건축물의 혼합형태가 별반 나타나지 않고 있다. 그러나 1914년 이전에도 칭다오 이외 지역, 즉 북경(北京)이나 독일 이외 열강들의 조차지였던 무한(武漢), 하얼빈 등에

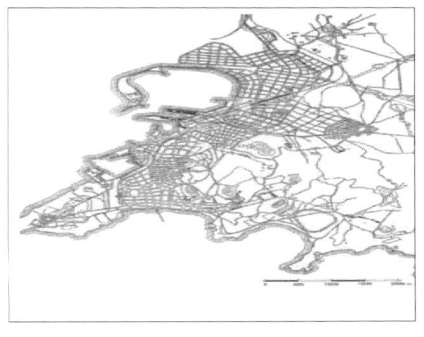

<그림 13> 1918년 일본의 도시확장계획도

서는 이미 다수의 혼합식
건물이 나타난다.51) 하지
만, 칭다오에서는 1940년
에 준공된 로덕교당(路德
敎堂, 현재명 靑華路 基督敎
堂)을 제외한 융합양식의
건축물을 발견하는 것은
쉽지 않다. 독일의 문화정
책(Kulturpolitik)이 설정하
고 있는 칭다오에서의 "완

<그림 14> 칭화로 로덕교당

전한" 독일식 신도시 건설계획이 혼합식 건물에 관대하지 않았기 때문이다.

독일의 식민지배가 종식된 이후 1940년 칭화로(台東區 淸和路 44號)에 지어
진 루터교 로덕교당은 고전적인 바실리카식에 중국 전통의 지붕양식을 채택
한 동서양 혹은 독일과 중국의 절충양식의 유일한 건물일 것으로 짐작된다.
두 명의 중국인 건축가(尤力甫, 愛慕爾)가 공동으로 설계한 것으로 알려지고
있는 이 교회건물은 1940년에 준공되었으며, 철근콘크리트 위에 미장마감을
한 1층 건축물이다.52) 이 건물이 준공된 시기는 해외유학 후 귀국한 중국인
건축가와 기술자들이 학원파(學院派)를 구성해 대학에서 후진을 양성하고, 또
한 왕성한 건축 활동을 수행했던 때였다. 따라서 이 시기에 중국의 다른 지역
에 지어진 근대 건축물들은 대체로 절충적이거나 중국의 고유형식에서 현대
식으로 변모하는 경향을 보인다. 그 때문에 칭다오에 소재한 로덕교당의 건
축양식 또한 이런 경향을 반영해 중국식 외관에 현대적 요소를 가미한 절충
적 특성을 보이게 되었던 것이다. 예컨대 장식성 배제, 아치문, 수평 처마, 사
각형 창문 등은 동서양의 융합양식이면서, 또한 1940년대의 현대적 건축경향
을 동시에 반영하고 있다. 현재 내부공간에 대한 자료가 소실되어 단언할 수
는 없으나 내부에 중체서용(中體西用) 및 중화사상(中華思想)이 반영된 전통

---

51) 김승배 외, 앞의 논문, 160쪽.
52) 김승배 외, 앞의 논문, 157쪽.

목구조를 노출했으며, 중국식 전통색채로 치장되었을 것으로 추측된다.[53]

1938년 일본에 의한 칭다오 재점령, 그리고 이후 제2차 세계대전 중 혼란기였던 1940년대부터 사회주의 정권이 지

<그림 15> 칭다오 시청사 증축

배했었던 1990년까지는 칭다오 건축은 긴 수면기를 보낸다. 그러나 중국이 개혁과 개방을 모토로 1990년대 중반부터 칭다오의 구시가지 지역인 서남부를 재개발할 당시 독일식 건축양식은 다시 재현되었으며, 나아가 중국식과 독일식을 혼합한 형태도 출현하게 된다. 특히 독일 식민지 지배기간 동안 독일 건축가들은 건축현장에 고용된 중국인들에게 독일식 건축기술을 전수했으며, 이러한 건축양식의 전이(Transfer)는 후일 해외유학파 건축가들을 통해 재차 구현된다. 중국인 건축가들은 구 독일식 대형 건축물을 증축 혹은 개축할 때, 독일식 건축에 적합한 건축양식과 건축미를 계승하고자 노력했다. 또한, 중국 건축가들은 외형은 독일식으로 치장하려는 경향을 보이지만, 내부구조는 중국의 거주문화에 적합한 전통적인 실내공간으로 구성했다.

중국이 개혁과 개방을 모토로 내건 1980년대 말 이후 독일식 건축양식의 전이는 '재현'(再現), '모방'(模倣), '혼합'(混合) 세 가지의 형태로 나타나게 된다. 먼저 독일식 건축양식의 재현경향은 1989년에 증축된 칭다오 시청사나 칭다오 신역사 건축물에서 두드러진다. 우선 1906년에 준공된 구 총독부 건물인 칭다오 시청사는 1989년 증축 당시 중국인 건축가들이 '화강암벽면', '만사드지붕', '창문형태' 등 원래 독일식 건축양식을 그대로 계승했다는 점이 특이하다. 사진자료에서 보여지듯 증축을 통해 당초 U자형에서 E자형으

<그림 16> 동부지역 주택(좌)과 상업지구 건물 모방사례(중간, 우측)

로 변경된 건물은 건물의 북쪽 증축 부분에 원래의 양식을 그대로 재현하고 있다. 이러한 건축구조와 양식의 모방은 전체 건축물과의 조화 등 미관상의 이유가 있었다. 하지만, 칭다오를 상징하는 건물을 증축하는 데에 독일식 건축을 모방, 혹은 재현하는 것은 건축시공에 관한 오랜 경험과 기술을 넘어 식민지시기에 대한 역사적인 고려가 없이는 불가능한 것이다. 나아가 공공건물 이외에 상업 및 주거용도의 건축물에도 이러한 재현사례는 적지 않다.

둘째로, 모방경향은 1990년대 초반에 시행된 칭다오 동부지구 재개발에서 두드러진다. 〈그림 16〉에서 보여지듯 동부지구의 건물들은 적벽돌 기와지붕과 만사드식 창호형태 등 독일식 건물들을 그대로 모방하고 있다. 유럽 상업지역에 모방된 건물(위 사진 중간)은 비록 조악하지만 수평의 적벽돌 기와와 벽면, 그리고 창호형태는 함부르크(Hamburg)나 뤼벡(Lübeck) 등 북부 독일의 상업도시에서 특징적인 건축양식인 파흐베르크(Fachwerk)를 모방한 것이다.

<그림 17> 칭다오 신역사 건물(좌)과 상업지구 주택 혼합사례(우측)

이러한 건물형태는 독일의 식민지배 당시에도 유럽인 상업지역에 주로 창고 건물로 건축되었다. 맨 우측 건물의 경우 네오바로크식 지붕을 흉내 내고 있지만 백색의 벽면 색상에 현대식 발코니와 창호형태를 취하고 있다.

셋째로, 원래 건물의 일부를 현대적인 건축으로 디자인해 조화를 이루거나 혹은 부분적으로 독일식 치장형태를 건축물에 적용한 혼합경향이 있다. 〈그림 17(좌)〉에서 보여지듯, 혼합사례의 대표적인 건물은 1993년 칭다오 신역사 건축물이다. 당시 신역사는 1901년에 준공된 구 칭다오역사 건물을 해체한 후 재조립한 것이며, 구 역사건물 옆에 철골구조로 증축된 부분은 현대식 글라스벽면에 독일식 지붕형태의 장식으로 디자인되어 특이하다. 아울러 부분모방 혹은 혼합형태는 유럽 상업지역에 지어진 현대식 개인 주택들에서도 나타나는데, 이 경우 단지 벽면 일부와 창문 주변 등을 루스티카 양식으로 치장한 사례들이 많이 있다.

당시 인구 8만의 작은 어촌인 칭다오는 오늘날 인구 730만의 대형도시로 성장했다. 현재 칭다오는 서남부지역에 위치한 유럽 스타일의 구시가지, 그리고 90년대 중반부터 본격적으로 개발되어 고층건물 숲으로 덮인 동부지역 신시가지 등 현대적인 도시의 면모를 갖추어 가고 있다. 이러한 신구도시의 조화는 칭다오로 하여금 유럽과 아시아의 특성이 공존하는 국제적인 문화도시 및 산업도시로서의 위상을 굳히는 데 큰 몫을 하고 있다. 이와 같은 도시의 급속한 성장에는 100여 년 전 독일 제국의 신도시 건설계획, 건축기술, 건축양식 등이 문화적 기술적인 배경이 된다.

V. 나가는 말

제국주의와 근대(Modernity)는 불가분의 관계가 있다. 이 시기 열강들이 소위 '우월한' 근대과학기술, 문화, 예술 등을 매개로 식민지에 대한 장기지속적인 지배체제를 구축하고자 했던 것은 일반적인 현상이었다. 식민지 교육이 피지배 식민지인들의 정신세계를 장악하려는 수단이었다면, 건축물은 피지배 식민지인들의 현실세계와 물질세계를 지배하는 도구로써의 역할을 충실히 수행했다. 독일제국이 자국의 식민지 칭다오에서 실시한 문화정책은 근대 건축물을 매개로 한 '문화이식(Cultural Transplantation)'을 목적으로 하고 있으며, 독일의 건축가들은 독일 문화의 충실한 전달자 역할을 수행했다. 이는 곧 독일의 중국 식민지 지배를 정당화하고 또한 지속성을 담보하는 수단이었음에 의심의 여지가 없다.

독일은 칭다오에 '해양도시', '문화도시', '위생도시', '휴양도시'의 기능을 갖춘 근대적 도시공간을 형성하고자 했다. 특히 독일은 막대한 비용에도 불구하고 체계적인 '칭다오 신도시건설계획'을 수립했으며, 이곳에 독일의 건축기술과 건축양식을 철저히 이식한 근대도시를 건설하고자 했었다. 이는 장기적으로 자국의 위상과 영향력을 동아시아 전체로 확대하려는 문화적 팽창의도, 즉 독일식 문화제국주의가 작동하고 있었기 때문이다.

제국주의 시기 칭다오는 특히 독일의 일방적인 문화이식을 피할 수 없었다. 그럼에도 작은 어촌 칭다오에서는 전통적인 건축물이 도시의 중심부를 차지하고 있던 북경, 상하이, 무한 등과 달리 독일식 건축으로 인한 전통건축의 파괴 등 폐해는 그다지 알려지지 않고 있다. 오히려 칭다오 근대 도시공간은 식민지 시기와 두 차례에 걸친 일제의 강점기, 그리고 세계대전으로 인한 혼란기 등 변화에도 불구하고 사회문화적 기능을 잃지 않고 보전되었다. 그리고 독일 식민지의 '유산'인 독일식 건축은 중국의 전통건축과 절충·혼합되어 새로운 융합공간을 형성해 나갔던 것이다.

특히 칭다오는 1990년 이래 중국 중앙정부로부터 개혁개방의 '모델도시'로 지정될 만큼 중국인들에게 근대의 상징이 되고 있다. 또한 중국 건축가들은 독일식 건축양식을 재현, 모방, 혼합하는 등 식민지 시대의 유산을 긍정적으로 수용하고 발전시키고 있다.[54] 즉, 칭다오는 역사학자이자 과학사가 갤리슨(Peter Galison)이 '교역지대론(Trading Zone)'[55]에서 제기한 문화적 융합사례

---

54) 지난 2006년 북경올림픽 때 독일제국이 설계한 해양모델도시 칭다오에서 거의 대부분의 수중/해양스포츠 경기가 열렸다. 1903년 독일 맥주회사 게르마니아(Germania)는 칭다오에 당시 동아시아에서 가장 큰 맥주공장을 세웠다. 게르마니아 회사가 전신인 칭다오비주는 매년 뮌헨의 옥토버축제(Oktoberfest)와 같은 칭다오맥주축제를 개최하고 있다.

의 전형인 것이다.

당시나 지금이나 독일인들의 칭다오에 대한 평가는 긍정적이지만, 당시 근대화를 부르짖던 중국 지성들의 평가도 예외는 아니었다. 예컨대 중국 근대 최고의 지성인 캉요웨이(康有爲) "紅瓦綠樹 藍天碧海(붉은 기와와 푸른 나무, 쪽빛 하늘과 푸른 바다)"라고 이 도시를 설명한 적이 있다. 샤오위산(小魚山)에서 푸산루(福山路)를 따라가면 그의 옛집이 있는데 그는 자신의 생에 이런 아름다운 집을 만나기 어려울 거라는 극찬을 할 정도로 칭다오와 자신의 집을 사랑했다.[56] 우리가 근대와 연관된 식민제국주의를 '의도(Intension)'와 '현상(present state)'으로 구분해서 고찰해야 하는 이유가 여기에 있다. 따라서 제국주의나 탈식민주의 연구가 단순히 침략(侵略)과 저항(抵抗), 충격(衝擊)과 반응(反應)과 같은 이분법적인 사유를 넘어 특정 공간에서 진행되고 있는 제국주의의 경험과 기억이 그곳의 현재를 구성하는 데 어떻게 참여하고 있는지를 보다 미시적으로 고찰해야 하는 것이다. 나아가 일국사(一國史) 연구를 넘어 사회문화적 유사성이 있는 상하이나 칭다오, 달리안, 요코하마 등 동아시아의 식민지 공간을 상호 교차 비교하고, 그 도시들의 교류관계를 규명하는 작업 또한 필요하다.[57] 그리고 이러한 연구는 융합연구를 통해 그 실체가 보다 선명하게 드러날 것이다.

마지막으로 21세기의 학문은 분과 과학과 종합 과학이 융합·통섭을 이루는 것을 기본 골격으로 한다. 여기서 중요한 것은 인간의 인지능력을 감안하고 신인류 등장의 가능성을 염두에 두면서 모든 것을 이어가고 연결하는 관계학이 큰 역할을 한다는 점이다. 심리학자이자 철학자인 제임스(William

---

55) Peter Galison, "Computer Simulation and the Trading Zone," Peter Galison and David J. Stump, eds., *The Disunity of Science: Boundaries, Contexts, and Power* (Stanford University Press, 1996); Peter Galison, *Image & logic: A material culture of microphysics* (The University of Chicago Press, 1997).
56) 광둥성 난하이에서 태어난 캉요웨이는 량치차오(梁啓超)와 달리 청(淸)의 정권을 유지한 상태에서의 개혁을 주장했다. 1898년 무술변법사건 이후 망명했었던 그는 1911년 신해혁명 이후 중국으로 돌아왔으며, 이후 1923년부터는 칭다오에 머물다가 1927년 3월에 칭다오에서 영면한다. 제자 량치차오와 더불어 중국 현대의 사상적 근원을 제공했던 그는 칭다오를 무척이나 사랑했고, 이곳을 제2의 고향으로 여겼다.
57) 백지운, 앞의 논문, 235쪽.

James)의 주장은 역사연구에 있어 융합연구의 중요성을 환기하고 있다.

> 당신은 이 세상 거의 모든 것을 역사적으로 가르침으로써 인문학적 가치를 첨가
> 할 수 있다. 지질학, 경제학, 기계공학 등은 이들 과학을 정립한 천재들의 뚜렷
> 한 성취를 언급해 가르칠 때 모두 인문학이 된다. 이렇게 가르치지 않으면 심지
> 어 문학은 문법으로, 예술은 목록으로, 역사가는 연대기로, 자연과학은 공식과
> 중량과 척도를 모아놓은 인쇄물로만 남는다.58)

---

58) William James, Memories and Studies(New York, 1911), pp. 312-323; 존 루카스,
   이영석 역, 『자연과학을 모르는 역사가는 왜 근대를 말할 수 없는가』(문학디자인, 2004),
   p. 67에서 재인용.

임경순 ────────────────────────────

소속/직위: 포항공과대학교 인문사회학부 교수
전공: 과학사
학위취득대학: 독일 함부르크 대학교
이메일: gsim@postech.ac.kr

김춘식 ────────────────────────────

소속/직위: 포항공과대학교 인문사회학부 교수
전공: 서양사, 독일사
학위취득대학: 독일 함부르크 대학교
이메일: cskim@postech.ac.kr

최자영 ────────────────────────────

소속/직위: 부산외국어대학교 지중해지역원 교수
전공: 고대그리스사
학위취득대학: 그리스 이와니나 대학교
이메일: jayoung@pufs.ac.kr

박상준 ────────────────────────────

소속/직위: 포항공과대학교 인문사회학부 교수
전공: 한국문학
학위취득대학: 서울대학교
이메일: literae@postech.ac.kr

김미지

소속/직위: 포항공과대학교 과학기술진흥센터 박사 후 연구원
전공: 식품영양학
학위취득대학: 대구가톨릭대학교
이메일: kmj0308@postech.ac.kr

양해림

소속/직위: 충남대학교 철학과 교수
전공: 사회철학
학위취득대학: 독일 베를린 훔볼트대학
이메일: haerim01@cnu.ac.kr

이혜자

소속/직위: 군산대학교 독문학과 교수
전공: 독일문학, 미디어문화학, 유럽지역학
학위취득대학: 한국외국어대학교
이메일: hzrhie@kunsan.ac.kr

정혜경

소속/직위: 한양대학교 학부대학 교수
전공: 과학사
학위취득대학: 부산대학교

과학기술과
공간의 융합

과학문화연구센터
Science Culture Research Center

초판인쇄 | 2010년 8월 31일
초판발행 | 2010년 8월 31일

편 저 자 | 임경순 · 김춘식 외 6인
펴 낸 이 | 채종준
펴 낸 곳 | 한국학술정보㈜
주   소 | 경기도 파주시 교하읍 문발리 파주출판문화정보산업단지 513-5
전   화 | 031) 908-3181(대표)
팩   스 | 031) 908-3189
홈페이지 | http://ebook.kstudy.com
E-mail | 출판사업부 publish@kstudy.com
등   록 | 제일산-115호(2000. 6. 19)

ISBN   978-89-268-1496-3 94330 (Paper Book)
        978-89-268-1497-0 98330 (e-Book)
        978-89-268-1492-5 94330 (Paper Book set)
        978-89-268-1493-2 98330 (e-Book set)